强化学习

魏庆来 王飞跃 ◎ 著

清华大学出版社

北京

内 容 简 介

强化学习是目前机器学习乃至人工智能领域发展最快的分支之一。强化学习的基本思想是通过与环境的交互、智能体或智能算法获取相关智能,其具体过程就是根据环境反馈得到的奖励不断调整自身的策略进而获得最大奖励决策的学习历程。本书主要讲述了强化学习的基本原理和基本方法,基于强化学习的控制、决策和优化方法设计与理论分析,深度强化学习原理以及平行强化学习等未来强化学习的发展新方向,展示从先行后知到先知后行,再到知行合一的混合平行智能思路。

本书可作为高等学校人工智能、机器学习、智能控制、智能决策、智慧管理、系统工程以及应用数学等专业的本科生或研究生教材,亦可供相关专业科研人员和工程技术人员参考。

图书在版编目(CIP)数据

强化学习/魏庆来,王飞跃著.—北京:清华大学出版社,2022.6(2024.7重印)
ISBN 978-7-302-58972-3

Ⅰ.①强… Ⅱ.①魏… ②王… Ⅲ.①机器学习—高等学校—教材 Ⅳ.①TP181

中国版本图书馆 CIP 数据核字(2021)第 173005 号

责任编辑:贾 斌
封面设计:刘 键
责任校对:刘玉霞
责任印制:宋 林

出版发行:清华大学出版社
  网 址:https://www.tup.com.cn,https://www.wqxuetang.com
  地 址:北京清华大学学研大厦 A 座 邮 编:100084
  社 总 机:010-83470000 邮 购:010-62786544
  投稿与读者服务:010-62776969,c-service@tup.tsinghua.edu.cn
  质量反馈:010-62772015,zhiliang@tup.tsinghua.edu.cn
  课件下载:https://www.tup.com.cn,010-83470236
印 装 者:三河市龙大印装有限公司
经 销:全国新华书店
开 本:185mm×260mm 印 张:15.5   字 数:377 千字
版 次:2022 年 7 月第 1 版   印 次:2024 年 7 月第 2 次印刷
印 数:2001～2300
定 价:59.80 元

产品编号:081337-01

前　言

强化学习：迈向知行合一的智能机制与算法

人工智能的异军突起，除计算能力和海量数据外，最大的贡献者当属机器学习，其中最引人注目的核心技术与基础方法就是深度学习和强化学习（Reinforcement Learning），前者是台前的"明星"，后者是幕后的"英雄"。与新兴的深度学习相比，强化学习相对"古老"，其思想源自人类"趋利避害"和"吃一堑、长一智"的朴素意识，其最初的"尝试法"或"试错法"，远在人工智能技术出现之前就在各行各业广为流行，并成为人工智能起步时的核心技术之一。AlphaGo 在围棋人机大战取得的胜利，使社会大众普遍认识到有监督的深度学习和无监督的强化学习的威力。近年来，人工智能算法在一些多角色游戏中大胜人类顶级专业选手，更使人们对强化学习的功能有了更加深刻的印象和理解。

例如，以强化学习为核心技术之一的人工智能系统 Pluribus 在六人桌无限制的得州扑克比赛中，在一万手回合里分别以其单机对五人和五机对单人的方式，共击败 15 名全球最佳专业玩家，突破了过去人工智能仅能在国际象棋等二人游戏中战胜人类的局限，成为游戏中机器胜人又一个里程碑性的事件，被《科学》杂志评选为 2019 年十大科学突破之一。Pluribus 这项工作之所以重要的主要原因是：

- 人工智能算法必须处理不完备信息，需要在不知对手策略和资源的情况下进行决策，并在不同博弈之间寻求平衡；
- 博弈最佳的理论结果是纳什平衡，但随着玩家数目的增加，求解纳什平衡的计算复杂度呈指数级增长，算法要求的算力在物理上不可能实现，必须引入智力；
- 掌握"诈唬"等心理技巧是游戏胜利的关键之一，必须考虑并采用此类心理"算计"，在博弈中有效推理并隐藏意图，产生让对手难以预测和分析的策略。

这些问题及其解决方案，正是人工智能进一步发展所必须面对的核心任务，也是强化学习之所以关键的主要因素。这些问题的有效解决和广泛应用，不但可为多角色、多玩家场景下的博弈和电子竞技做出贡献，更将为人工智能在工业控制、商务决策、企业管理和军事控制等重大领域的大规模实际应用，提供有效的方法和坚实的技术支撑。

强化学习为何有如此强大的功能和作用？其实强化学习的发展经历了漫长而曲折的道

路，与有监督的学习方法不同，强化学习面对的是更加复杂艰巨且"不知对错、无论好坏"的学习任务：决策或行动实施之前，没有关于正确与错误的理性推断判据；决策实施之后，又没有关于好与坏的客观评价依据。然而，一百年来，科学家们坚持不懈，尝试了许多的方法，从经典的条件反射（Classical Conditioning）、试错法（Trial and Error）等"先行后知"的动物学习方法，到系统模型、价值函数、动态规划、学习控制等"先知后行"的最优控制方法，直到今天集估计、预测、自适应等于一体的时序差分（Temporal Difference）学习方法。目前，强化学习正整合算力、数据、知识图谱、逻辑推理、智能控制和知识自动化等技术，统一分析现状、回顾、展望等因素，迈向"知行合一"的复杂自适应智能机制与算法体系。图 1 给出由 F. Woergoetter 和 B. Porr 总结的强化学习的整体过程，比较完整地反映了这一方法的核心内容及其相关问题。

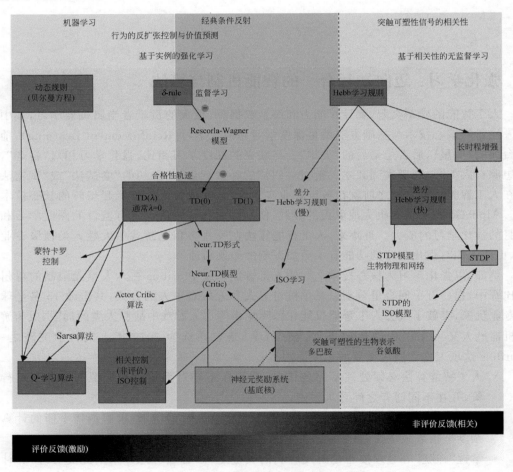

图 1　强化学习的核心内容与相关问题

先行后知的起步

作为一项科学研究，强化学习始于"摸着石头过河"的启发式思维，在学术文献上可追溯到英国著名学者 Alexander Bain（1818—1903）的《摸索与实验》（*Groping and Experiment*）

学习原理。Bain 是著名杂志 *Mind* 的创办人,正是这份杂志于 1950 年发表了图灵的《计算机器与智能》(*Computing Machinery and Intelligence*),提出"图灵测试"判断机器智能水平,开启了人工智能研究领域。作为一个方法,强化学习源自"试错学习"(Trial and Error Learning),由英国生物和心理学家 Conway Morgan(1852—1936)正式提出,并以"摩根法则"(Morgan's Canon)为指导原则,即尽可能用低级心理功能解释生物行为的节约原则,后被美国心理学家、学习理论专家、联结主义创始人之一 Edward Thorndike(1874—1949)进一步简化为"效果定律"(Law of Effect),成为后来的学习规则 Hebb 定律和神经网络误差反向传播 BP 算法的鼻祖。强化学习的正式出现要归功于苏联生理学家巴甫洛夫(1849—1936)及其经典条件反射理论和激励响应(Stimulus-Response)理论,特别是他通过狗进行的一系列刺激反应试验所总结出来的条件反射定律。在美国,心理学家 Burrhus Frederic Skinner(1904—1990)提出的工具条件反射(Operant or Instrumental Conditioning)和工具学习(Instrumental Learning)及其利用老鼠进行试验的 Skinner-Box 技术,也推动了强化学习的行为分析试错法研究。

自此之后,强化学习在动物行为研究、生理和心理学以及认知科学等领域发挥了重要作用,成为相应的核心方法与技术。在人工智能之初,从图灵基于效果定律的"快乐-痛苦系统"(Pleasure-Pain System),Marvin Minsky(1927—2016)基于强化学习的随机神经模拟强化计算器(Stochastic Neural Analog Reinforcement Calculators,SNARC)及其《迈向人工智能之步》(*Steps Toward Artificial Intelligence*)一文中提出复杂强化学习的"基本信用(功劳)分配问题",再到 Donald Michie(1933—2007)基于强化学习的 MENACE 和 GLEE 学习引擎,Nils Nilsson(1933—2019)学习自动机(Learning Automata)和学习机器(Learning Machines),还有 John Holland(1927—2015)的"分类系统"(Classifier Systems)及其遗传算法,强化学习的思想和方法对许多人工智能机制和算法的设计都产生了深刻的影响。然而,相对许多机器学习方法而言,直到 21 世纪初,人们对强化学习的期望远大于其成果,在相当长的时期里,强化学习实际上并不是人工智能及其相关领域的主流方法和技术。

先知后行的重铸

基于生物和心理学并以试错方法为主的强化学习没有用到太多的数学概念和工具,而且在工程上也没有多少应用,直到 20 世纪 50 年代,随着工程数学化的深入和现代控制理论的兴起,特别是基于系统动力学模型的最优控制的出现,加上 Richard Bellman(1920—1984)的杰出工作,使强化学习走上了一条数学化和工程应用的崭新道路,局面大为改观:朴素的奖励惩罚变成了"价值函数(Value Function)",简单的行为选择升华为"动态规划(Dynamic Programming)",非线性随机微分方程来了,伊藤积分(Ito Integral)用上了,马尔可夫随机过程成了离散情况下的标配,有时还必须引入博弈论。强化学习从极其具体实在的动物行为学习,突然变为十分复杂抽象的马尔可夫决策过程(Markov Decision Process,MDP)和 Bellman 方程,甚至更难认知和求解的哈密顿-雅可比-贝尔曼(Hamilton-Jacobi-Bellman,HJB)偏微分方程。一时间,原来"先行后知"的试错行为不见了,代之而来的是"先知后行"式的方程求解,这一下子成为控制理论与工程的一部分,让许多研究者惊奇之余感到希望和曙光的来临。

然而,这道曙光仅带来短暂的黎明,很快又沉于"黑暗",强化学习在新的道路上刚起步就遭遇"维数灾难(The Curse of Dimensionality)",当问题变得复杂(维数增加)时,动态规划求解方程的计算量呈指数增加,没有计算机可以应付,强化学习的"先知后行"变得无法施行。

为了克服"维数灾难",智能这面旗帜被再次举起,使最优控制从以数学推理为主演化为以智能技术为主的学习控制和智能控制。从 20 世纪 60 年代发展至今,最初的代表人物是美国普渡大学的 King-Sun Fu(傅京孙,1930—1985)和 George N. Saridis(1931—2006),后来两人分别成为模式识别和机器人与自动化领域的创始人和早期开拓者之一。受当时人工智能逻辑化解析化思潮的影响,智能控制在 30 多年的初创时期主要围绕着形式语言、语法分析、决策自动机、图式学习、随机逼近、蒙特卡洛法、最小二乘、参数识别、自适应算法、自组织系统、迭代学习、强化学习等技术展开,应用于模式识别、机器人与自动化、无人系统、计算机集成制造、金融科技等领域,但无论在规模还是在效益方面都没有完全摆脱"维数灾难"的阴影,其发展到 20 世纪 90 年代中期就陷入瓶颈,相关工作几乎停滞不前。

"山重水复疑无路,柳暗花明又一村"。Paul Werbos 在 20 世纪 70 年代中期推出神经元网络误差反向传播算法的同时,开始研究新优化方法在策略分析中的应用,并于 80 年代末正式提出近似动态规划(Approximate Dynamic Programming)的思想。同一时期,Saridis 和王飞跃也针对非线性确定系统和随机系统提出了类似的次优控制迭代策略。经过 Warren B. Powell、Dimitri Panteli Bertsekas、John N. Tsitsiklis 等人的发展,这一方法进一步与神经网络技术结合,从近似动态规划发展到神经动态规划(Neuro-Dynamic Programming),最后发展到目前的自适应动态规划(Adaptive Dynamic Programming,ADP)。80 年代中期以来,王飞跃、刘德荣和魏庆来从不同角度开展了 ADP 相关工作,经过十余年的努力,形成了中国科学院自动化研究所复杂系统管理与控制国家重点实验室自适应动态规划团体,致力于 ADP 方法的进一步发展和应用,从智能控制的角度推动了强化学习的理论研究与工程实践。

时序差分的再生

尽管 Werbos 在 20 世纪 70 年代末就试图整合统一试错学习和最优控制的学习方法,但在相当长的时间里,基于这两种方法的强化学习几乎各自独立,没有多少交叉,直到 80 年代以 Andrew G. Barto、Richard S. Sutton 和 Charles W. Anderson 为核心的学者重新推出时序差分(Temporal Difference(TD),也有时间差分的译法,但本意是暂时差别)的概念和方法,局势才开始改变,强化学习渐渐走上"先行后知"与"先知后行"为一统的"知行合一"之途。简言之,时序差分集现状、回顾、展望的不同需求和分析于一体,在试错和规划上充分考虑并利用不同时段的系统预估与环境反馈之间的差别,显著地提高了学习和决策的系统性和效率。由此,强化学习进入时序差分学习阶段,理论研究和工程应用的水平都得到很大的提升。

时序差分学习的理念源自动物学习心理学中与主要强化因子匹配的"次要强化因子(Secondary Reinforces)"概念。Minsky 在人工智能之初就认定这一心理学方法对人工学习系统具有重要的意义,计算机游戏博弈技术的开创者 Arthur Lee Samuel(1901—1990)在其著名的跳棋程序也采用了时序差分的理念,并由此使"机器学习"一词成为广为人知的术语。20 世纪 70 年代初,A. Harry Klopf(1941—1997)认识到强化学习与监督学习的本质不同,强调强化学习内在的趋利(Hedonistic)特性,试图将试错学习与时序差分学习结合,提出了"局部强化"(Local Reinforcement)和"广义强化"(Generalized Reinforcement)等概念,但与现代的时序差分并不完全相同;加上 A. Harry Klopf 英年早逝,其工作不算成功。新西兰学者 Ian H. Witten 在其 1976 年的博士论文中第一次明确指出时序差分学习规则。Klopf 的工作对 Barto、Sutton 和 Anderson 的启发很大,促使他们在 20 世纪 80 年代初将时序差分学习与试错学习结合,提出著名的"行动者-评论者框架"(Actor-Critic Architecture),时序差分的强化学习由此正式登场。然而,把时序差分与动态规划和试错方法全部整合在一起是在 80 年代末,归功于英国学者 Chris J. Watkins 在其 1989 年的博士论文中所提出的 Q-学习(Q-Learning)算法。1992 年,国际商业机器公司(International Business Machines Corporation,IBM)的 Gerald Tesauro 利用时序差分构造多层神经网络 TD-Gammon,并在古老的西洋双陆棋中战胜人类世界冠军,引起广泛关注,也使时序差分的强化学习方法广为人知。同年,Watkins 和 Peter Dayan 给出 Q-学习方法收敛性的第一个严格证明,更加加深了人们对 Q-学习和强化学习的兴趣。当前,时序差分已从专注预测的 TD(lambda)到预估决策控制一体的 SARSA(lambda),Barto 和 Sutton 合著的《强化学习导论》(*Reinforcement Learning：An Introduction*)已成为机器学习领域的经典之作。

平行强化的体系

基于大规模多层人工神经元网络的深度学习的成功,特别是 AlphaGo 和 Pluribus 的巨大影响,使强化学习方法整体上登上了一个更新、更高的层次。然而,随着各色各样的深度强化学习(Deep Reinforcement Learning,DRL)和深度 Q-学习(Deep Q-Learning,DQL)等的不断涌现和广泛应用,数据再次成为重大问题,而且图 1 右边所示的强化学习大脑神经科学的部分内容,特别是 Hebb 学习规则的重新评估和计算复杂化与有效性问题,也更加引人注意。

在以试错法为主的先行后知强化学习中,因实验周期长、成本高,数据来源受"经济诅咒"的制约;而在动态规划类的先知后行强化方法中,算法实施又遇"维数灾难",导致其无效、不可行,TD 强化学习,特别是 TD-Gammon 借助 Self Play 在一定程度上为解决数据生成和算法效率指明了一条道路,而 AlphaGo 和 Pluribus 进一步强化了这条道路的有效性。实际上,这是一条通过虚实平行运作,由"小数据"生成大数据,再与蒙特卡洛或各类决策树等有效搜索技术结合,从大数据中精炼出针对具体问题的"小智能"般的精确知识之道。人们应当通过知识图谱和知识范畴(Knowledge Categories)等工具,将这一数据生成和知识制造的过程形式化并加以软件定义,为强化学习系统组态的生成和实际应用的自动化创造基础。

此外,抽象数字化的强化学习还必须与大脑生物化的功能强化实现平行互联。除快慢过程的微分 Hebb 学习规则外,人们更应关注强化学习与动物的无条件/工具性反射、典型惯性和目标导向行为以及认知图(Cognitive Maps)生成构造等问题的内在关联,并应用于针对不同病状的各种机器人辅助和智能康复系统的设计、操作、监控和运维之中,以及更一般的脑与神经相关疾病的智能诊疗系统中。同时,强化学习机制应成为虚实互动的平行学习和平行大脑的核心基础,扩展突触可塑、Hedonis 神经元、多巴胺神经元与响应、奖励预估误差机制、神经元行动-评估结构等大脑神经基础构成问题的计算和智能研究手段,使人类生物智能与人工智能的研发更加密切地结合到一起。图 2 给出虚实互动、实践与理论融合的平行强化学习体系的基本框架，目前流行的数字双胞胎或数字孪生是其中的一个重要组成部分。平行强化学习的目的是通过交换世界实施"吃一堑、长一智"（在虚拟的人工世界吃一堑、吃多堑，在现实的自然世界长一智、长多智），降低成本，提升效益，克服"经济诅咒"和"维数灾难"，走向智能知行合一的机器强化学习。

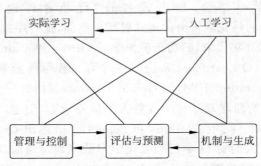

图 2　强化学习的虚实互动平行体系框架

知行合一的智能

学习是人类获取知识的通用且可靠的途径，这是人类文明有史以来的共识与实践。强化学习是机器具有机器智能的基础且关键的手段，这是人工智能研究开创以来的认识与方向，在很大程度上，也是目前从事智能科学与技术研发工作者的共识。然而，要使强化学习真正成为机器学习的核心和通向智能机制和智能算法的基础与关键技术，从"不知对错、无论好坏"的先行后知与先知后行，到知行合一虚实互动的混合平行智能，仍有许多理论和实践的任务必须完成。

首先，强化学习面临的许多经典问题依然存在，并没有被彻底有效地解决，如"维数灾难"、信用分配、信息不完备、非稳环境、状态行动 Space Tiling、探索与利用的矛盾（Exploration and Exploitation Dilemma）等，需要更加深入和系统的研究。其次，对目前广泛应用的各类基于深度学习的热点深度强化学习方法，其引人注目的"超人"表现源自于针对并解决特定问题，但这也正是其难以推广应用和普及的问题所在。必须考虑这些深度强化学习方法构建与应用过程的形式化和软件定义问题，从而使过程的迁移及其自动化成为可能，完成从特别应用到相对通用的转化。最后，必须引入针对强化学习的软硬件平台，边缘与云端的支撑环境和相应的开源基础设施，使强化学习在生产、商业、交通、健康、服务等领域的应用成为真正的必需和现实，不仅是强化学习，还有强化控制、强化管理、强化医疗、强化经济、强化法律、强化安保等，使它们成为一个有效且普适的智能工程项目。

为此，研究者们需要从更高、更广的角度重新审视强化学习的方法和技术，使其真正成为"人机结合、知行合一、虚实一体"的"合一体"的核心与关键，化智能代理（Agents）为知识机器人，深入推动和完善智能社会的知识自动化进程。

《强化学习》一书就是为此目的而撰写的。本书主要讲述了强化学习的基本原理和基本方法，基于强化学习的控制、决策和优化方法设计与理论分析，深度强化学习原理以及平行强化学习等未来强化学习的发展新方向，展示从先行后知，先知后行，再到知行合一的混合平行智能思路。本书可作为高等学校人工智能、机器学习、智能控制、智能决策、智慧管理、系统工程以及应用数学等专业的本科生或研究生教材,亦可供相关专业的科研人员和工程技术人员参考。

本书的写作计划自 2015 年开始,最初作为复杂系统管理与控制国家重点实验室相关团队和中国科学院大学计算机与控制学院的教材,后纳入"智能科学与系统"博士学位培养课程的选用教科书系列。当时,相关中英文的著作很少,但经过 5 年多的发展,强化学习的研究和教材状况已发生了天翻地覆的变化,为写作增加了许多变数。尽管作者与团队付出了相当多的心血和努力,但限于水平,仍有许多地方需要改进完善。

本书的出版得到了国家自然科学基金(61722312,61533019)资助,在此表示感谢。

本书在撰写过程中得到了北京科技大学宋睿卓教授、中南大学罗彪教授和广东工业大学刘德荣教授的大力支持,在此,对他们的指导深表感谢!本书的完成参阅了大量国内外学者的相关论著,均在参考文献中列出,在此,对这些论著的作者深表感谢!本书的写作得到了中国科学院自动化研究所复杂系统管理与控制国家重点实验室的许多同事支持,特别是助理工程师朱辽和杨湛宇,研究生谢玉龙、李俊松、李洪阳、李涛、王凌霄、王鑫、卢经纬、夏丽娜、杜康豪、王子洋、阎钰天、韩立元等。最后,感谢清华大学出版社贾斌先生在本书的编辑和出版过程中所给予的热心帮助。

对于书中出现的不妥之处,殷切希望广大读者批评指正。

魏庆来　王飞跃

中国科学院自动化研究所

复杂系统管理与控制国家重点实验室

北京怀德海智能学院

2022 年 5 月

目 录

第 1 章

强化学习概论

本章提要

强化学习是指一个"学习体"通过与环境的交互获得一定的代价并在学习过程中习得最优交互策略的过程。强化学习是人工智能重要的组成部分,也是近年来全球各地高校、研究所以及其他科研机构研究的重点和热点领域。

本章将向读者展示强化学习的发展脉络,并展示强化学习作为人工智能领域研究热点的研究现状。

1.1 引言

从曾经风靡一时的 Atari 游戏到现今最为复杂的游戏之一 Dota 2,人工智能一次又一次地刷新计算机挑战人类游戏能力的极限(见图 1-1)。强化学习的产物一次又一次从初学者水平达到高手再到职业选手水平,直到达到超人类水平,每一次的突破都向世人昭示着人工智能领域的蓬勃发展。强化学习的成功也使之成为人工智能领域中最为出名的机器学习方法。

2015 年 10 月,Alphabet 公司(Google 的母公司)旗下位于伦敦的子公司 DeepMind 开发的程序 AlphaGo 以 5∶0 击败了连续三次夺得欧洲围棋冠军的华裔职业选手樊麾(见图 1-2)。这是人工智能首次在无限制的围棋竞赛中击败人类职业选手,其结果和涉及的技术细节被发表在 *Nature* 上,此版 AlphaGo 被命名为 AlphaGo Fan。2016 年 3 月,AlphaGo 以 4∶1 击败了韩国的世界顶级棋手李世石(见图 1-3),这一场比赛吸引了世界范围内至少 2 亿人的观看,这一版本的 AlphaGo 被命名为 AlphaGo Lee,并获得"九段棋手"称号。2017 年 1 月,在弈城围棋网和野狐围棋网,一位用户名为 Master 的棋手与全球顶尖棋手进行较量并取得惊人的 60 连胜,之后 DeepMind 研究员公布 Master,即为 AlphaGo。2017 年 5 月,在中国乌镇围棋峰会上,新版本的 AlphaGo 与当时世界排名第一的柯洁对战并以 3∶0 获胜(见图 1-4)。2017 年 10 月,DeepMind 在 *Nature* 上发布了一篇关于 AlphaGo 的文章,介绍了 AlphaGo Zero。在这个版本中 AlphaGo 抛弃了所有人类已知的棋谱或者人类的经验,从零开始,自

图 1-1   OpenAI 在 1vs1 模式中击败了 Dota 2 顶级职业玩家 Dendi

我博弈,自我学习,通过 40 天的训练,AlphaGo Zero 最终与 AlphaGo Lee 的胜负记录为 100∶0。2016 年 AlphaGo 对李世石的胜利给人类的认知带来了极大的冲击,虽然围棋看上去规则很简单,但其可选的策略数目在此之前让很多用非强化学习方法的人望而却步,并被广泛认为机器达到人类顶尖棋手水平是不可能的一件事。作为对比,围棋合法状态的数量级大概在 10^{170},而 AlphaGo Zero 的学习只用了不到 500 万次完整的棋局,以及 40 天的时间。强化学习成功的案例不断地为这个领域中的研究者打入一针针强心剂。

图 1-2   AlphaGo 以 5∶0 击败了欧洲围棋冠军樊麾(左)

图 1-3   AlphaGo 以 4∶1 击败了
世界顶级棋手李世石(右)

图 1-4   新版本的 AlphaGo 以 3∶0 战胜了
当时世界排名第一的柯洁

同监督学习与无监督学习一起,强化学习已然成为人工智能极为重要的组成部分。一般地,监督学习是指学习的对象和数据均有正确的标签,强调对已知知识的学习并以此进行预测。无监督学习是指从没有标签的数据中学习一些高层次的表示。强化学习强调"学习体"执行一系列的控制,通过学习优化选择的控制以获取最大代价函数,其在特定环境下更接近于人类对于某个策略、方法的寻找与运用。经过数十年的发展,强化学习已成为综合心理学、最优控制等领域的综合性学科。在 2013 年和 2017 年,强化学习和深度强化学习分别被麻省理工科技评论评价为科技界十大突破之一。AlphaGo 的重要贡献者——David, Silver 甚至提出"人工智能=强化学习+深度学习",从另一个角度说明了深度强化学习是目前人工智能领域中"最像"人工智能的产物。

1.2　强化学习的发展历程

1950 年,Alan Turing 提出了一种用于判定机器是否具有智能的试验方法,即著名的图灵测试(Turing Test),这为后来人工智能科学的发展提供了开创性的构思。1956 年,美国达特茅斯会议上,John McCarthy 正式提出了"人工智能"这一词汇,意在描述人类创造出来的类人智能,此次会议正式确立了人工智能的研究领域。由此,人工智能的帆船开始启航。

1956—1974 年是人工智能发展的第一个黄金时期。在此期间,John McCarthy 于 1958 年创造了人工智能语言——LISP,这种语言直至今天仍有许多工作者在使用。Herbert A. Simon、J. C. Shaw 和 Allen Newell 于 1959 年发明了"通用解题机(General Problem Solver, GPS)",这是历史上第一个计算机程序。然而,一方面,人们似乎对人工智能期待过高,当研究成果不尽如人意的时候,人们开始丧失对人工智能的兴趣;另一方面,当时作为神经网络先进成果的感知器受到强烈批评,人工智能的研究遭遇瓶颈。

从 1974 年开始,人工智能遭遇了第一次"寒冬"。直到 1980 年,专家系统的商用价值被广泛接受,人工智能的研究才开始"复苏"。然而,这种复兴未能持续太久,从 1987 年开始,Apple 和 IBM 生产的个人电脑性能不断提升,而这些计算机没有用到 AI 技术但性能上却超过了价格昂贵的 LISP 机,这直接造成了人工智能的第二次"寒冬"。

从 20 世纪 90 年代中期开始,随着人工智能技术尤其是神经网络技术的逐步发展,人工智能技术开始进入平稳发展时期。1997 年,IBM 的计算机系统"深蓝"战胜了国际象棋世界冠军卡斯帕罗夫,在公众领域引发了现象级的人工智能话题讨论。2006 年,Geoffrey Hinton 在深度学习领域取得突破,人类又一次看到机器赶超人类的希望。这次标志性的技术进步,在最近几年引发了一场人工智能风暴,而强化学习以及深度强化学习显然是人工智能领域最令人激动的方向。

强化学习经历了早期的受启发于心理学中动物学习的试错,外加最优控制、动态规划以及时序差分(Temporal Difference,TD)等研究方向的发展,经由 Richard Sutton 等人对时序差分学习的研究,在 20 世纪 90 年代迎来了现代强化学习的新面貌。

基于试错的强化学习的发展可追溯回 19 世纪 50 年代,Edward Thorndike 提到,在相同的情况下,多次的相同控制或不同控制之中,代价更多的控制和该情况的联系会被加强,强化学习中的"强化"就是强化所处情况与选择控制的倾向之间的联系。Harry Klopf 认识到机器学习领域的研究者几乎都在做监督学习方向的研究,与环境的互动而产生结果的这一重要方向已经被忽视了,这也是监督学习和强化学习的本质区别之一,最终 Klopf 的观点唤醒了试错学习的研究。

20 世纪 50 年代中期,Richard Bellman 和其他一些研究者从 Hamilton 和 Jacobi 在 19 世纪的一些理论出发,提出了著名的 Bellman(贝尔曼)方程,这也是现代强化学习领域关注的重点之一。动态规划是一种通过对贝尔曼方程进行求解以获得最优控制问题解的方法。在马尔可夫链的框架下,Bellman 又提出了马尔可夫决策过程。Ronald Howard 于 1960 年提出了策略迭代算法,这些元素构成了支撑现代强化学习研究的基石。动态规划的实际性能在低维空间中表现良好,可是随着维数增高,动态规划性能表现就很快地变得不尽如人意,Bellman 称之为"维数灾难",这也是机器学习及优化算法等众多领域研究的重点之一。即便如此,其他的通用算法架构依然没有动态规划高效。

Minsky 和 Samuel 是时序差分的先行者,提出了时序差分与动物学习心理学中"次级强化"概念的联系。Klopf 将时序差分和试错学习联系起来,同时发展出了"一般强化"的思想,对于其中所有部分,将刺激性的输入看作奖励,将抑制性的输入看作惩罚。另一方面,Klopf 将试错学习和动物学习心理学中巨量的数据连接了起来。

Sutton 与 Andrew Barto 提出了一个基于时序差分学习的心理学模型,同时其他学者也跟进提出了一系列的基于时序差分的心理学模型。1988 年,Sutton 将时序差分学习从控制领域区分出来,将其看作一般的预测方法,提出了 TD(λ)并做了一些对其收敛性质的证明[1]。1989 年,Chris Watkins 提出的 Q-学习将时序差分、试错学习和最优控制结合在一起[2]。

1994 年,Rummery 提出 Saras 算法[3],这是一种在策(On Policy)的"状态、控制、奖励、控制、状态"算法。1996 年,Bertsekas 提出解决随机过程中优化控制的神经动态规划方法[4]。1998 年,Sutton 与 Barto 为了对强化学习的关键思想和算法提供一个清晰而简单的介绍,编写了强化学习的经典著作——*Reinforcement Learning：An Introduction*[5]。2006 年,Kocsis 提出了置信上限树算法[6]。2008 年,Lewis 提出反馈控制自适应动态规划算法[7]。2013 年,Google DeepMind 提出 Deep-Q-Network 算法[8-9],首次将深度神经网络运用到强化学习中,在 Atari 游戏中通过学习超过了人类玩家的水平。引入神经网络后,强化学习能够更好地处理连续性的状态。由此强化学习,特别是深度强化学习激起了人们极大的兴趣,为这个领域吸引来了大量的研究人才和实践人才。2014 年,Silver 提出确定性策略梯度(Policy Gradients)算法,此算法可以说是现阶段强化学习领域很多优秀成果所运用的算法之一[10]。综上,强化学习的发展可以概括为图 1-5。

经过早期的发展,强化学习基于众多研究人员对其的讨论、研究和发展,已经成为一个涉及心理学、计算机科学、控制科学与工程和人工智能的交叉学科。

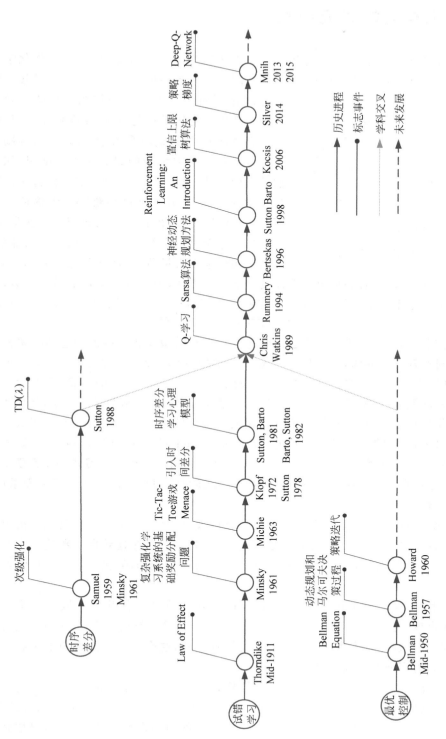

图1-5 强化学习发展

1.3　强化学习的研究现状

强化学习可以理解为一个"学习体"或"智能体",学习过程如图1-6所示。强化学习的学习思想可以描述为:在当前所处状态下,试图对采取各种可行的控制所达到的最终代价进行评估,从而产生对下一步控制选择的指导或者计划。现代强化学习研究,包括深度强化学习,作为一个有目标的领域,仍然受限于稀疏效用(奖励),这也是一个强化学习领域的研究重点。试想,如果我们的目标是让"学习体"学习如何下围棋,我们每一步的效用都将是0,直到最终获胜或者输掉一盘比赛,"学习体"才会获得正或负的效用。也就是说,每一局之后才会有一定的效用,这种被称为稀疏效用。稀疏效用会浪费大量数据,从而降低学习的有效性。

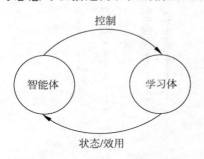

图 1-6　强化学习基本思想

为了解决这个问题,研究者们提出了设计效用函数的方法,通过提供特定的效用函数,使得"学习体"尽可能地不浪费数据。同时,研究者们试图通过辅助效用信号[11]、内在好奇心以及经验重演[12]等多种技巧,解决稀疏效用带来的一系列问题。

同时,有模型算法和无模型算法也是研究重点。有模型算法中的模型包括概率模型和分布模型。对有模型的问题,"学习体"会根据模型做出决策,而无模型时"学习体"一般选择对环境"采样",也就是我们之前说的"试错",试图从样本中获得可知的信息,以作为决策依据。对于同一问题来说,有模型学习显然比无模型学习更高效。从数学上来说,如果我们将强化学习看作黑箱优化,优化目标即为最大化最终获得的代价。根据 David H. Wolpert 和 William G. Macready 的无免费午餐定理(No Free Lunch Theorem)[13],在数学上证明了对特定优化问题的非泛化性理解有助于对该优化问题的求解。有模型学习效果比无模型学习效果好很多,这在数学上是必然的,而如何对每一个强化学习遇到的问题建模从而求解,这便是强化学习研究的重要问题。

现代强化学习研究已经意识到了效用函数难以设计的问题,于是有研究人员提出用机器学习的方法将效用函数作为学习目标进行学习,以替代人工构建效用函数这一相对困难而且对学习效果有巨大影响的过程,基于这个思想,提出了逆向强化学习和模仿学习两个框架。

探索-利用困境(Exploitation-Exploration Dilemma)在全局优化等领域一直是研究的重点,第二次世界大战时盟军阵营中曾有人提议将这个问题留给德国人,作为摧毁其智囊团的"终极武器"。在强化学习中,探索-利用困境同样存在,这个困境也是无免费午餐定理的具体表现,它亦为当前的研究重点。

泛化性和迁移学习(Transfer Learning)同样是强化学习的研究重点方向,泛化性能让"学习体"对不同的规则有一定的适应性,从某种程度上讲,泛化性是人工智能领域的圣杯。迁移学习通过利用已经训练好的模型再对另一个类似的问题进行后续的训练,以达到降低计算量、节省训练时间的目的。

强化学习领域有很多优秀的成果,现在正在以史无前例的发展速度蓬勃发展,现代强化学习领域的奠基人 Richard Sutton 在 2018 年 5 月 Bloomberg 的纪录片《AI 崛起》中提到他预计 2030 年硬件水平将达到支持强人工智能算法的水平,2040 年将会有强人工智能算法出现。我们有理由相信强化学习在未来人工智能发展的过程中会起到极大作用。

1.4 本书内容架构

本书共 13 章,其主要架构如下:第 2 章将对马尔可夫过程进行介绍,这是现代强化学习的基础之一;第 3 章将介绍动态规划,这同时是强化学习以及最优控制理论关注的重点;在第 4 章将会介绍蒙特卡洛学习方法,这是读者将接触的第一个无模型学习算法;在第 5 章,读者将会了解时序差分学习,这便是 Sutton 引入的基于心理学的优化算法;在第 6 章读者将会碰到神经网络,这也是人工智能重新走出寒冬的功臣之一;在第 7 章将向读者介绍自适应动态规划,这是一种解决动态规划问题的有效办法;第 8 章和第 9 章将分别介绍策略迭代学习方法和值迭代学习方法,这两种方法在强化学习中具有重要意义;第 10 章将介绍 Q-学习方法;第 11 章将关注脱策学习方法,这是一种能够输出决定性策略的方法;第 12 章将对业界热点——深度强化学习进行介绍;在第 13 章中,以平行强化学习为主线,对强化学习未来进行分析与展望。

本书第 1~第 7 章为基础章节,主要概括了强化学习的基本原理和基本方法;第 8~第 11 章理论性较强,这部分内容以强化学习的控制、决策与优化为主线,对强化学习的性能进行了理论分析,为从事强化学习理论研究的学者提供分析思路;第 12 章,讲述如何将深度神经网络融入强化学习,讲述了深度强化学习原理;在第 13 章中介绍的平行强化学习方法希望为强化学习在未来求解复杂系统控制与优化问题提供求解思路。

参考文献

[1] Sutton R. Learning to predict by the methods of temporal differences[J]. Machine Learning,1988, 3(1):9-44.

[2] Watkins C,Dayan P. Q-learning[J]. Machine Learning,1992,8(3-4):279-292.

[3] Rummery G A,Niranjan M. Online Q-Learning using connectionist Systems,1994[OL]. http://citeseerx. ist. psu. edu/viewdoc/download? doi=10. 1. 1. 17. 2539&rep= re p1&type=pdf.

[4] Bertsekas D P,Tsitisklis J N. Neuro-Dynamic Programming[M]. USA,Belmont,MA:Athena Scientific, 1996.

[5] Sutton R,Barto A G. Reinforcement Learning:An Introduction[M]. USA,Cambridge:MIT press, 1998.

[6] Kocsis L,Szepesvári C. Bandit based Monte-Carlo planning. Lecture Notes in Computer Science,2006, 4212:282-293.

[7] Lewis F L,Liu D,Lendaris G G. Special issue on adaptive dynamic programming and reinforcement learning in feedback control[J]. IEEE Transactions on Systems,Man,and Cybernetics-Part B: Cybernetics,2008,38(4):896-897.

[8] Mnih V,Kavukcuoglu K,Silver D,et al. Playing Atari with Deep Reinforcement Learning. 2013, Available online. https://arxiv. org/abs/1312. 5602v1.

［9］　Mnih V，Kavukcuoglu K，Silver D，et al. Human-level Control through Deep Reinforcement Learning. Nature，2015，518：529-533.

［10］　Silver D，Lever G，Heess N. Deterministic policy gradient algorithms[J]. Proceedings of International Conference on Machine Learning，2014：387-395.

［11］　Jaderberg M，Mnih V，Czarnecki W M，et al. Reinforcement learning with unsupervised auxiliary tasks. 2017，available online. https：//arxiv. org/abs/1611. 05397.

［12］　Andrychowicz M，Wolski F，Ray A，et al. Hindsight Experience Replay. 2018，available online. https：//arxiv. org/abs/1707. 01495v2.

［13］　Wolpert D H，Macready W G. No free lunch theorems for optimization[J]. IEEE Transactions on Evolutionary Computation，1997，1(1)：67-82.

第 2 章

马尔可夫决策过程

本章提要

马尔可夫决策过程是强化学习与动态规划的基础。本章简要介绍马尔可夫决策过程的基本定义、原理及其基本实现方法,为后续章节奠定基础。

本章的内容组织如下:2.1 节介绍马尔可夫决策过程的基本原理;2.2 节在马尔可夫决策过程的基础上,介绍策略与代价函数;2.3 节介绍最优策略与代价函数并给出一个简单的示例。

2.1 马尔可夫决策过程

考虑小明在教室中学习《强化学习》书籍,场景如图 2-1 所示。小明的初始状态为 x_0,在此状态下,小明可以选择继续看书或者玩手机,相应地产生 1 或 -1 的效用(奖励)。小明可以持续选择控制(动作),直到到达状态 x_4,停止控制。在初始状态下,小明应该如何选择控制序列,从而获得最大的代价函数?

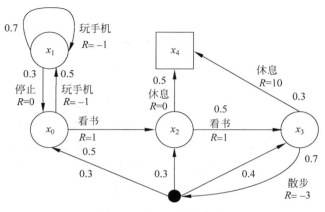

图 2-1　教室阅读场景图

针对上述问题,定义状态空间为 $X = \{x_0, x_1, x_2, x_3, x_4\}$,控制空间为 Ω,在时间 k 下选择的控制空间为 Ω_k。定义策略为 π,表示在某一状态 x 下选择某一控制的依据,常用条件概率来表示。定义效用函数为 R,表示选择某一控制后得到的奖励,注意在 k 时刻选择控制 u 后的效用在 $k+1$ 时刻得到,表示为 R_{k+1}。给定策略 π,定义在状态 x 下的代价函数为 $J_\pi(x)$。此时可以得到小明在状态 x_0 下的代价函数为

$$J_\pi(x_0) = E(R_1 + R_2 + \cdots \mid X_0 = x_0) \tag{2.1}$$

定义状态 x_0 下控制玩手机为 u_1,看书为 u_2;状态 x_1 下玩手机为 u_{11},停止为 u_0;状态 x_2 下看书为 u_3,休息为 u_4;状态 x_3 下散步为 u_{023},休息为 u_4。假设小明在时间 $k=0$ 选择玩手机 u_1,得到效用函数 $R_1 = -1$。在时间 $k=1$,选择玩手机的概率为 $\pi(\Omega_1 = u_1 \mid X_1 = x_1, X_0 = x_0, \Omega_0 = u_1)$,即时间 $k=1$ 时选择控制的概率既与时间 $k=0$ 时状态和控制有关,又与时间 $k=1$ 时状态有关。这种有后效性使得随着时间 k 的增加,分析会越来越复杂。因此需要对模型进行简化,假设策略具有马尔可夫性,即在时间 $k+1$ 下选择控制的概率仅与当前状态有关,与之前状态和控制无关。这样可以大幅简化分析。因此,我们首先对马尔可夫过程进行简要介绍。

马尔可夫过程是一类随机过程[1],它具有无后效性,即未来的状态只与当前状态有关,而不依赖于过去的状态[2]。1907 年,俄国数学家马尔可夫(Andrei Andreyevich Markov)提出马尔可夫链[3],表示当前状态只与前面有限个状态有关的一组状态序列,它是马尔可夫过程的原始模型。之后,大量学者对马尔可夫过程进行研究。1931 年柯尔莫哥洛夫(Andrey Nikolaevich Kolmogorov)在《概率论的解析方法》中将微分方程引入马尔可夫过程,提供了理论支撑。1951 年,伊藤清(Kiyoshi Ito)提出了随机微分方程理论,开辟了马尔可夫过程的新的研究方向[4]。之后,费勒(William Feller)引入半群方法[5],邓肯(E. B. Dynkin)等赋予其概率意义[6]。杜布(Joseph Leo Doob)等人对马尔可夫过程进行了进一步的研究[7],并提出了强马尔可夫性的严格证明[8]。目前,马尔可夫过程是一个重要的研究方向。

图 2-2 所示为青蛙跳跃过程。青蛙是没有记忆的,其按照瞬间念头从一片荷叶跳到另一片荷叶。当青蛙处于某一位置时,跳往下一个位置与它之前走过的路径无关。假设青蛙跳跃的位置为 $x_0, x_1, \cdots$,则 $\{x_n, n \geq 0\}$ 即为马尔可夫过程。

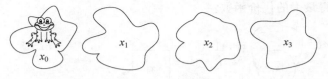

图 2-2　青蛙跳跃过程

在强化学习中,模型的简化至关重要,通过引入马尔可夫决策过程(Markov Decision Processes,MDP)简化强化学习的建模。马尔可夫决策过程是一个离散时间的随机过程[1],有 6 个基本要素 $\{X, \Omega, D, P, R, J\}$,其中 X 为环境状态空间,Ω 为系统控制(动作)空间,D 为初始状态概率分布,P 为状态转移概率,R 为效用函数,J 为代价函数。此时,对于整个系统来说,当前时刻状态转移概率只与当前时刻的状态和控制有关,与之前的状态和控制无关。此时我们有

$$P(X_k = x_k, \Omega_k = u_k, X_{k+1} = x_{k+1}) = P(x_{k+1} \mid x_k u_k x_{k-1} u_{k-1} \cdots x_0 u_0)$$
$$= P(x_{k+1} \mid x_k u_k) \tag{2.2}$$

通常,采用三种类型的代价函数 J[9],即有限阶段代价函数、无限折扣代价函数和平均代价函数。有限阶段代价函数为

$$J = E\left[\sum_{i=0}^{N} R_{i+1}\right] \tag{2.3}$$

无限折扣代价函数为

$$J = E\left[\sum_{i=0}^{\infty} \gamma^i R_{i+1}\right] \tag{2.4}$$

平均代价函数为

$$J = \lim_{N \to \infty} \frac{1}{N} E\left[\sum_{i=0}^{N} R_{i+1}\right] \tag{2.5}$$

式(2.4)中,$\gamma \in (0,1]$ 是折扣因子,表示当前控制对未来回报的影响。无限折扣代价函数和平均代价函数在强化学习中得到了大量的应用,但是代价函数不同会产生不同的优化结果,Mahadevan 对两种代价函数进行了分析[10],得出两种代价函数性能相近。由式(2.4)和式(2.5)可知,式(2.4)是式(2.5)的特例,当折扣因子为 1 时,两者等价。

马尔可夫决策过程是强化学习的理论基础。我们将强化学习应用于各种问题时,都以马尔可夫决策过程的存在性为前提条件。进一步,强化学习可以分为基于模型的强化学习和非基于模型的强化学习。基于模型的强化学习需要知道马尔可夫决策过程的全部信息,而非基于模型的强化学习会有部分马尔可夫决策过程信息未知,未知部分需要我们自己去探索。

走近学者

马尔可夫(Andrei Andreyevich Markov),俄国数学家,出生于梁赞州。他于 1874 年进入圣彼得堡大学学习,并在 1893—1905 年任圣彼得堡大学教授。1886 年马尔可夫当选为圣彼得堡科学院院士,1922 年逝世于圣彼得堡。

马尔可夫主要研究方向为数论和概率论。在数论方面,他对连分数和二次不定式理论进行了研究。在概率论方面,他发展了矩法,扩大了大数定律和中心极限定理的应用范围。马尔可夫最重要的工作是提出了马尔可夫链,并开创了马尔可夫过程,即系统从一个状态转换到另一个状态的概率只与当前状态有关,与转移前的状态无关。目前,马尔可夫过程广泛应用于自然科学和工程技术中。

Andrei Andreyevich Markov
(1856—1922)

伊藤清(Kiyoshi Ito),日本数学家,日本学士院院士,生于日本三重县北势町。他于 1935—1938 年在东京大学数学系学习,1943—1952 年在名古屋大学任副教授,1945 年获理学博士学位。1952 年起在京都大学任教授,直到 1979 年退休。

1978 年,伊藤清获日本学上院赏恩赐赏。1987 年,因在概

Kiyoshi Ito
(1915—2008)

率论方面的奠基性工作而获 Wolf 奖。1991 年,获得日本学士院会员。2006 年,获得了首届"高斯奖"。为解释布朗运动等伴随偶然性的自然现象,伊藤清提出了伊藤公式,这成为随机分析这个数学分支的基础定理。伊藤清的成果于 20 世纪 80 年代以后在金融领域得到广泛应用,他因此被称为"华尔街最有名的日本人"。

2.2 策略与代价函数

定义了马尔可夫决策过程后,在图 2-1 中,小明是根据策略函数 π 来选择接下来的控制。例如,小明在位置 x_0,选择控制玩手机的概率为 $\pi(u_1 \mid x_0) = 0.5$,选择看书的概率为 $\pi(u_2 \mid x_0) = 0.5$。通常,平稳随机策略定义为 $\pi: X \times \Omega \to [0,1]$,表示在状态 x 下选择控制 u 的概率。平稳确定策略定义为 $\pi: X \to \Omega$,表示在状态 x 下选择控制 u 的概率为 1。

在强化学习中,定义状态代价函数 $J_\pi(x)$(以下简称"代价函数")和动作代价函数 $Q_\pi(x, u)$(以下简称"Q 函数")。代价函数表示智能体从状态 x 根据策略选择控制得到的期望总效用函数,在时间 k 下,考虑无限折扣代价函数,则代价函数可以表示为

$$J_\pi(x) = E_\pi \left\{ \sum_{i=0}^{\infty} \gamma^k R_{k+i+1} \mid X_k = x \right\} \tag{2.6}$$

式中,$E_\pi\{\cdot\}$ 表示在策略 π 下的数学期望。定义 Q 函数为

$$Q_\pi(x, u) = E_\pi \left\{ \sum_{i=0}^{\infty} \gamma^i R_{k+i+1} \mid X_k = x, \Omega_k = u \right\} \tag{2.7}$$

从式(2.6)和式(2.7)中,可以得到代价函数和 Q 函数具有一定的关联性。对于确定策略,可知代价函数等价于 Q 函数。对于随机策略,可以得到

$$
\begin{aligned}
J_\pi(x) &= E_\pi \left\{ \sum_{i=0}^{\infty} \gamma^i R_{k+i+1} \mid X_k = x \right\} \\
&= \sum_u E_\pi \left\{ \sum_{i=0}^{\infty} \gamma^i R_{k+i+1}, \Omega_k = u \mid X_k = x \right\} \\
&= \sum_u P(\Omega_k = u \mid X_k = x) E_\pi \left\{ \sum_{i=0}^{\infty} \gamma^i R_{k+i+1} \mid X_k = x, \Omega_k = u \right\} \\
&= \sum_u \pi(u \mid x) Q_\pi(x, u)
\end{aligned}
\tag{2.8}
$$

可知代价函数可以由 Q 函数表示。同理,Q 函数也可以由代价函数表示

$$Q_\pi(x, u) = R_x^u + \gamma \sum_{x' \in X_{k+1}} P_{xx'}^u J_\pi(x') \tag{2.9}$$

定义状态转移概率为 $P_{xx'}^u$,表示 k 时间在状态 x 下选择控制 u 并转移到状态 x' 的概率。对于式(2.9),Q 函数由两部分组成,第一部分是在状态 x 下选择控制 u 得到的期望效用函数 $R_x^u = \sum_{x' \in X_{k+1}} P_{xx'}^u R_{xx'}^u$。在选择控制 u 后,智能体会以 $P_{xx'}^u$ 到达状态 x',因此第二部分表示未来的效用。由式(2.8)和式(2.9),可以得到

$$
\begin{aligned}
J_\pi(x) &= \sum_u \pi(u \mid x) Q_\pi(x, u) \\
&= \sum_u \pi(u \mid x) \left(R_x^u + \gamma \sum_{x' \in X_{k+1}} P_{xx'}^u J_\pi(x') \right)
\end{aligned}
\tag{2.10}
$$

$$Q_\pi(x,u) = R_x^u + \gamma \sum_{x' \in X_{k+1}} P_{xx'}^u J_\pi(x')$$

$$= R_x^u + \gamma \sum_{x' \in X_{k+1}} P_{xx'}^u \left(\sum_{u'} \pi(u' \mid x') Q_\pi(x',u') \right) \tag{2.11}$$

对于式(2.6),可将其进一步写为

$$J_\pi(x) = E_\pi \left\{ \sum_{i=0}^{\infty} \gamma^i R_{k+i+1} \mid X_k = x \right\}$$

$$= E_\pi \left\{ R_{k+1} + \gamma \sum_{i=0}^{\infty} \gamma^i R_{k+i+2} \mid X_k = x \right\}$$

$$= E_\pi \{ R_{k+1} + \gamma J_\pi(X_{k+1}) \mid X_k = x \} \tag{2.12}$$

同理,式(2.7)可以写为

$$Q_\pi(x,u) = E_\pi \left\{ \sum_{i=0}^{\infty} \gamma^i R_{k+i+1} \mid X_k = x, \Omega_k = u \right\}$$

$$= E_\pi \{ R_{k+1} + \gamma Q_\pi(X_{k+1}, \Omega_{k+1}) \mid X_k = x, \Omega_k = u \} \tag{2.13}$$

式(2.12)和式(2.13)即为著名的 Bellman 方程[11]。

可以看出,代价函数表示从长远的角度来看选择哪种控制是好的,是一种"远视"的函数。某一控制可能会带来较大的效用函数,但是却得到较小的代价函数,那么从长远的角度来看,这个控制不是最优的。因此,在强化学习中通常选择代价函数作为优化目标。

2.3 最优策略与最优代价函数

在强化学习中,智能体的目标是选择可以使代价函数(或 Q 函数)最大(或最小)的最优策略 π^*,最优策略可以不唯一[12]。在最优策略 π^* 下,可以得到最优代价函数和 Q 函数,分别记作 $J^*(x)$ 和 $Q^*(x,u)$,有

$$J^*(x) = \max_\pi J_\pi(x) \geqslant J_\pi(x) \tag{2.14}$$

$$Q^*(x,u) = \max_\pi Q_\pi(x,u) \geqslant Q_\pi(x,u) \tag{2.15}$$

结合式(2.8)和式(2.9),可以得到

$$J^*(x) = \max_\pi \sum_u \pi(u \mid x) Q_\pi(x,u)$$

$$= \max_u Q^*(x,u) \tag{2.16}$$

$$Q^*(x,u) = \max_\pi Q_\pi(x,u)$$

$$= \max_\pi \left(R_x^u + \gamma \sum_{x' \in X_{k+1}} P_{xx'}^u J_\pi(x') \right)$$

$$= R_x^u + \gamma \sum_{x' \in X_{k+1}} P_{xx'}^u J^*(x') \tag{2.17}$$

将式(2.16)和式(2.17)结合,可以得到

$$J^*(x) = \max_u Q^*(x,u)$$

$$= \max_u \left(R_x^u + \gamma \sum_{x' \in X_{k+1}} P_{xx'}^u J^*(x') \right) \tag{2.18}$$

$$Q^*(x,u) = R_x^u + \gamma \sum_{x' \in X_{k+1}} P_{xx'}^u J^*(x')$$

$$= R_x^u + \gamma \sum_{x' \in X_{k+1}} P_{xx'}^u \max_{u'} Q^*(x',u') \tag{2.19}$$

此时,由式(2.18)可以得到最优策略为

$$\pi^*(x) = \underset{u}{\mathrm{argmax}}(R_x^u + \gamma \sum_{x' \in X_{t+1}} P_{xx'}^u J^*(x')) \tag{2.20}$$

同时由式(2.19)最优策略也可以表示为

$$\pi^*(x) = \underset{u}{\mathrm{argmax}} Q^*(x,u) \tag{2.21}$$

经过上述介绍,回到本章开始的问题。在初始状态 x_0,小明有 0.5 的概率选择控制玩手机 u_1,得到效用函数 $R = -1$,有 0.5 的概率选择控制继续看书 u_2,得到效用函数 $R = 1$。根据式(2.10)可以得到

$$J_\pi(x_0) = 0.5(-1 + J_\pi(x_1)) + 0.5(1 + J_\pi(x_2)) \tag{2.22}$$

同理,对于其余位置,可以得到

$$J_\pi(x_1) = 0.7(-1 + J_\pi(x_1)) + 0.3(0 + J_\pi(x_0)) \tag{2.23}$$

$$J_\pi(x_2) = 0.5(0 + J_\pi(x_4)) + 0.5(1 + J_\pi(x_3)) \tag{2.24}$$

$$J_\pi(x_3) = 0.7(-3 + 0.3J_\pi(x_0) + 0.3J_\pi(x_2) +$$
$$0.4J_\pi(x_3)) + 0.3(10 + J_\pi(x_4)) \tag{2.25}$$

$J_\pi(x_4) = 0$,解方程组(2.22)~(2.25),得到各个位置的代价函数为 $J_\pi(x_0) = -1.23$,$J_\pi(x_1) = -3.56$,$J_\pi(x_2) = 1.11$,$J_\pi(x_3) = 1.22$。此时,注意我们只得到了每个位置的代价函数,为了获得每个位置的最优代价函数并获得最优策略,考虑式(2.18)和式(2.20),由式(2.18)可以得到

$$J^*(x_0) = \max_{u \in \{u_1,u_2\}} \{(-1 + J^*(x_1)),(1 + J^*(x_2))\} \tag{2.26}$$

$$J^*(x_1) = \max_{u \in \{u_{11},u_0\}} \{(-1 + J^*(x_1)),(0 + J^*(x_0))\} \tag{2.27}$$

$$J^*(x_2) = \max_{u \in \{u_3,u_4\}} \{(1 + J^*(x_3)),(0 + J^*(x_4))\} \tag{2.28}$$

$$J^*(x_3) = \max_{u \in \{u_4,u_{023}\}} \{(10 + J^*(x_4)),$$
$$(-3 + 0.3J^*(x_0) + 0.3J^*(x_2) + 0.4J^*(x_3))\} \tag{2.29}$$

由式(2.29)可知,$J^*(x_3) \geqslant 10$。由式(2.28)可知

$$J^*(x_2) = 1 + J^*(x_3) \tag{2.30}$$

可得在状态 x_2 的最优控制为 u_3。由式(2.27)可知

$$J^*(x_1) = J^*(x_0) \tag{2.31}$$

可得在状态 x_1 的最优控制为 u_0。将式(2.31)代入式(2.26),得到

$$J^*(x_0) = 1 + J^*(x_2) \tag{2.32}$$

可得在状态 x_0 的最优控制为 u_2。经过上述分析,将式(2.30)~式(2.32)代入式(2.29)可得

$$J^*(x_3) = \max_{u \in \{u_4,u_{023}\}} \{(10 + J^*(x_4)),(-2.1 + J^*(x_3))\} \tag{2.33}$$

可知 $J^*(x_3) = 10$,且在状态 x_3 的最优控制为 u_4。此时由式(2.30)~式(2.32)可以得到 $J^*(x_2) = 11$,$J^*(x_0) = J^*(x_1) = 12$。可知在状态 x_0 处可以获得最大的代价函数为 12,

最优的路径和控制为 $x_0 \xrightarrow{u_2} x_2 \xrightarrow{u_3} x_3 \xrightarrow{u_4} x_4$，问题得以求解。

参考文献

[1] Serfozo R. Basics of Applied Stochastic Processes[M]. Germany, Berlin：Springer, 2017.

[2] 王雪松, 朱美强, 程玉虎. 强化学习原理及其应用[M]. 北京：科学出版社, 2014.

[3] 周志华. 机器学习[M]. 北京：清华大学出版社, 2016.

[4] Ito K. On Stochastic Differential Equations. 1951, USA, RI：Memoirs of the American Mathematical Society.

[5] Feller W. An Introduction to Probability Theory and Its Applications(Vol. 1). USA, New York：John Wiley & Sons, 1957.

[6] Dynkin E B. Theory of Markov Processes. USA, NJ：Prentice-Hall, 1961.

[7] Doob J L. A probability approach to the heat equation. Transactions of the American Mathematical Society, 1955, 80(1)：216-280.

[8] Doob J L. Stochastic Processes. USA, New York：Wiley, 1953.

[9] Bertsekas D P. Dynamic programming and optimal control(4th Edition). USA, Belmont, MA：Athena scientific, 2017.

[10] Mahadevan S. To discount or not to discount in reinforcement learning：A case study comparing R learning and Q learning. Machine Learning Proceedings, 1994：164-172.

[11] Bellman R. Dynamic Programming. USA, Princeton, NJ：Princeton University Press, 1957.

[12] Howard R A. Dynamic Programming and Markov Processes. USA, MA：The MIT Press, 1960.

第 3 章

动 态 规 划

本章提要

动态规划在 20 世纪 50 年代由理查德·贝尔曼（Richard Bellman）建立，它是运筹学的一个分支，是求解决策过程最优化的方法，主要用于求解以时间划分阶段的动态过程优化问题。

本章的内容组织如下：3.1 节回顾动态规划历史进程；3.2 节介绍动态规划的主要适用对象——多级决策过程；3.3 节推导最优性原理的递推方程，并给出最优原理的详细证明；3.4 节讨论利用动态规划方法求解线性离散系统、二次型代价函数的最优控制综合问题；3.5 节讨论利用动态规划方法求解连续时间动态系统的最优化问题；3.6 节分析现阶段动态规划面临的难点。

3.1　动态规划的兴起

动态系统普遍存在于自然界中，对动态系统的稳定性分析一直是研究热点，并且已经提出了一系列方法。然而对一般控制系统而言，系统控制器不仅要保证系统稳定性，同时还要保证其系统性能达到最优。20 世纪 50 年代以来，受益于空间技术和数字计算机的发展，动态系统的优化理论得以迅速发展，由此衍生出一个重要的学科分支——最优控制。近些年来动态系统优化理论的发展打破了经典自动控制的界限，并成功应用于空间技术、工程设计、经济计划、人口控制、生产管理等优化领域。在实际生活中，无论是分析问题，还是经过综合、给出控制决策，人们都习惯于以一种标准去衡量是否得到最优结果。在科学实验、生产技术改进、工程设计和经济问题中，人们采取各种措施实现最满意的效果。正是由于这些原因，人们对于最优控制的研究持续不断，甚至今仍是一个相当活跃的研究领域。

最优化问题就是从备选方案的集合中找出问题的最优解。规划理论是最优化理论的一个重要分支。早在 1939 年苏联的列奥尼德·康托洛维奇（JI. B. Kahtop-obnq）就在生产组织管理方面首先研究和应用了线性规划的算法[1]。1947 年，丹齐格（G. B. Dantzig）提出了求解线性规划问题的单纯形法,为线性规划的理论与计算奠定了基础[2]。非线性规划的基础工作则是由库恩(H. W. Kuhn)和塔克(A. W. Tucker)在 1951 年完成的[3]。规划理论的进一步发展,开辟了一条新的路径——动态规划。

动态规划(Dynamic Programming,DP)是 20 世纪 50 年代初由美国科学家 R. E. Bellman 等人在研究多阶段决策过程的优化问题时创立的,该方法的核心是贝尔曼最优性原理,如定义 3.1 所示。

定义 3.1(贝尔曼最优性原理) 多级决策过程的最优策略具有这种性质:不论初始状态和初始决策如何,其余的决策对于由初始决策所形成的状态来说,必定也是一个最优策略。这个原理可以归结为一个基本的递推公式:求解多级决策问题时,从末端开始,到始端为止,逆向递推。

注解 3.1(最优性原理的本质) 整体最优必为局部最优。

贝尔曼最优性原理与庞特里亚金(L. S. Pontryagin)极大值原理和卡尔曼滤波理论被称为 20 世纪控制理论的三大里程碑。动态规划主要用于求解以时间划分阶段的动态过程的优化问题,对于与时间无关的静态规划(如线性规划),可以人为引进时间因素,将其视为多阶段决策过程,用动态规划方法求解[4]。这也正是动态规划方法被普遍接受和广泛应用的重要原因。1957 年,贝尔曼发表了其代表性著作《动态规划》[5]。时至今日,随着神经网络、数据挖掘、软件计算和其他计算智能领域取得的发展,动态规划在数学、科学、工程、商业、医药、信息系统、生物信息、人工智能等领域获得了更广泛的应用。

动态规划是一种非线性规划方法,求解系统最优控制问题的关键是将系统的初值作为参数,利用最优代价函数的性质,得到代价函数满足动态规划方程,这个方程是动态规划方法的精髓。这种求解方法可以归纳为一个基本的递推关系式,从而使控制(决策)过程连续地转移,并将多步最优控制问题转化为多个一步最优控制问题,从而简化求解过程。动态规划在控制领域中表现为:对于离散时间控制系统可以得到最优迭代方程,从而建立起迭代计算程序;对于连续时间控制系统,除可以得到最优关系表达式外,还可以建立与变分法和极小值原理之间的关系。

3.2 动态规划基本思想:多级决策过程

作为动态规划的介绍,我们首先研究一个简单的行车最短路线问题[6]。

从 S 点出发,到 F 点终止,各地点之间的距离如图 3-1 所示。从 S 到 $(x_1(1), x_2(1))$ 需要选择一条路线,使得 S 和 $(x_1(1), x_2(1))$ 之间为最短路线,称为第一级决策过程。然后再从 $(x_1(1), x_2(1))$ 到 $(x_1(2), x_2(2))$ 选择一条路线,使得 $S-(x_1(1), x_2(1))-(x_1(2), x_2(2))$ 是最短路线,称为第二级决策过程。后面以此类推得到各级决策过程。由图 3-1 可知,该题有 4 级决策过程。为了获得从 S 到 F 的最短路线,共有两种解法:穷举法和动态规划法。

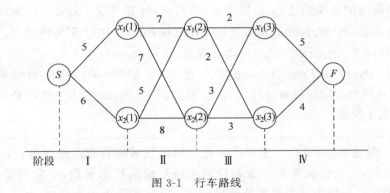

图 3-1　行车路线

穷举法便是将所有可能的路线都列出来,然后进行比较,得到最短路线。由图 3-1 可知,共有 8 条路线,每条路线需要做 3 次加法,所以最终一共要做 24 次加法,比较 7 次,得到最短路线 $S-x_2(1)-x_1(2)-x_2(3)-F$,最短距离(最小代价)为 $J^*=17$。

对于这样一个级数 $N=4$ 的简单问题,共有 $2^{N-1}=8$ 种行车路线。将每段行车距离加起来,当作每种路线的最小代价。经过比较,选出其中最小者,便可确定从 S 到 F 的最短行车路线。用穷举法求最优路线,需要算出所有可能路线,每条路线要做 3 次加法,总共相加 24 次,比较 7 次。一般来说,如果是 N 级,就需要做 $(N-1)2^{N-1}$ 次加法,比较 $2^{N-1}-1$ 次,从而得到最优结果。

另一种方法为动态规划,这是一种逆向计算方法,从终点开始到起点结束,逆向递推。记 N 是多级决策过程问题的级数。该最短路线问题为 4 级决策过程。

(1) $N=4$ 分别算出 $x_1(3)$ 和 $x_2(3)$ 到终点 F 的最小代价,记为 J。实际上最后一级 $(x_1(3),x_2(3))$ 只有一种选择,用 $J(x_1(3),3)$ 和 $J(x_2(3),3)$ 分别表示从 $x_1(3)$ 和 $x_2(3)$ 到终点 F 的代价,可知

$$J(x_1(3),3)=5 \tag{3.1}$$
$$J(x_2(3),3)=4 \tag{3.2}$$

将 $x_1(3)$ 和 $x_2(3)$ 到 F 的代价标注在图 3-2 上。

(2) $N=3$ 考察倒数第二级。本级有两种选择,每种选择有两条路线。从 $x_1(2)$ 有 $x_1(2)-x_1(3)-F$ 和 $x_1(2)-x_2(3)-F$,代价分别为:

$$J(x_1(2),2)=2+J(x_1(3),3)=7 \tag{3.3}$$
$$J(x_1(2),2)=2+J(x_2(3),3)=6 \tag{3.4}$$

比较可得,路线 $x_1(2)-x_2(3)-F$ 的代价更小,所以记 $J^*(x_1(2),2)=6$ 为车从 $x_1(2)$ 出发到 F 的最小代价,标注在图 3-2 中。相应的最优决策为 $u(x_1(2))=x_2(3)$。同理可得,从 $x_2(2)$ 出发有 $x_2(2)-x_1(3)-F$ 和 $x_2(2)-x_2(3)-F$ 两条路线,最小代价和最优决策分别为 $J^*(x_2(2),2)=7,u(x_2(2))=x_2(3)$,将结果标注在图 3-2 中。

(3) $N=2$ 同样有两种选择,每种选择有两条路线,参考 $N=3$ 的情况,从 $x_1(1)$ 站出发有 $x_1(1)-x_1(2)-x_2(3)-F$ 和 $x_1(1)-x_2(2)-x_2(3)-F$ 两条路线,代价为:

$$J(x_1(1),1)=7+J^*(x_1(2),2)=13 \tag{3.5}$$
$$J(x_1(1),1)=7+J^*(x_2(2),2)=14 \tag{3.6}$$

比较记下最小代价 $J^*(x_1(1),1)=13$ 及最优决策 $u(x_1(1))=x_1(2)$,将结果标注在

图 3-2 中。同理可得 $J^*(x_2(1),1)=11,u(x_2(1))=x_1(2)$。

（4）$N=1$ 时，得 $J^*(S,0)=17$ 和 $u(S)=x_2(1)$，将结果同样标注在图 3-2 中。

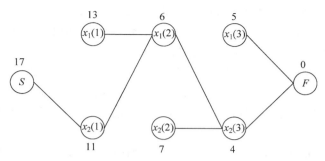

图 3-2　行车问题的最小代价及最优决策

由图 3-2 可见，最优决策、最优路线及最小代价分别为 $\{u(S),u(x_2(1)),u(x_1(2))\}$，$S-x_2(1)-x_1(2)-x_2(3)-F,J^*(S,0)=17$。

从整个问题的求解可以看出动态规划方法所具备的一些特点：

（1）相比于穷举法，动态规划所需计算量大大减少。对于该行车问题，动态规划做加法 10 次，比较 5 次。若该行车过程有 N 段，则需做加法 $4(N-2)+2$ 次，比较 $2(N-2)+1$ 次。假设 $N=15$，穷举法需做 229 376 次加法，比较 16 383 次，而动态规划方法只需相加 54 次，比较 27 次，相比之下动态规划方法的优势不言而喻。

（2）动态规划法求解行车问题的整体思路是，从后向前，逆向递推，依次找出各站到终点 F 的最优路线，则从开始站点 S 的最优路线也自然可得。

（3）由图 3-2 可见，与最优路线 $S-x_2(1)-x_1(2)-x_2(3)-F$ 相对应，有一个最优决策序列 $\{u(S),u(x_2(1)),u(x_1(2))\}$。易知，最优路线的一部分例如 $x_2(1)-x_1(2)-x_2(3)-F$ 和相应的决策序列 $\{u(x_2(1)),u(x_1(2))\}$，也是始自 $x_2(1)$ 站的最优路线和最优决策序列。这体现了最优性原理的本质：全局最优必为局部最优。在 3.3 节将叙述并推证这一原理，以及基于最优性原理的逆推方程。

动态规划本质是一个“化多为少，化繁为简”的过程：将一个多阶段多决策过程化为多个单级单决策过程，将复杂烦琐的计算过程化为简单的一步决策计算过程，这便是嵌套原理。因此，动态规划方法特别适合于计算机求解。

一个多级决策过程最优化问题的动态规划模型，如图 3-3 所示，通常包含以下要素。

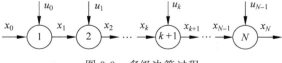

图 3-3　多级决策过程

（1）阶段：阶段（Step）是对整个多决策过程的划分。级数通常由时间顺序或空间特征划分而成。

（2）状态：状态（State）表示每一级初始时过程所处的自然状况，能够描述过程的特征，且无后向性，直接或间接可观测。状态变量（State Variable）用来描述变量的状态，变量允许取值范围称为允许状态集合（Set of Admissible States）。

（3）决策：当某一个级的状态被确定后,可以做出演变到下一级状态的各种选择,该选择手段称为决策(Decision)。描述决策的变量称为决策变量(Decision Variable),决策变量的允许取值范围称为允许决策集合(Set of Admissible Decisions)。

（4）无后效性：在多级决策过程中,每一级的输出状态都仅与该级的输入状态和决策有关,即每个状态都是前面阶段的一个完整总结。

（5）代价函数：任何一个控制过程都必须有一个度量其控制效果好坏的准则,称为性能指标函数(Performance Index Function)、值函数(Value Function)或代价函数(Cost Function)。代价函数是衡量过程优劣的数量指标,它是关于决策变量和状态变量的数量函数。

（6）最优决策和最优状态轨迹：使代价函数达到最优值的决策是从初始时刻开始后部子过程的最优决策。从初始状态出发,按照系统方程和最优决策演变所经历的状态序列称为最优状态轨迹(Optimal State Trajectory)。

3.3　最优性原理与递推方程

在推导递推方程和叙述最优性原理之前,我们首先回顾最短路线行车问题的动态规划方法。出于方便叙述,本节将行车的第一段路程定义为整个决策过程的第 0 级,第二段定义为第一级,依次类推。

从该题目来看,每一级都有两个决策 $u(x_1(k))=x_j(k+1)$ 和 $u(x_2(k))=x_j(k+1)$,$k=1,2,\cdots,j\in\{1,2\}$。以第一级的初始点 $x_2(1)$ 为例,由 $x_2(1)$ 及 $u(x_2(1))=x_1(2)$ 可知其终点是 $x_1(2)$,亦是第二级的初始点。由于在前一步决策我们算出 $x_1(2)$ 的最小代价 $J^*(x_1(2),2)$,因此,决策 $u(x_2(1))=x_1(2)$ 所对应的最小代价为

$$J=5+J^*(x_1(2),2) \tag{3.7}$$

式(3.7)的值是第一级在决策 $u(x_2(1))=x_1(2)$ 下的最小代价。

同理,$x_2(1)$ 及决策 $u(x_2(1))=x_2(2)$ 所得到的最小代价为

$$J=8+J^*(x_2(2),2) \tag{3.8}$$

它是在决策 $u(x_2(1))=x_2(2)$ 下的最小代价。比较式(3.7)与式(3.8)的值,获得始自 $x_2(1)$ 的最小代价,即

$$J^*(x_2(1),1)\min\begin{Bmatrix}5+J^*(x_1(2),2)\\8+J^*(x_2(2),2)\end{Bmatrix} \tag{3.9}$$

方程(3.9)中的数值 5 和 8 分别表示以 $x_2(1)$ 为始点,采取决策 $u(x_2(1))=x_1(2)$ 和 $u(x_2(1))=x_2(2)$ 时,在第一级应该付出的效用。可知行车在某一级的效用函数与起始站和所采用的决策有关,如图 3-1 所示。于是,为了一般性,我们用 $U(x_2(1),u(\cdot)=x_1(2))$ 和 $U(x_2(1),u(\cdot)=x_2(2))$ 分别替代 5 和 8。方程(3.9)可以写成如下形式：

$$J^*(x_2(1),1)\min\begin{Bmatrix}U(x_2(1),u(\cdot)=x_1(2))+J^*(x_1(2),2)\\U(x_2(1),u(\cdot)=x_2(2))+J^*(x_2(2),2)\end{Bmatrix} \tag{3.10}$$

同理,我们可以求出 $J^*(x_1(1),1)$。在该行车问题中,始自 $x_1(3),x_2(3)$ 的最小代价已由图 3-1 所知,即 $J^*(x_1(3),3)=5,J^*(x_2(3),3)=4$。所以,采用类似(3.10)的方程,从

末端开始,逐级逆向递推决策,便可以得到始自各个站点的最小代价及相对应的决策。

在行车问题中,状态演化规律以及过程所付出的代价是以图 3-1 的形式给出的,状态演化规律、代价函数以及一些约束条件均以解析形式给出。有了上述直观理解之后,我们就可以将最短时间行车问题的处理方法加以推广,以期得到多阶段决策过程的递推过程[7-9]。现在我们考察如下的多阶段决策问题。为了便于计算和表示,我们将 n 维状态向量表示为 $\boldsymbol{x}_k = [x_1(k), x_2(k), \cdots, x_n(k)]^{\mathrm{T}}$。

考察代价函数

$$J(\boldsymbol{x}_k, k) = \sum_{k=0}^{N} U(\boldsymbol{x}_k, \boldsymbol{u}_k, k) \tag{3.11}$$

其中 $\boldsymbol{x}_k$ 是系统状态,$\boldsymbol{u}_k$ 是控制策略,起始状态 x_0 给定,$U(\boldsymbol{x}_k, \boldsymbol{u}_k, k)$ 是效用函数。注意,第 2 章效用函数 R 是以常数的形式给出,当效用函数是状态 $\boldsymbol{x}_k$ 和控制策略 $\boldsymbol{u}_k$ 的函数时,表示为 $U(\boldsymbol{x}_k, \boldsymbol{u}_k)$。进一步,时变效用函数表示为 $U(\boldsymbol{x}_k, \boldsymbol{u}_k, k)$。过程的动态方程为

$$x_{k+1} = F(\boldsymbol{x}_k, \boldsymbol{u}_k, k) \tag{3.12}$$

其中状态满足约束

$$\boldsymbol{x}_k \in X \subset \mathbb{R}^n, \quad k = 0, 1, \cdots, N-1 \tag{3.13}$$

求容许控制(或决策)序列

$$\{u_0, u_1, \cdots, u_{N-1}\}, \boldsymbol{u}_k \in \Omega \subset \mathbb{R}^m, \quad k = 0, 1, \cdots, N-1 \tag{3.14}$$

使代价函数(3.11)最小。

本问题中,k 表示多阶段决策过程的阶段变量,$\boldsymbol{x}_k$ 表示第 k 级起始的状态变量,$\boldsymbol{u}_k$ 表示第 k 级采用的控制。一般情况下,控制 $\boldsymbol{u}_k$ 的各分量取值常被限制在一定范围之内,此范围称为容许控制集合,记为 Ω。后者是 m 维欧氏空间的一个集合,m 是控制向量的维数。如果状态的取值范围也受到限制,类似可以表示为 $\boldsymbol{x}_k \in X \subset \mathbb{R}^n$,其中 X 表示 n 维欧氏空间的一个集合,n 是状态向量的维数。

对于上述多阶段问题而言,由初态 x_0 开始,采用控制序列 $\{u_0, u_1, \cdots, u_{N-1}\}$ 所导致的代价可表示为 $J(x_0, u_0, u_1, \cdots, u_{N-1})$。如用 u 表示控制序列 $\{u_0, u_1, \cdots, u_{N-1}\}$,$u$ 称为全过程的一个控制。这时,代价函数可以表示为 $J(x_0, u)$。一般而言,对不同的阶段 k,控制也会不同。因此代价函数与初值相关,可以表示为 $J(x_0, u, 0)$。

为求出式(3.11)问题的最小代价函数 $J^*(x_0, 0)$,根据动态规划的解题思想,我们把初始状态为 x_0 的待求问题嵌入求 $J^*(\boldsymbol{x}_k, k)$ 的类似问题中。下面我们转而研究以下问题:

$$J(\boldsymbol{x}_k, k) = \sum_{j=k}^{N} U(x_j, u_j, j), \quad k = 0, 1, 2, \cdots, N-1 \tag{3.15}$$

其中 $\boldsymbol{x}_k$ 认为是固定的。状态方程为式(3.12),$\boldsymbol{x}_k, \boldsymbol{u}_k$ 的约束条件分别是式(3.13)和式(3.14)。

始自第 k 级容许状态 $\boldsymbol{x}_k \in X$ 的最小代价函数为

$$J^*(\boldsymbol{x}_k, k) = \min_{u_k, u_{k+1}, \cdots, u_{N-1}} \left\{ \sum_{j=k}^{N} U(x_j, u_j, j) \right\} \tag{3.16}$$

其中 $u_k, u_{k+1}, \cdots, u_{N-1} \in \Omega$。将大括号内的累加和分解成两部分,其中一部分是第 k 级效用函数,另一部分是从第 $k+1$ 级开始到第 N 级的效用函数累加和,即

$$J^*(\boldsymbol{x}_k, k) = \min_{u_k, u_{k+1}, \cdots, u_{N-1}} \left\{ U(\boldsymbol{x}_k, \boldsymbol{u}_k, k) + \sum_{j=k+1}^{N} U(x_j, u_j, j) \right\} \tag{3.17}$$

将方程(3.17)中求最小的运算也分解为两部分,即现有控制 $\boldsymbol{u}_k$ 下求最小和在剩余控制 $u_{k+1},u_{k+2},\cdots,u_{N-1}$ 下求最小。式(3.17)可改写为

$$J^*(\boldsymbol{x}_k,k)=\min_{u_k}\min_{u_{k+1},\cdots,u_{N-1}}\left\{U(\boldsymbol{x}_k,\boldsymbol{u}_k,k)+\sum_{j=k+1}^N U(x_j,u_j,j)\right\} \tag{3.18}$$

从式(3.18)可以看出,大括号内的第一项仅取决于 $\boldsymbol{u}_k$,与 $u_j(j=k+1,\cdots,N-1)$ 无关。因此,这一部分对 $u_j(j=k+1,\cdots,N-1)$ 求极小没有意义。大括号内第二项当 x_{k+1} 固定时其值取决于 $u_j(j=k+1,\cdots,N-1)$,和 u_k 并不直接相关。但是,$\boldsymbol{u}_k$ 通过方程(3.12)决定 x_{k+1},进而影响大括号内第二项的值。考虑最小代价函数的定义(3.16),最优代价函数可以表示为

$$\min_{u_k}\min_{u_{k+1},\cdots,u_{N-1}}\left\{U(\boldsymbol{x}_k,\boldsymbol{u}_k,k)+\sum_{j=k+1}^N U(x_j,u_j,j)\right\}$$

$$=\min_{u_k}\left\{U(\boldsymbol{x}_k,\boldsymbol{u}_k,k)+\min_{u_{k+1},\cdots,u_{N-1}}\sum_{j=k+1}^N U(x_j,u_j,j)\right\}$$

$$=\min_{u_k}\{U(\boldsymbol{x}_k,\boldsymbol{u}_k,k)+J^*(x_{k+1},k+1)\} \tag{3.19}$$

于是,由式(3.18)得到

$$J^*(\boldsymbol{x}_k,k)=\min_{u_k\in\Omega}\{U(\boldsymbol{x}_k,\boldsymbol{u}_k,k)+J^*(x_{k+1},k+1)\},\quad k=0,1,\cdots,N-1 \tag{3.20}$$

或

$$J^*(\boldsymbol{x}_k,k)=\min_{u_k\in\Omega}\{U(\boldsymbol{x}_k,\boldsymbol{u}_k,k)+J^*(F(x_k,u_k,k),k+1)\},\quad k=0,1,\cdots,N-1$$

$$\tag{3.21}$$

上述方程表明:根据已知的 $J^*(x_{k+1},k+1)$ 可以求出 $J^*(\boldsymbol{x}_k,k)$。其中所有的 x_k 均满足 $x_k\in X$。因此,式(3.21)是最优代价函数的递推方程,通常称其为动态规划的基本递推方程。

上述递推关系是由最后一级开始,从后向前逆向递推。由式(3.16)可知

$$J^*(x_{N-1},N-1)=\min_{u_{N-1}\in\Omega}\{U(x_{N-1},u_{N-1},N-1)+J^*(x_N,N)\} \tag{3.22}$$

式(3.22)中的 $J^*(x_N,N)$ 是代价函数的末端项,一般该末端项是已知的。在行车最短路线问题中,代价函数的末端项应为 $J^*(x_N,N)=0$。应用递推方程(3.21)逆向逐级递推,算出 $J^*(x_{N-1},N-1),J^*(x_{N-2},N-2),\cdots,J^*(x_0,0)$。综上得出动态规划逆向递推算法,如算法 3.1 所示。

算法 3.1:动态规划逆向递推算法

初始化:假设式 $J^*(x_N,N)$ 给定或易求解。

过程:

步骤 1:已知 $J^*(x_N,N)$,根据式(3.21),求解 $J^*(x_{N-1},N-1)$。

步骤 2:由上步的结果 u_{N-1},根据式(3.12)求出 x_N。

步骤 3:已知 $J^*(x_{N-1},N-1)$,根据式(3.21),求解 $J^*(x_{N-2},N-2)$。

步骤 4:由上步的结果 u_{N-2},根据式(3.12)求出 x_{N-1}。

步骤 5:已知 $J^*(x_{N-2},N-2)$,根据式(3.21),求解 $J^*(x_{N-3},N-3)$。

步骤 6：由上步的结果 u_{N-3}，根据式(3.12)求出 x_{N-2}。

步骤 7：已知 $J^*(x_1,1)$，根据式(3.21)，求解 $J^*(x_0,0)$。

步骤 8：由上步的结果 u_0，根据式(3.12)求出 x_1。

步骤 9：返回序列 $\{x_k\}$，$\{J^*(x_k,k)\}$，$k=0,1,2,3,\cdots,N$。

可以看出，将复杂的多级决策问题嵌入一类相似问题中，以下两个关键问题有待解决：

(1) 最优代价函数的末端项 $J^*(x_N,N)$ 已知或有简单解，得到代价函数的递推公式，如式(3.21)或式(3.22)。

(2) 得到联系前后级状态变量和控制变量的动态方程，例如递推公式(3.12)。

动态规划法解题有两次搜索：逆向搜索和正向搜索。首先是逆向搜索，根据递推公式，以第 $k+1$ 级的最优代价函数 $J^*(x_{k+1},k+1)$ 去计算得到第 k 级的最优代价函数。其次为正向搜索，将得到的最优控制 $u^*(x_k)$ 代入动态方程 $x_{k+1}=F(x_k,u_k,k)$ 进行正向迭代，求出多级决策问题的最优控制序列及最优轨线。

下面我们给出定义 3.1 最优性原理的证明。

证明：设控制序列 $u^*=\{u_0^*,u_1^*,\cdots,u_N^*\}$ 是使代价函数 J 最小的最优控制序列，相应的最优代价函数为

$$J^*(x_0,0)=J^*(x_0,u^*,0)=J^*(x_0,u_0^*,u_1^*,\cdots,u_N^*,0) \tag{3.23}$$

反设 u_k^* 在 $k=l,l+1,\cdots,N$ 区间内不是最优控制序列。也就是说，在此区间内还存在另一个控制序列 u_k^0 比 u_k^* 有更小的代价函数，即

$$J^*(x_l,u_l^0,u_{l+1}^0,\cdots,u_N^0,l)<J^*(x_l,u_l^*,u_{l+1}^*,\cdots,u_N^*,l) \tag{3.24}$$

在反设的条件下，有两个控制序列：

$$u_k^*,\quad k=0,1,\cdots,N \tag{3.25}$$

$$u=\begin{cases} u_k^*, & k\in[0,l-1) \\ u_k^0, & k\in[l,N] \end{cases} \tag{3.26}$$

进而可以得出以下结果：

$$\begin{aligned}
J^*(x_0,u_0^*,u_1^*,\cdots,u_N^*,0) &= J(x_0,u_0^*,u_1^*,\cdots,u_N^*,0) \\
&= U(x_0,u_0^*,0)+\cdots+U(x_{l-1},u_{l-1}^*,l-1)+ \\
&\quad \{U(x_l,u_l^*,l)+\cdots+U(x_N,u_N^*,N)\} \\
&\geqslant U(x_0,u_0^*,0)+\cdots+U(x_{l-1},u_{l-1}^*,l-1)+ \\
&\quad \{U(x_l,u_l^0,l)+\cdots+U(x_N,u_N^0,N)\} \\
&= J(x_0,u_0^*,\cdots,u_{l-1}^*,u_l^0,\cdots,u_N^0,0) \\
&= J^{**}(x_0,u_0^*,\cdots,u_{l-1}^*,u_l^0,\cdots,u_N^0,0)
\end{aligned} \tag{3.27}$$

即 $J^*(x_0,u_0^*,u_1^*,\cdots,u_N^*,0)=J(x_0,u_0^*,u_1^*,\cdots,u_N^*,0)\geqslant J^{**}(x_0,u_0^*,\cdots,u_{l-1}^*,u_l^0,\cdots,u_N^0,0)$。这与 $J^*(x_0,u_0^*,u_1^*,\cdots,u_N^*,0)=J(x_0,u_0^*,u_1^*,\cdots,u_N^*,0)$ 是最优代价函数矛盾。因此，反设不成立，最优性原理得证。

从最优轨线的角度看，最优性原理也可表述为：最优轨线的一部分必为最优轨线。用反证法同样可以证明这个结论。

可以看出,递推方程(3.21)体现了最优性原理。递推方程实际上是根据当前阶段付出的效用与下一个状态的最小代价之和求最小,来计算始自 x_k 的最小代价。所以,不论按递推公式所求出的第 k 级最优控制 $\boldsymbol{u}_k$ 如何,对于由 x_k 和 u_k 所形成的下一个状态来说,剩余的控制序列也是一个最优控制序列。很清楚,最优性原理为导出递推方程提供了理论基础。

3.4 离散时间动态规划

在这一节里,我们将以离散时间、二次型代价函数的最优控制综合问题为例,讨论动态规划方法的具体应用。最终得到一种形式上很简单的反馈控制律及一组实用的递推公式[10-12]。

已知离散时间线性系统

$$x_{k+1} = Fx_k + Gu_k \tag{3.28}$$

其中 $k = 0, 1, \cdots, N-1$。定义二次型代价函数:

$$J(x_k, k) = \boldsymbol{x}_N^T Q_0 x_N + \sum_{k=0}^{N-1}(\boldsymbol{x}_k^T Q_1 x_k + \boldsymbol{u}_k^T R u_k) \tag{3.29}$$

其中 $\boldsymbol{Q}_0$、$\boldsymbol{Q}_1$ 为非负定对称矩阵,$\boldsymbol{R}$ 为正定对称矩阵。控制 $\boldsymbol{u}_k (k = 0, 1, \cdots, N-1)$ 不受约束,寻找一组控制序列 $\{u_0^*, u_1^*, \cdots, u_{N-1}^*\}$,使代价函数(3.29)最小。

用动态规划法求解上述问题,要从最后一级开始,从后向前按照基本递推公式进行计算。首先计算最后一级的最优控制 u_{N-1}^*。根据基本递推公式(3.21)和代价函数(3.29),对最后一级应有

$$J^*(x_{N-1}, N-1) = \min_{u_{N-1}}(\boldsymbol{x}_{N-1}^T Q_1 x_{N-1} + \boldsymbol{u}_{N-1}^T R u_{N-1} + J^*(x_N, N)) \tag{3.30}$$

对照状态方程(3.28),有

$$x_N = Fx_{N-1} + Gu_{N-1} \tag{3.31}$$

设最优代价函数有以下形式

$$J^*(x_k, k)\boldsymbol{x}_k^T S_k \boldsymbol{x}_k \tag{3.32}$$

其中 S_k 是待定对称矩阵序列,且 $k = N$ 时显然有 $S_N = \boldsymbol{Q}_0$。取 $\forall k \in \{0, 1, \cdots, N-1\}$,根据式(3.30)、式(3.31)和最优性原理有

$$
\begin{aligned}
J^*(x_k, k) &= \min_{u_k}\{\boldsymbol{x}_k^T Q_1 x_k + \boldsymbol{u}_k^T R u_k + J^*(x_{k+1}, k+1)\} \\
&= \min_{u_k}\{\boldsymbol{x}_k^T Q_1 x_k + \boldsymbol{u}_k^T R u_k + \boldsymbol{x}_{k+1}^T S_{k+1} x_{k+1}\} \\
&= \min_{u_k}\{\boldsymbol{x}_k^T \boldsymbol{F}^T S_{k+1} F x_k + \boldsymbol{x}_k^T \boldsymbol{F}^T S_{k+1} G u_k + \boldsymbol{u}_k^T \boldsymbol{G}^T S_{k+1} F x_k + \\
&\quad \boldsymbol{u}_k^T \boldsymbol{G}^T S_{k+1} G u_k + \boldsymbol{x}_k^T Q_1 x_k + \boldsymbol{u}_k^T R u_k\} \\
&= \min_{u_k}\{\boldsymbol{x}_k^T (\boldsymbol{F}^T S_{k+1} F + Q_1) x_k + 2\boldsymbol{u}_k^T \boldsymbol{G}^T S_{k+1} F x_k + \\
&\quad \boldsymbol{u}_k^T (\boldsymbol{G}^T S_{k+1} G + R) u_k\}
\end{aligned} \tag{3.33}
$$

因为 u_k 不受约束,所以要求最小的 u_k,则式(3.33)对 u_k 取极小的必要条件为

$$2\boldsymbol{G}^T S_{k+1} Fx_k + 2(\boldsymbol{G}^T S_{k+1} G + R)u_k = 0 \tag{3.34}$$

由于 $\boldsymbol{R}$ 为正定矩阵,有 $(\boldsymbol{G}^{\mathrm{T}}S_{k+1}G+R)$ 为正定矩阵,从而由式(3.34)可得

$$u_k^* -(\boldsymbol{G}^{\mathrm{T}}S_{k+1}G+R)^{-1}\boldsymbol{G}^{\mathrm{T}}S_{k+1}Fx_k \tag{3.35}$$

进一步,对 $\partial^2\{\cdot\}/\partial^2 u_k=2(\boldsymbol{G}^{\mathrm{T}}S_{k+1}G+R)>0$,故 u_k^* 是式(3.33)唯一极小值解。

由式(3.35)可见,u_k^* 与 x_k 之间满足线性关系,令

$$L_k(\boldsymbol{G}^{\mathrm{T}}S_{k+1}G+R)^{-1}\boldsymbol{G}^{\mathrm{T}}S_{k+1}F \tag{3.36}$$

可得:

$$u_k^* =-L_k x_k \tag{3.37}$$

将式(3.37)代入式(3.33),可求得 $J^*(x_k,k)$ 为

$$\begin{aligned}
J^*(x_k,k) &= \boldsymbol{x}_k^{\mathrm{T}}(\boldsymbol{F}^{\mathrm{T}}S_{k+1}F+Q_1)x_k+(u_k^*)^{\mathrm{T}}\boldsymbol{G}^{\mathrm{T}}S_{k+1}Fx_k+ \\
&\quad \boldsymbol{x}_k^{\mathrm{T}}\boldsymbol{F}^{\mathrm{T}}S_{k+1}Gu_k^* +(u_k^*)^{\mathrm{T}}(\boldsymbol{G}^{\mathrm{T}}S_{k+1}G+R)u_k^* \\
&= \boldsymbol{x}_k^{\mathrm{T}}\{\boldsymbol{F}^{\mathrm{T}}S_{k+1}F+Q_1-\boldsymbol{L}_k^{\mathrm{T}}\boldsymbol{G}^{\mathrm{T}}S_{k+1}F-\boldsymbol{F}^{\mathrm{T}}S_{k+1}GL_k+ \\
&\quad \boldsymbol{L}_k^{\mathrm{T}}(\boldsymbol{G}^{\mathrm{T}}S_{k+1}G+R)L_k\}x_k
\end{aligned} \tag{3.38}$$

结合式(3.32)和式(3.38),可得

$$\begin{aligned}
\boldsymbol{x}_k^{\mathrm{T}}S_k x_k &= \boldsymbol{x}_k^{\mathrm{T}}\{\boldsymbol{F}^{\mathrm{T}}S_{k+1}F+Q_1-\boldsymbol{L}_k^{\mathrm{T}}\boldsymbol{G}^{\mathrm{T}}S_{k+1}F-\boldsymbol{F}^{\mathrm{T}}S_{k+1}GL_k+ \\
&\quad \boldsymbol{L}_k^{\mathrm{T}}(\boldsymbol{G}^{\mathrm{T}}S_{k+1}G+R)L_k\}x_k
\end{aligned} \tag{3.39}$$

进而有

$$S_k =(F-GL_k)^{\mathrm{T}}S_{k+1}(F-GL_k)+\boldsymbol{L}_k^{\mathrm{T}}RL_k+Q_1, \quad k=0,1,\cdots,N-1 \tag{3.40}$$

结合 $S_N=Q_0$,可以确定 $\{S_k\}$ 为非负对称矩阵序列。逆向递推,得到该离散时间线性系统的各级最优代价函数。针对式(3.40)得到关于 S_k 的离散 Riccati 方程

$$S_k =\boldsymbol{F}^{\mathrm{T}}S_{k+1}F-\boldsymbol{F}^{\mathrm{T}}S_{k+1}G(\boldsymbol{G}^{\mathrm{T}}S_{k+1}G+R)^{-1}\boldsymbol{G}^{\mathrm{T}}S_{k+1}F+Q_1 \tag{3.41}$$

综上所述,求解离散时间线性系统最优代价函数 $J^*(x_0,0)$ 和最优控制序列 $\{u_k\}$ 的一般步骤为:

步骤1:$k=N$,由题目知 $S_N=Q_0$;

步骤2:$k=N-1$,由式(3.41)计算 S_k;

步骤3:由式(3.36)计算 L_k;

步骤4:由式(3.37)计算 u_k^*;

步骤5:由式(3.38)计算 $J^*(x_k,k)$;

步骤6:令 $k=N-2,N-3,\cdots,0$,重复步骤2~步骤5;

步骤7:得到 $J^*(x_0,0)$ 和 $\{u_k^*\}$,$k=0,1,\cdots,N-1$。

例3.1 设一阶离散时间系统

$$x_{k+1}=x_k+u_k, \quad x_0=1 \tag{3.42}$$

试确定最优控制序列 u_0^*,u_1^*,u_2^*,使以下代价函数达到最小。

$$J(x_k,k)=\sum_{k=0}^{2}(x_k^2+u_k^2), \quad U(x_k,u_k)=x_k^2+u_k^2 \tag{3.43}$$

解:逆向递推。首先当 $N=3,k=2$ 时,

$$J^*(x_2,2)=\min_{u_2}\{U(x_2,u_2)\}=\min_{u_2}\{x_2^2+u_2^2\} \tag{3.44}$$

为了使 $J(x_2,2)$ 达到最小,有

$$\frac{\partial J(x_2,2)}{\partial u_2} = 2u_2 = 0 \qquad (3.45)$$

则

$$u_2^* = 0, \quad J^*(x_2,2) = x_2^2 \qquad (3.46)$$

当 $N=2,k=1$ 时,

$$J^*(x_1,1) = \min_{u_1}\{U(x_1,u_1) + J^*(x_2,2)\} = \min_{u_1}\{x_1^2 + u_1^2 + x_2^2\} \qquad (3.47)$$

根据系统方程(3.42),有 $x_2 = x_1 + u_1$,则

$$J^*(x_1,1) = \min_{u_1}\{U(x_1,u_1) + J^*(x_2)\} = \min_{u_1}\{x_1^2 + u_1^2 + (x_1 + u_1)^2\} \qquad (3.48)$$

则

$$u_1^* = -0.5x_1, \quad J^*(x_1,1) = 1.5x_1^2 \qquad (3.49)$$

当 $N=1,k=0$ 时,

$$J^*(x_0,0) = \min_{u_0}\{U(x_0,u_0) + J^*(x_1)\} = \min_{u_0}\{x_0^2 + u_0^2 + 1.5x_1^2\} \qquad (3.50)$$

根据系统方程(3.42),有 $x_1 = x_0 + u_0$,则

$$J^*(x_0,0) = \min_{u_0}\{U(x_0,u_0) + J^*(x_1,1)\}$$
$$= \min_{u_0}\{x_0^2 + u_0^2 + 1.5(x_0 + u_0)^2\} \qquad (3.51)$$

则

$$u_0^* = -0.6x_0, \quad J^*(x_0,0) = 1.6x_0^2 \qquad (3.52)$$

可得出最优控制序列 u_0^*, u_1^*, u_2^*。

例 3.2 已知被控系统为

$$x_{k+1} = x_k + 0.5(x_k^2 + u_k) \qquad (3.53)$$

初始条件为 $x_0 = 2$,求在以下代价函数

$$J(x_k,k) = \sum_{k=0}^{2}|x_k - 0.5u_k| \qquad (3.54)$$

下的最优控制序列 u_k^* 和最优状态轨线 x_k^*。

解:由离散时间系统最优控制问题的贝尔曼逆向递推方程(3.33)可得

$$J^*(x_{k-1},k-1) = \min_{u_{k-1}\in\Omega}(|x_{k-1} - 0.5u_{k-1}| + J^*(x_k,k)) \qquad (3.55)$$

其中 $k=3,2,1$,$J^*(x_3,3) = 0$。因此,由以下公式

$$J^*(x_2,2) = \min_{u_2\in\Omega}|x_2 - 0.5u_2| \qquad (3.56)$$

可得

$$u_2^* = 2x_2 \qquad (3.57)$$

同理

$$J^*(x_1,1) = \min_{u_1\in\Omega}(|x_1 - 0.5u_1| + J^*(x_2,2))$$
$$= \min_{u_1\in\Omega}(|x_1 - 0.5u_1|) \qquad (3.58)$$

可得

$$u_1^* = 2x_1 \qquad (3.59)$$

最后

$$J^*(x_0, 0) = \min_{u_0 \in \Omega}(|x_0 - 0.5u_0| + J^*(x_1, 1))$$

$$= \min_{u_1 \in \Omega}(|x_0 - 0.5u_0|) \tag{3.60}$$

可得

$$u_0^* = 2x_0 \tag{3.61}$$

因此,由初始状态 $x_0 = 2$,可解得最优控制序列和最优状态轨线分别为

$$\begin{cases} u_0^* = 4, & x_1^* = 6 \\ u_1^* = 12, & x_2^* = 60 \\ u_2^* = 120, & x_3^* = 1920 \end{cases} \tag{3.62}$$

例 3.3 设一阶离散系统,状态方程为

$$x_{k+1} = x_k + u_k \tag{3.63}$$

代价函数为

$$J(x_k, k) = x_N^2 + \sum_{k=0}^{N-1}(x_k^2 + u_k^2), \quad N = 2 \tag{3.64}$$

求使 $J(x_k, k)$ 有最小值的最优控制序列和最优状态轨线。

解:代价函数可以写为

$$J(x_1, 1) = x_0^2 + u_0^2 + x_1^2 + u_1^2 + (x_1 + u_1)^2 \tag{3.65}$$

根据递推方程可以得到

$$\frac{\partial J(x_1, 1)}{\partial u_1} = 2u_1 + 2(x_1 + u_1) = 0 \tag{3.66}$$

可得

$$u_1 = -\frac{1}{2}x_1$$

$$J^*(x_1, 1) = x_1^2 + \left(-\frac{1}{2}x_1\right)^2 + \left(x_1 - \frac{1}{2}x_1\right)^2 = \frac{3}{2}x_1^2 \tag{3.67}$$

同理,前一级

$$J(x_0, 0) = x_0^2 + u_0^2 + J^*(x_1, 1) = x_0^2 + u_0^2 + \frac{3}{2}x_1^2$$

$$= x_0^2 + u_0^2 + \frac{3}{2}(x_0 + u_0)^2 \tag{3.68}$$

由于

$$\frac{\partial J(x_0, 0)}{\partial u_0} = 2u_0 + 3(x_0 + u_0) = 0 \tag{3.69}$$

可得

$$u_0^* = -\frac{3}{5}x_0, \quad J^*(x_0, 0) = \frac{8}{5}x_0^2 \tag{3.70}$$

把式(3.70)中的 u_0 代入系统状态方程

$$x_1 = x_0 + u_0 = \frac{2}{5}x_0 \tag{3.71}$$

$$u_1^* = -\frac{1}{2}x_1 = -\frac{1}{5}x_0 \tag{3.72}$$

可得

$$x_2 = x_1 + u_1^* = \frac{1}{5}x_0 \tag{3.73}$$

最优控制序列

$$u_0^* = -\frac{3}{5}x_0, \quad u_1^* = -\frac{1}{5}x_0 \tag{3.74}$$

最优轨线序列

$$x_0, \quad x_1 = \frac{2}{5}x_0, \quad x_2 = \frac{1}{5}x_0 \tag{3.75}$$

3.5 连续时间动态规划

在本节里,我们用动态规划方法求解连续时间动态系统的最优化问题,得出动态规划的连续形式,即哈密顿-雅可比-贝尔曼(Hamilton-Jacobi-Bellman,HJB)方程。为此,我们考查如下一般动态系统最优化问题[1-2,13-14]。

考虑连续时间系统

$$\dot{x} = F(x(t), u(t), t) \tag{3.76}$$

已知初态 $x(t_0)$,求容许控制 $u(t) \in \Omega \subset \mathbf{R}^m$,$t \in [t_0, t_f]$,使代价函数

$$J(x(t_0), t_0) = S(x(t_f), t_f) + \int_{t_0}^{t_f} U(x(t), u(t), t)\mathrm{d}t \tag{3.77}$$

达到最小。

假设 $J(x(t), t)$ 对于状态变量 $x(t)$ 和时间 t 是连续的,且具有连续的一阶、二阶偏导数,令 $u[t, t_f]$ 为连续区间 $[t, t_f]$,$\forall t \in [t_0, t_f)$ 的控制函数,则区间 $[t, t_f]$ 上的最优代价函数可以表示为以下形式

$$J^*(x(t), t) = \min_{u[t, t_f]} \left\{ S(x(t_f), t_f) + \int_t^{t_f} U(x(\tau), u(\tau), \tau)\mathrm{d}\tau \right\} \tag{3.78}$$

与离散动态规划相似,逆向递推。将求解最优控制 u_t^* 分为两步,先求解区间 $[t+\Delta t, t_f]$ 的最优控制,再进行求解区间 $[t, t+\Delta t)$ 上的最优控制。根据贝尔曼最优性原理,式(3.78)可以写成

$$J^*(x(t), t) = \min_{u[t, t+\Delta t] \in \Omega} \left\{ \int_t^{t+\Delta t} U(x(\tau), u(\tau), \tau)\mathrm{d}\tau + \right.$$

$$\min_{u[t+\Delta t, t_f] \in \Omega} \left[S(x(t_f), t_f) + \int_{t+\Delta t}^{t_f} U(x(\tau), u(\tau), \tau)\mathrm{d}\tau \right] \right\}$$

$$= \min_{u[t, t+\Delta t] \in \Omega} \left\{ \int_t^{t+\Delta t} U(x(\tau), u(\tau), \tau)\mathrm{d}\tau + J^*(x(t+\Delta t), t+\Delta t) \right\} \tag{3.79}$$

根据积分中值定理,$\exists \varepsilon \in (0, 1)$ 有

$$\int_t^{t+\Delta t} U(x(\tau), u(\tau), \tau)\mathrm{d}\tau = U(x(t+\varepsilon\Delta t), u(t+\varepsilon\Delta t), t+\varepsilon\Delta t)\Delta t \tag{3.80}$$

由假设可知,$J(x(t), t)$ 是连续可微的,所以应用泰勒展开公式得

$$J^*(x(t+\Delta t), t+\Delta t) = J^*(x(t), t) + \frac{\partial J^*(x(t), t)}{\partial t}\Delta t +$$

$$\left(\frac{\partial J^*(x(t),t)}{\partial x}\right)^{\mathrm{T}}(x(t+\Delta t)-x(t))+o(\Delta t) \tag{3.81}$$

将式(3.80)和式(3.81)代入式(3.79),整理得

$$-\frac{\partial J^*(x(t),t)}{\partial t}\Delta t = \min_{u(t)\in\Omega}\Big\{U(x(t+\varepsilon\Delta t),u(t+\varepsilon\Delta t),t+\varepsilon\Delta t)\Delta t +$$

$$\left(\frac{\partial J^*(x(t),t)}{\partial x}\right)^{\mathrm{T}}(x(t+\Delta t)-x(t))+o(\Delta t)\Big\} \tag{3.82}$$

两边同时除以 Δt,并且使 $\Delta t \to 0$ 得

$$-\frac{\partial J^*(x(t),t)}{\partial t} = \min_{u(t)\in\Omega}\Big\{U(x(t),u(t),t)+\left(\frac{\partial J^*(x(t),t)}{\partial x}\right)^{\mathrm{T}}F(x(t),u(t),t)\Big\} \tag{3.83}$$

方程(3.83)就是动态规划的连续形式,即哈密顿-雅可比-贝尔曼(HJB)方程,是泛函与偏微分方程结合的形式。易知

$$J^*(x(t_f),t_f)=S(x(t_f),t_f) \tag{3.84}$$

是贝尔曼方程(3.83)的边界条件。

上述贝尔曼方程(3.83)和边界条件(3.84)是本节最优控制与最优代价函数的充分条件。即满足可微条件的代价函数 $J^*(x(t),t)$,若满足贝尔曼方程及其边界条件,必是上述问题的最优代价函数。通常情况下,求解偏微分方程(3.83)是十分困难的。但是,一旦能够求解,则可立即获得 $u(x(t),t)$ 形式的解,进而方便实现闭环控制。

下面,我们给出三个例子简述连续时间动态规划的求解过程。

例 3.4　设一阶系统方程为

$$\dot{x}(t)=u(t),\quad x(t_0)=x_0 \tag{3.85}$$

代价函数为

$$J(x(t_0),t_0)=\frac{1}{2}cx^2(T)+\frac{1}{2}\int_{t_0}^{T}u^2\mathrm{d}t \tag{3.86}$$

解:为了便于写作和推导,我们令 $x=x(t)$,以及 $u=u(t)$。那么由式(3.83)可得系统的 HJB 方程

$$\frac{\partial J^*(x,t)}{\partial t}=-\min_{u}\Big(U(x,u,t)+\left(\frac{\partial J^*(x,t)}{\partial x}\right)^{\mathrm{T}}F(x,u,t)\Big)$$

$$=-\min_{u}\Big(\frac{1}{2}u^2+\frac{\partial J^*(x,t)}{\partial x}u\Big) \tag{3.87}$$

将上式右端对 u 求偏导,令其导数为零,则

$$u^*=-\frac{\partial J^*(x,t)}{\partial x} \tag{3.88}$$

代入式(3.87),可得

$$\frac{\partial J^*(x,t)}{\partial t}=\frac{1}{2}\left(\frac{\partial J^*(x,t)}{\partial x}\right)^2 \tag{3.89}$$

令 $J^*(x,t)$ 为以下的二次型函数

$$J^*(x,t)=\frac{1}{2}p(t)x^2 \tag{3.90}$$

其中 $p(t)$ 为非负函数。那么,将上式代入式(3.89),可以得到

$$\frac{1}{2}p'(t)x^2 - \frac{1}{2}(p(t)x)^2 = 0 \tag{3.91}$$

对式(3.91)进行求解,得到最优控制和最优代价函数为

$$u^* = -\frac{\partial J^*}{\partial x} = -\frac{cx}{1+c(T-t)} \tag{3.92}$$

以及

$$J^*(x,t) = \frac{cx^2}{2(1+c(T-t))} \tag{3.93}$$

例 3.5 系统状态方程为

$$\dot{x} = -x + u, \quad x(0) = 1 \tag{3.94}$$

其中$|u| \leqslant 1$。定义代价函数为

$$J(x(0)) = \int_0^\infty x^2 \mathrm{d}t \tag{3.95}$$

寻求u^*,在状态方程约束下,$J(x(0))$取极小值。

解:根据题意得到系统的 HJB 方程为

$$\frac{\partial J^*(x,t)}{\partial t} = -\min_{|u| \leqslant 1}\left\{x^2 + \left(\frac{\partial J^*(x,t)}{\partial x}\right)(-x+u)\right\} \tag{3.96}$$

分析可得

$$u^* = -\mathrm{sign}\left(\frac{\partial J^*(x,t)}{\partial x}\right) \tag{3.97}$$

将u^*代入式(3.96),并考虑代价函数式(3.95)的形式,可以得到

$$\begin{aligned}
\frac{\partial J^*(x,t)}{\partial t} &= -\min_{|u| \leqslant 1}\left\{x^2 + \left(\frac{\partial J^*(x,t)}{\partial x}\right)(-x+u)\right\} \\
&= -\left(x^2 - \frac{\partial J^*(x,t)}{\partial x}x - \frac{\partial J^*(x,t)}{\partial x}\mathrm{sign}\left(\frac{\partial J^*(x,t)}{\partial x}\right)\right) \\
&= 0
\end{aligned} \tag{3.98}$$

即J^*与t无关,那么可以得到

$$x^2 - \frac{\mathrm{d}J^*(x)}{\mathrm{d}x}x - \left|\frac{\mathrm{d}J^*(x)}{\mathrm{d}x}\right| = 0 \tag{3.99}$$

由于$\mathrm{d}J^*/\mathrm{d}x$是正的,则式(3.99)可写为

$$x^2 - \frac{\mathrm{d}J^*(x)}{\mathrm{d}x}x - \frac{\mathrm{d}J^*(x)}{\mathrm{d}x} = 0 \tag{3.100}$$

式(3.100)是一元微分方程,其通解可以表示为

$$J^*(x) = \frac{1}{2}x^2 - x + \ln(1+x) + c \tag{3.101}$$

其中,c为积分常数,由边界条件确定为$c=0$,则

$$J^*(x) = \frac{1}{2}x^2 - x + \ln(1+x) \tag{3.102}$$

将J^*代入u^*的表达式中

$$u^* = -\mathrm{sign}\left(\frac{x^2}{1+x}\right) \tag{3.103}$$

即

$$u^* = \begin{cases} -1, & x > 0 \\ 0, & x = 0 \end{cases} \tag{3.104}$$

将 u^* 代入状态方程,可解得

$$x^* = \begin{cases} 2\mathrm{e}^{-t} - 1, & 0 \leqslant t \leqslant \ln 2 \\ 0, & t > \ln 2 \end{cases} \tag{3.105}$$

由此得

$$u^* = \begin{cases} -1, & 0 \leqslant t \leqslant \ln 2 \\ 0, & t > \ln 2 \end{cases} \tag{3.106}$$

最优代价函数为

$$J^*(1) = \ln 2 - \frac{1}{2} = 0.193 \tag{3.107}$$

例 3.6　设线性定常系统[15]

$$\dot{x}(t) = \boldsymbol{A}x(t) + \boldsymbol{B}u(t), \quad x(0) = x_0 \tag{3.108}$$

代价函数如下:

$$J(x(0), 0) = \frac{1}{2} \int_0^\infty (\boldsymbol{x}^{\mathrm{T}}(t)\boldsymbol{Q}x(t) + \boldsymbol{u}^{\mathrm{T}}(t)\boldsymbol{R}u(t)) \mathrm{d}t \tag{3.109}$$

式中相关参数如下:

$$\boldsymbol{A} = \begin{bmatrix} 0 & 1 \\ 0 & 0 \end{bmatrix}, \quad \boldsymbol{B} = \begin{bmatrix} 0 \\ 1 \end{bmatrix}, \quad \boldsymbol{Q} = \begin{bmatrix} 2 & 0 \\ 0 & 0 \end{bmatrix}, \quad \boldsymbol{R} = \frac{1}{2} \tag{3.110}$$

初始条件 $\boldsymbol{x}(0) = [1, 0]^{\mathrm{T}}$。试用连续动态规划方法确定使代价函数为极小的最优控制 $u^*(t)$,最优代价函数 $J^*(x(0), 0)$ 和最优轨线 $x^*(t)$。

解:此问题为无限时间定常状态调节器问题,采用连续动态规划求解时,可以按照下面的步骤进行计算。

(1) 求最优控制的隐式解

$$\begin{aligned} H\left(x, u, \frac{\partial J^*(x, t)}{\partial x}\right) = \frac{1}{2}\boldsymbol{x}^{\mathrm{T}}Qx + \frac{1}{2}\boldsymbol{u}^{\mathrm{T}}Ru + \left(\frac{\partial J^*(x, t)}{\partial x}\right)^{\mathrm{T}}Ax + \\ \left(\frac{\partial J^*(x, t)}{\partial x}\right)^{\mathrm{T}}Bu \end{aligned} \tag{3.111}$$

可知

$$\frac{\partial H}{\partial u} = Ru + \boldsymbol{B}^{\mathrm{T}}\frac{\partial J^*(x, t)}{\partial x} = 0 \tag{3.112}$$

以及

$$u^*\left(x, \frac{\partial J^*(x, t)}{\partial x}\right) = -R^{-1}\boldsymbol{B}^{\mathrm{T}}\frac{\partial J^*(x, t)}{\partial x} \tag{3.113}$$

(2) 求最优代价函数 $J^*(x, t)$。将式(3.113)代入式(3.111)得

$$\begin{aligned} H^* = \frac{1}{2}\boldsymbol{x}^{\mathrm{T}}Qx + \left(\frac{\partial J^*(x, t)}{\partial x}\right)^{\mathrm{T}}Ax - \\ \frac{1}{2}\left(\frac{\partial J^*(x, t)}{\partial x}\right)^{\mathrm{T}}BR^{-1}\boldsymbol{B}^{\mathrm{T}}\frac{\partial J^*(x, t)}{\partial x} \end{aligned} \tag{3.114}$$

由于本题属于线性二次型问题,可以假设

$$J^*(x,t) = \frac{1}{2}\boldsymbol{x}^{\mathrm{T}}\overline{P}x \tag{3.115}$$

则

$$\frac{\partial J^*(x,t)}{\partial x} = \overline{P}x \tag{3.116}$$

因此 HJB 方程为

$$\frac{1}{2}\boldsymbol{x}^{\mathrm{T}}[\overline{P}A + \boldsymbol{A}^{\mathrm{T}}\overline{P} - \overline{P}BR^{-1}\boldsymbol{B}^{\mathrm{T}}\overline{P} + Q]x = 0 \tag{3.117}$$

式(3.117)对所有非零 $x(t)$ 都成立,则

$$\overline{P}A + \boldsymbol{A}^{\mathrm{T}}\overline{P} - \overline{P}BR^{-1}\boldsymbol{B}^{\mathrm{T}}\overline{P} + Q = 0 \tag{3.118}$$

式(3.118)即为黎卡提(Ricatti)方程。那么可以解出

$$\overline{P} = \begin{bmatrix} 2 & 1 \\ 1 & 1 \end{bmatrix} > 0 \tag{3.119}$$

则最优代价函数为

$$J^*(x,t) = x_1^2 + x_1 x_2 + \frac{1}{2}x_2^2 \tag{3.120}$$

令 $t=0$,代入初始状态条件可得 $J^*(x(0),0)=1$。

(3)求 u^* 的显式解

$$u^* = -R^{-1}\boldsymbol{B}^{\mathrm{T}}\overline{P}x = -2x_1 - 2x_2 \tag{3.121}$$

(4)求 x^*,将 u^* 代入状态方程,得到闭环系统方程,然后解出方程的解,得到最优轨线。通过计算,得到

$$x^* = \mathrm{e}^{At}x(0) = \begin{bmatrix} \mathrm{e}^{-t}(\cos t + \sin t) \\ -2\mathrm{e}^{-t}\sin t \end{bmatrix} \tag{3.122}$$

3.6　动态规划的挑战

动态规划的主要优点为:运用动态规划时,可以把一个 n 维复杂的最优化问题进行分级处理,变为 n 个简单的一维最优化问题进行求解,极大地简化求解过程,减少计算量,经典的极值方法无法做到这一点[4]。动态规划的第二个极其重要的优点是:它几乎超越了所有早期的计算方法,尤其是经典最优化方法,它能够确定出所求问题的绝对(全局)极大或极小,而不是相对(局部)的极值,因此可以避免局部极大和极小问题。

实质上,所有其他最优化技术,各类约束都会引出十分麻烦的问题。例如存在一些问题中,对变量加以整数限制,则使得经典方法不能求解,但大大简化了动态规划方法的计算。简而言之,对变量进行某些类型的约束,有助于动态规划求解,却常常使得无法用其他方法计算。

此外,动态规划还具有泛函方程的"嵌入"特性,正如我们在本章3.2节介绍的,对问题结构中出现的偶然事件或随机时间的变化进行某些分析,在解决一个问题时,这种解决一组问题的特性是十分有用的。

但是,在使用动态规划时,还有某些限制,最重要的是状态空间的维数。简单地说,若"状态"变量(与决策变量不同)大于 2 或 3,则计算问题将涉及信息的存储以及进行计算的时间。状态空间的维数越高,即描述状态空间的向量分量就越大,我们所面对的计算困难也越大,现代计算机也无能为力,这就是通常所说的"维数灾难"问题。为了克服这些困难,将会在后续章节中介绍一种强化学习方法——自适应动态规划(Adaptive Dynamic Programming,ADP)[16-19]。

走近学者

贝尔曼(**Richard Ernest Bellman**),美国应用数学家,他于 1953 年引入动态规划,并在其他数学领域做出重要贡献。

Bellman 于 1920 年在纽约市出生,他的父母是有着波兰和俄罗斯血统的犹太人 John Saffian 和 John James Bellman,他们在布鲁克林阜尔根街附近的展望公园经营着一家小杂货店。Bellman 于 1937 年进入了布鲁克林的亚伯拉罕林肯高中,并在布鲁克林学院学习数学,于 1941 年获得了学士学位。之后他获得了威斯康星大学麦迪逊分校的硕士学位。第二次世界大战期间,他曾在洛斯阿拉莫斯的理论物理部门工作。1946 年,

Richard Ernest Bellman
(1920—1984)

他在所罗门 Lefschetz 的指导下于普林斯顿大学获得博士学位。1949 年开始 Bellman 在兰德公司工作多年,在此期间他提出了动态规划。

后来,Bellman 的兴趣转向生物学和医学,他认为这是"当代科学的前沿"。1967 年,他成为数学生物科学杂志的创始编辑,该杂志专门为医学和生物学专题发表应用数学研究。1985 年,该杂志以他的荣誉创立了贝尔曼数学生物科学奖,每两年颁发给该杂志的最佳研究论文。

Bellman 在 1973 年被诊断出患有脑肿瘤,虽经过手术切除,但导致并发症,使他严重残疾。他曾是南加州大学教授,1975 年当选美国艺术与科学学院院士,1977 年当选美国国家工程院院士,1983 年当选美国国家科学院院士。由于对决策过程和控制系统理论的贡献,特别是动态规划的创建和应用,他在 1979 年被授予 IEEE 荣誉勋章。

参考文献

[1] 康特洛维奇.生产组织与计划中的数学方法[M].中国科学院力学研究所运筹室,译.北京:科学出版社,1959.

[2] Dantzig G. Programming in a linear structure[J]. Report of the September Meeting in Madison,1949,17:73-74.

[3] Kuhn H,Tucker A. Nonlinear programming[J]. In Proceedings of the Second Berkeley Symposium on Mathematical Statistics and Probability,1951.

[4] 魏庆来.基于近似动态规划的非线性系统最优控制研究[D].沈阳:东北大学,2008.

[5] Bellman R. Dynamic Programming[M]. USA,Princeton,New Jersey:Princeton University Press,1957.

[6] 解学书.最优控制:理论与应用[M].北京:清华大学出版社,1986.

[7]　王雪松,朱美强,程玉虎.强化学习原理及其应用[M].北京:科学出版社,2014.

[8]　张杰,王飞跃.最优控制:数学理论与智能方法:上册[M].北京:清华大学出版社,2017.

[9]　徐昕.增强学习与近似动态规划[M].北京:科学出版社,2010.

[10]　Murray J,Cox C,Lendaris G,et al. Adaptive dynamic programming[J]. IEEE Transactions on Systems Man & Cybernetics-Part C:Applications & Reviews,2002,32(2):140-153.

[11]　Bellman R. Dynamic Programming[J]. Science,1966,153:34-37.

[12]　张莹.动态规划算法综述[J].科技视界,2014,28:126-126.

[13]　伦·库柏,玛丽·库伯.动态规划导论[M].张有为,译.北京:国防工业出版社,1985.

[14]　李传江,马广富.最优控制[M].北京:科学出版社,2011.

[15]　胡寿松,王执铨,胡维利.最优控制理论与系统[M].北京:科学出版社,2005.

[16]　张化光,张欣,罗艳红.自适应动态规划综述[J].自动化学报,2013,39:303-311.

[17]　Wei Q,Liu D,Lin H. Value iteration adaptive dynamic programming for optimal control of discrete-time nonlinear systems[J]. IEEE Transactions on Cybernetics,2016,46:840-853.

[18]　Wei Q,Wang F,Liu D,et al. Finite-approximation-error based discrete-time iterative adaptive dynamic programming[J]. IEEE Transactions on Cybernetics,2014,44:2820-2833.

[19]　White D,Sofge D. Handbook of Intelligent Control:Neural,Fuzzy,and Adaptive Approaches[M]. USA,NY:Van Nostrand Reinhold,1992.

第 **4** 章

蒙特卡洛方法

本章提要

前面章节介绍的马尔可夫决策模型和动态规划算法本质上是规划算法（planning methods），本章介绍的蒙特卡洛方法和后续章节介绍的时序差分算法都属于学习算法。这些学习算法的优点是在缺乏环境动态性的情况下，通过各种形式的试错，逐步学习 Q 函数和最优控制。

本章的内容组织如下：4.1 节对蒙特卡洛学习方法的背景进行介绍；4.2 节对蒙特卡洛预测算法进行介绍；4.3 节对蒙特卡洛控制算法进行介绍；4.4 节对蒙特卡洛算法进行总结。

4.1 蒙特卡洛方法背景

4.1.1 蒙特卡洛方法的由来

蒙特卡洛（Monte Carlo）方法起源于第二次世界大战时美国的"曼哈顿计划"，主要创始人有 Sanislaw Marcin Ulam、Enrico Fermi、John von Neumann 和 Nicholas Metropolis。它采用随机抽样统计来估算结果，其性能的好坏取决于样本数，因此该方法一般需要大量的数据。由于当时随机数的想法来自掷骰子等用具，因此采用摩洛哥著名赌城——蒙特卡洛来命名这种计算方法，这也为该算法增加了一层神秘色彩。

蒙特卡洛方法的提出是为了解决物理数值模拟问题，随着科技的发展，该方法进一步应用于计算几何、组合计数等方面。如今，该方法属于计算数学的一个分支，广泛应用于科学、工程和科学技术领域的大量实际应用问题中。

4.1.2 基于模型的算法与无模型算法比较

前述几个章节介绍的马尔可夫决策过程和动态规划是典型的基于模型的算法（Model-

Based Method）。这类算法的共同之处是对环境状态转移概率参数（State Transition Probability）有着完全的掌握，在拥有环境模型信息之后，连续决策过程实际上就可以转化成若干个规划问题（Planning Problem）。

下面以马尔可夫决策模型为例简要介绍这类规划算法的共性。当进行预测任务时，输入的信息是 MDP 元组和对应的控制，输出的信息是该控制的代价函数。当进行控制任务时，输入的信息是 MDP 元组，输出的信息是最优控制和最优代价函数。注意在 MDP 元组中，状态转移概率参数是规划问题的核心所在，但也是规划算法的最大弱点所在。

在真实世界的任务中，任务环境内部特性往往是不可知的。在面对这些复杂问题的时候，基于模型的算法就很难得到应用，因此研究者不得不尝试其他的思路。本章将要介绍的蒙特卡洛算法就属于此。

无模型算法（Model-Free Methods）是一种不依赖系统状态转移概率参数的强化学习方法。当智能体与环境进行大量交互之后，无模型算法就可以学习出某个状态的代价函数及其对应的最优控制。本章要介绍的蒙特卡洛算法、后续章节要介绍的 Q-学习都是著名的无模型算法。

4.1.3　蒙特卡洛模拟的思路

蒙特卡洛算法（Monte Carlo Method）的思想被广泛运用在理工学科中。如果一种方法在解决问题的过程中生成大量随机数并且通过观测一部分数字在特定任务中表现出的特定规律时，它就已经不知不觉运用了蒙特卡洛算法的思想。

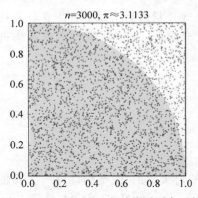

图 4-1　3000 个随机点时的圆周率近似

蒙特卡洛算法的核心是随机数[1-3]，它的最著名的使用案例是计算圆周率。在正方形中画出四分之一圆弧，并向整个正方形区域中抛射随机点，通过计算圆弧覆盖区域和整个正方形区域中的随机点数量比值来近似圆周率，如图 4-1 所示。当随机点的数量达到 3000 个时，蒙特卡洛算法模拟出的圆周率近似值与真实圆周率值仅有 0.07% 的误差。

蒙特卡洛方法在人工智能领域中的一个重要应用是马尔可夫链蒙特卡洛法（Markov Chain Monte Carlo）[1]，这种方法被运用在隐狄利克雷分析（Latent Dirichlet Analysis）等领域中。著名的自动围棋程序 AlphaGo 的核心架构是基于卷积神经网络（Convolution Neural Network）的蒙特卡洛树搜索（Monte Carlo Tree Search），这种算法把博弈树的计算量减少了数个量级。此处不展开叙述。

蒙特卡洛强化学习方法的核心思路可以概括如下：用多次模拟的平均回报值拟合真实代价函数。本章将在正文部分详细介绍，具体的内容包括：蒙特卡洛无模型预测方法（Monte Carlo Model-free prediction），这种方法在不给定 MDP 元组的情况下，使用蒙特卡洛模拟算法计算出代价函数；蒙特卡洛无模型控制方法（Monte Carlo Model-free control），这种方法在不给定 MDP 元组的情况下，使用蒙特卡洛模拟算法优化代价函数，实现最优控制。

走近学者

斯塔尼斯拉夫·乌拉姆(**Stanisław Marcin Ulam**)是数学和核物理领域的波兰裔美国科学家。Ulam 出生于一个富有的波兰犹太人家庭,他于 1933 年在 Kazimierz Kuratowski 的指导下获得博士学位。1935 年,Ulam 在约翰·冯·诺依曼的邀请下来到新泽西州普林斯顿的高级研究所工作几个月。他于 1940 年成为威斯康星大学麦迪逊分校的助理教授,并于 1941 年成为美国公民。1943 年 10 月,他收到了 Hans Bethe 的邀请,加入新墨西哥州秘密洛斯阿拉莫斯实验室的曼哈顿计划。在那里,他从事流体力学计算,预测内爆式武器所需的爆炸性镜头的行为。他于 1946 年返回洛斯阿拉莫斯研究热核武器。

Stanisław Marcin Ulam
(1909—1984)

1951 年 1 月,Ulam 和 Teller 提出了 Teller-Ulam 设计,这是所有热核武器的基础。

Ulam 考虑了罗孚项目的火箭核推进问题,并提出了核热火箭的替代品,利用小型核爆炸进行推进。Ulam 因用电子计算机将统计方法应用于没有已知解决方案的问题而出名,随着计算机的发展,蒙特卡洛方法已成为解决许多问题的常用方法。

Enrico Fermi
(1901—1954)

恩利克·费米(**Enrico Fermi**)是意大利裔美籍物理学家,是世界上第一座核反应堆 Chicago Pile-1 的创造者。他被称为"核时代的建筑师"和"原子弹的建筑师"。他是历史上为数不多在理论和实验上都表现出色的物理学家之一。Fermi 拥有多项与核电使用相关的专利,并因其在中子轰击和超铀元素发现引起的放射性研究方面获得 1938 年诺贝尔物理学奖(Nobel Prize in Physics)。他为量子理论、核与粒子物理以及统计力学的发展做出了重要贡献。

Fermi 获得了许多奖项,包括 1926 年的马特鲁奇奖章(Matteucci Medal)、1938 年的诺贝尔物理学奖(Nobel Prize in Physics)、1942 年的休斯奖章(Hughes Medal)、1947 年的富兰克林奖章(Franklin Medal)以及 1953 年的拉姆福德奖(Rumford Prize)。1946 年,因其对曼哈顿计划的贡献,他被授予优秀奖章(Medal for Merit)。Fermi 于 1950 年当选为皇家学会外籍成员(Foreign Member of the Royal Society)。1999 年,*Time* 将 Fermi 列为 20 世纪前 100 名人物名单。Fermi 被认为是 20 世纪的一个伟大的物理学家、历史学家。C. P. Snow 写道:"如果 Fermi 能早几年前出生,人们可以想象他发现了 Rutherford 的原子核,然后发展了 Bohr 的氢原子理论。如果这听起来夸张,那么关于 Fermi 的一切可能听起来都有点夸张。"

冯·诺依曼原籍匈牙利,是 20 世纪最重要的数学家之一,是现代计算机、博弈论、核武器和生化武器等领域的科学全才,被后人称为"现代计算机之父"和"博弈论之父"。

他先后执教于柏林大学和汉堡大学,1930 年前往美国后入

John von Neumann
(1903—1957)

美国籍。历任普林斯顿大学和普林斯顿高级研究所教授、美国原子能委员会会员、美国全国科学院院士。早期以算子理论、共振论、量子理论、集合论等方面的研究闻名,开创了冯·诺依曼代数。第二次世界大战期间为第一颗原子弹的研制做出了贡献。为研制电子数字计算机提供了基础性的方案。1944 年与摩根斯特恩(Oskar Morgenstern)合著的《博弈论与经济行为》是博弈论学科的奠基性著作。晚年,研究自动机理论,著有对人脑和计算机系统进行精确分析的著作《计算机与人脑》。

其主要著作有《量子力学的数学基础》《计算机与人脑》《经典力学的算子方法》《博弈论与经济行为》《连续几何》等。

Nicholas Metropolis
(1915—1999)

尼克拉斯·梅特罗波利斯(Nicholas Metropolis)于 1915 年出生于芝加哥。1936 年,他获得了学士学位,并于 1941 年获得了芝加哥大学的博士学位和实验物理学博士学位。

1943 年,J. Robert Oppenheimer 招募 Metropolis 参加洛斯阿拉莫斯的"曼哈顿计划"。在洛斯阿拉莫斯期间,他曾为 Fermi 和 Edward Teller 工作,他首先被指派开发方程式来预测高温和高压下的材料状态。他在洛斯阿拉莫斯的大部分时间都用于培养他对计算机的理解。他和 Richard Feynman 花了很多时间拆开并修理旧的 Marchant 计算器,这是一种在洛斯阿拉莫斯(包括 Fermi)使用的流行模拟计算机。Metropolis 和 Feynman 还合作为洛斯阿拉莫斯提供 IBM 打卡计算机。当机器首次交付时,Metropolis 组织了一场手动模拟计算机和新的打卡机之间的比赛。当打卡机持续运行时,模拟操作员已经疲惫不堪,他很快将其转换为新技术。

战争结束后,Metropolis 离开洛斯阿拉莫斯到芝加哥大学任教。1948 年,他回到洛斯阿拉莫斯,在那里他参与了两个最著名的项目:蒙特卡洛方法和 MANIAC 计算机。蒙特卡洛方法是一种统计建模方法,在战争期间首先由 Fermi 在洛斯阿拉莫斯使用。Metropolis 与 Stanislaus Ulam 一起开发了蒙特卡洛方法,并首先将其与计算机一起使用。Metropolis 的蒙特卡洛算法已被列入"对 20 世纪科学与工程的发展和实践影响最大的十大算法"。他还因开发 Metropolis-Hastings 算法而受到赞誉,该算法在难以直接采样的情况下生成一系列随机样本。Metropolis-Hastings 算法被认为是对统计计算最重要的贡献之一。

4.2　蒙特卡洛预测

在强化学习领域中,预测(Prediction)的含义通常是计算某个状态在特定的控制下对应的期望代价总和。同样地,蒙特卡洛预测(Monte Carlo Prediction)的目标是预测给定控制之下某个状态的代价函数,唯一的特殊之处就是使用了蒙特卡洛模拟的思路来解决无模型场景的问题。

在继续介绍蒙特卡洛预测之前,需要先定义回报值(Return),因为蒙特卡洛方法主要就是围绕回报值展开。回报值就是累计折扣效用函数之和,其数学表达式如下:

$$G_k = R_{k+1} + \gamma R_{k+2} + \cdots \tag{4.1}$$

蒙特卡洛预测算法使用经验平均回报(Empirical Mean Return)来代替代价函数,即对若干次仿真的回报值进行简单平均来近似某个状态的代价函数。根据计算思路的不同,蒙特卡洛预测可以分成两种形式[4]:初次访问蒙特卡洛预测(First-Visit Monte Carlo)和历次访问蒙特卡洛预测(Every-Visit Monte Carlo)。本节将具体介绍这两种思路。

4.2.1　初次访问蒙特卡洛预测

初次访问蒙特卡洛预测只记录某个状态首次出现之后的回报值,将收集到的多个回报值做平均计算后得到该状态的代价函数。下面以一个简单的案例来展示具体的计算过程。假设某个马尔可夫决策过程只有 x_1 和 x_2 两种状态,而且两种状态之间的状态转移概率未知,现在在某个控制之下进行三次采样,得到以下结果:

第一次采样: $x_1[+1]-x_1[+3]-x_2[+1]-x_2[+3]-x_1[-2]-$结束;

第二次采样: $x_2[+3]-x_1[+1]-x_2[-4]-x_2[+1]-$结束;

第三次采样: $x_2[+2]-x_2[-1]-x_1[+3]-x_1[+1]-x_1[-2]-$结束。

在进行初次访问蒙特卡洛预测时,只需关注某个状态第一次出现之后的回报值,现在计算在上述控制之下状态 x_1 的代价函数。

在第一次采样中,状态 x_1 的回报值是 $1+3+1+3-2=6$;

在第二次采样中,状态 x_1 的回报值是 $1-4+1=-2$;

在第三次采样中,状态 x_1 的回报值是 $3+1-2=2$。

对三次采样的回报值进行平均,得到状态 x_1 的代价函数是 $(6-2+2)/3=2$。继续计算上述控制之下状态 x_2 的代价函数。

在第一次采样中,状态 x_2 的回报值是 $1+3-2=2$;

在第二次采样中,状态 x_2 的回报值是 $3+1-4+1=1$;

在第三次采样中,状态 x_2 的回报值是 $2-1+3+1-2=3$。

对三次采样的回报值进行平均,得到状态 x_2 的代价函数是 $(4+1+3)/3=8/3$。

4.2.2　历次访问蒙特卡洛预测

历次访问蒙特卡洛预测的过程与初次预测基本相似,唯一的不同之处是,历次访问蒙特卡洛预测记录某个状态每次出现之后的回报值。下面以相同的案例来展示历次访问蒙特卡洛预测的具体计算过程。

第一次采样: $x_1[+1]-x_1[+3]-x_2[+1]-x_2[+3]-x_1[-2]-$结束;

第二次采样: $x_2[+3]-x_1[+1]-x_2[-4]-x_2[+1]-$结束;

第三次采样: $x_2[+2]-x_2[-1]-x_1[+3]-x_1[+1]-x_1[-2]-$结束。

在进行历次访问蒙特卡洛预测时,需要记录某个状态每次出现之后的回报值,因此计算量会相对大许多。现在计算在上述控制之下状态 x_1 的代价函数。

在第一次采样中,状态 x_1 出现了 3 次,这 3 次出现对应的回报值分别是 $1+3+1+3-2=6$,$3+1+3-2=5$ 和 -2;

在第二次采样中,状态 x_1 出现了 1 次,其回报值是 $1-4+1=-2$;

在第三次采样中,状态 x_1 出现了 3 次,这 3 次出现对应的回报值是 $3+1-2=2$, $1-2=-1$ 和 -2。

对三次采样中出现的 7 个访问回报值进行平均,得到状态 x_1 的代价函数是 $(6+5-2-2+5-1-2)/7=6/7$。

继续计算上述控制之下状态 x_2 的代价函数。

在第一次采样中,状态 x_2 出现了两次,这两次出现对应的回报值是 $1+3-2=2$ 和 $3-2=1$;

在第二次采样中,状态 x_2 出现了 3 次,这 3 次出现对应的回报值是 $3+1-4+1=1$, $-4+3=-1$ 和 1;

在第三次采样中,状态 x_2 出现了两次,这两次出现对应的回报值是 $2-1+3+1-2=3$ 和 $-1+3+1-2=1$。

对三次采样中出现的 7 个访问回报值进行平均,得到状态 x_2 的代价函数是 $(4+1+1-3+1+3+1)/7=8/7$。

4.2.3 增量计算技巧

因为蒙特卡洛算法中需要大量的平均值计算操作,所以使用增量计算技巧可以大幅提升算法的效率。k 个样本的平均值可以通过增量计算技巧从 $k-1$ 个样本的平均值中快速推导出

$$\mu_k = \frac{1}{k}\sum_{j=1}^{k}x_j = \frac{1}{k}\left(x_k + \sum_{j=1}^{k-1}x_j\right) = \frac{1}{k}\left(x_k + (k-1)\mu_{k-1}\right)$$

$$= \mu_{k-1} + \frac{1}{k}(x_k - \mu_{k-1}) \tag{4.2}$$

实现了对平均值的增量计算之后,就可以实现蒙特卡洛预测算法的增量计算过程。设状态计数器为 $N(x_k)$,当对应的状态出现之后就使 $N(x_k)$ 递增。代价函数 $J(x_k)$ 的增量更新过程可以表示为

$$J(x_k) = J(x_k) + \alpha(G_k - J(x_k)) \tag{4.3}$$

4.3 蒙特卡洛控制

本节将要讨论如何使用蒙特卡洛方法来实现控制优化,即获得最优控制。因为蒙特卡洛方法主要应用场景是无模型环境,即缺乏状态转移概率矩阵,所以此时无法通过代价函数直接推导出最优控制。为了实现控制优化,蒙特卡洛方法通过统计模拟方法直接计算 Q 函数。

计算 Q 函数的过程与前文介绍的计算代价函数的过程是大致相同的,即统计多次模拟的回报值并做平均。当计算代价函数 $J(x)$ 时,蒙特卡洛方法统计状态 x 对应的回报值,而在计算 Q 函数时,蒙特卡洛方法需要统计状态 x 和控制 u 对应的回报值。

4.3.1　初始探索问题

为了保证算法的收敛性,在计算 Q 函数 $Q(x,u)$ 时,每个状态-控制匹配组合都需要被访问过一次。然而,这种要求在给定的策略下并不能总被满足,所以需要使用一些计算技巧。本小节将介绍一种相当直观的计算技巧:初始探索法(Exploring Starts)。

初始探索算法假设每个状态-控制匹配组合都可以以一定的概率被访问到,并作为初始的状态-控制组合。初始探索法保证了每个状态-控制匹配组合至少可以在模拟的初始时刻被访问到,至于其是否能再次出现就不再关心了。初始探索的蒙特卡洛控制算法如算法 4.1 所示。

算法 4.1:初始探索的蒙特卡洛控制算法

准备阶段:

步骤 1:用随机数初始化 Q 函数 $Q(x,u)$ 和策略 $\pi(x)$。

步骤 2:用空列表存储回报值 Returns(x,u)。

模拟阶段:

步骤 3:使用策略 π 和初始探索法得到一次完整的模拟结果。

步骤 4:遍历模拟结果并观察出现的控制和状态信息,并把对应的回报值写入 Returns$(x,$ $u)$ 中。

步骤 5:通过 Returns(x,u) 计算 Q 函数 $Q(x,u)$

$$Q(x,u) = \text{average}(\text{Returns}(x,u)) \tag{4.4}$$

步骤 6:通过 Q 函数 $Q(x,u)$ 计算状态对应的策略 $\pi(x)$。

初始探索法是一种相当直观但过于理想的方法,因为它假设智能体可以从任意状态开始模拟并且可以在开始时刻采取任意可能的控制。这一假设在许多真实任务中是不可能达成的,因此需要研究一些代替方法。下面分别介绍在策方法(On-Policy)和脱策方法(Off-Policy)[5]。

4.3.2　在策方法:ε-贪心算法

ε-贪心算法(ε-greedy)是强化学习领域中十分常见的探索-利用算法,其使得大部分控制结果选择贪婪结果,少数控制结果选择随机探索,实现了整体的探索-利用平衡。在蒙特卡洛方法中,ε-贪心算法的具体实现如下:

- 选择贪婪控制的概率为 $\dfrac{\varepsilon}{|\Omega(x)|}$;

- 选择非贪婪控制的概率为 $1-\varepsilon+\dfrac{\varepsilon}{|\Omega(x)|}$。

ε 的取值范围介于 0 到 1 之间,通常而言,蒙特卡洛算法会选择一个较小的 ε 值。ε-贪心算法如算法 4.2 所示。

算法 4.2：ε-贪心算法

准备阶段：

步骤 1：用随机数初始化 Q 函数 $Q(x,u)$。

步骤 2：用空列表存储回报值 $Returns(x,u)$。

步骤 3：用任意的 ε 策略设定 $\pi(x)$。

模拟阶段：

步骤 4：使用策略 π 得到完整的模拟结果。

步骤 5：搜索模拟结果并观察出现的控制和状态信息，把对应的回报值写入 $Returns(x,u)$ 中。

步骤 6：通过 $Returns(x,u)$ 计算 Q 函数 $Q(x,u)$

$$Q(x,u) = average(Returns(x,u)) \tag{4.5}$$

步骤 7：通过 Q 函数 $Q(x,u)$ 计算状态 x 对应的最优控制 u^*

$$u^* = \underset{u}{\arg\max} Q(x,u) \tag{4.6}$$

步骤 8：在控制空间 $\Omega(x)$ 中遍历所有控制 u

- 当 $u = u^*$ 时，$\pi(x,u) = 1 - \varepsilon + \dfrac{\varepsilon}{|\Omega(x)|}$。

- 当 $u \neq u^*$ 时，$\pi(x,u) = \dfrac{\varepsilon}{|\Omega(x)|}$。

4.3.3 脱策算法：重要性采样

脱策算法（Off-Policy）的思路是从其他策略中习得优化目标。一般而言，尚未学习完成的策略被称为目标策略（Target Policy），而用于生成行为数据的策略称为行为策略（Behavior Policy）。因为这两个策略是相互分离的，所以这种算法被称为脱策算法。相比之下，前面介绍的在策 ε-贪心算法在自身策略上实现各种探索，不需要另外存在的其他策略。这就是脱策算法和在策算法的核心区别。我们会在后续章节中（见第 11 章内容）详细讨论脱策方法在自学习优化决策中的应用和理论分析，本章中仅对其原理进行简要介绍。

以学习围棋为例，如果新手以自己不断尝试的方式进行摸索，那么他就是选择了一种在策的学习方法；如果新手通过观察大量棋谱进行总结，那么他就是选择了一种脱策的学习方法。

脱策算法实际上是利用行为策略进行自身的探索，当行为策略模拟次数足够多时，就可以保证算法的探索效率。然而，利用行为策略进行探索时，需要注意行为策略与目标策略之间存在的差异，即有些样本是值得学习的，有些样本是可以忽略的。至于如何在策略之间进行权衡，就需要介绍本小节的核心算法：重要性采样（Importance Sampling）。

重要性采样来自于统计学，解决的问题是跨不同分布的数学期望计算，其中可以被直接采样的分布被称为原始分布（Source Distribution），无法被直接采样但需要求解的分布被称为目标分布（Target Distribution）。假设现需计算对变量 x 的分布 d 之下的数学期望 $E_d[f(x)]$，然而无法直接从分布中采样，只能从分布 d' 中采样得到 $f(x_1), f(x_2), \cdots,$ $f(x_n)$。在函数 f 形式未知、分布 d 和 d' 形式已知的情况下，可以实现以下变形

$$E_d[f(x)] = \sum_x f(x)d(x) = \sum_x f(x)\frac{d(x)}{d'(x)}d'(x)$$

$$= E_{d'}\left[f(x)\frac{d(x)}{d'(x)}\right] \tag{4.7}$$

把上面的式子化简之后可以得到重要性采样的基本公式

$$E_d[f(x)] \approx \frac{1}{n}\sum_{i=1}^{n}f(x_i)\frac{d(x_i)}{d'(x_i)} \tag{4.8}$$

在蒙特卡洛控制问题中,需要解决的问题是从控制策略中学习到目标策略下的代价函数和最优控制。行为策略就相当于前文中的原始分布,而目标策略就相当于前文中的目标分布。基于这一思路,可以得到蒙特卡洛算法中获得脱策代价函数的公式

$$J_\pi(x) \approx \frac{\displaystyle\sum_{i=1}^{n_s}\frac{p_i(x)}{p_i'(x)}R_i(x)}{\displaystyle\sum_{i=1}^{n_s}\frac{p_i(x)}{p_i'(x)}} \tag{4.9}$$

其中 $p_i(x)$ 和 $p_i'(x)$ 是状态 x 在不同的策略中出现的概率。因为 $p_i(x)$ 和 $p_i'(x)$ 难以直接求得,所以需要通过化解消项来进一步计算

$$\frac{p_i(x)}{p_i'(x)} = \frac{\displaystyle\prod_{j=k}^{T_i(x)-1}\pi(x_j,a_j)P_{x_jx_{j+1}}^{a_j}}{\displaystyle\prod_{j=k}^{T_i(x)-1}\pi'(x_j,a_j)P_{x_jx_{j+1}}^{a_j}} = \prod_{j=k}^{T_i(x)-1}\frac{\pi(x_j,a_j)}{\pi'(x_j,a_j)} \tag{4.10}$$

基于重要性采样的脱策蒙特卡洛算法的伪代码如算法4.3所示。

算法 4.3：基于重要性采样的脱策蒙特卡洛算法

准备阶段：

步骤1：用随机数初始化 Q 函数 $Q(x,u)$。

步骤2：用任意的 ε 策略设定 $\pi(x)$。

步骤3：设定计数器 $N(x,u)$ 和 $D(x,u)$ 的值为0。

模拟阶段：

步骤4：选择策略 π' 并根据该策略完成一次模拟,其样本如下：

$$x_0,u_0,R_1,x_1,u_1,R_2,\cdots,x_{K-1},u_{K-1},R_K,x_K$$

步骤5：设 $u_\tau \neq \pi(x_\tau)$ 的最后时刻为时间点 τ。

步骤6：遍历时间点 τ 及其之后的时间点,令时间点 τ 之后首次出现状态 x 和控制 u 的时间点为 k。

步骤7：更新 Q 函数 $Q(x,u)$

$$w = \prod_{j=k+1}^{K-1}\frac{1}{\pi'(x_j,u_j)} \tag{4.11}$$

$$N(x,u) = N(x,u) + wR_k \tag{4.12}$$

$$D(x,u) = D(x,u) + w \tag{4.13}$$

$$Q(x,u) = \frac{N(x,u)}{D(x,u)} \tag{4.14}$$

步骤 8：根据 Q 函数 $Q(x,u)$ 计算出最优控制

$$u^* = \mathop{\arg\max}_{u} Q(x,u) \tag{4.15}$$

和蒙特卡洛预测方法类似,蒙特卡洛控制方法中同样可以使用增量计算技巧。

4.4　蒙特卡洛强化学习算法总结

与基于动态规划的强化学习方法相比,蒙特卡洛强化学习算法有几个显著的优点:蒙特卡洛算法可以通过与环境的交互习得代价函数和 Q 函数;蒙特卡洛算法不需要依赖环境的具体状态转移概率参数;蒙特卡洛算法不需要遍历学习所有的状态。

蒙特卡洛算法通过多次模拟的结果进行计算,这种思路也带来了它的缺点。最明显的缺点就是,蒙特卡洛算法只能在一次模拟结束之后才可以进行优化,如果某个任务的模拟周期很长,那么蒙特卡洛方法的效果就十分不好。在真实世界中,有些复杂任务是实时的、流式的,甚至是没有结束时间点的,那么蒙特卡洛方法便无法在这些任务中派上用场。

为了解决蒙特卡洛算法遇到的问题,接下来的章节将会介绍时序差分算法(Temporal-Difference Method)。时序差分算法可以在无终点的连续环境中学习最优策略,可以保证每时每刻都学习到新的信息。后续的章节还会介绍蒙特卡洛算法如何与时序差分算法进行互补协作,达到更好的效果。

参考文献

[1]　徐钟济.蒙特卡洛方法[M].上海:上海科学技术出版社,1985.

[2]　Hammersley J M,Handscomb D C. Monte Carlo Methods[J]. Physics Today,1965,18(2):55-56.

[3]　Hammersley J M,Handscomb D C. Monte Carlo Methods[M]. UK,London:Methuen & Co Ltd,1964.

[4]　Singh S P. Sutton R S. Reinforcement learning with replacing eligibility traces[J]. Machine Learning,1996,22:123-158.

[5]　Cragg J G. Monte Carlo Methods[M]. UK,London:Palgrave Macmillan,1990.

第 **5** 章

时序差分学习

本章提要

时序差分学习是强化学习理论的核心内容之一,与动态规划方法和蒙特卡洛方法相比,时序差分学习的主要特点是采用自举法对代价函数进行估计。

本章的内容组织如下:在 5.1 节中,介绍时序差分学习的基本概念和在生物上的应用;在 5.2 节中,详细地介绍时序差分算法;在 5.3 节中,介绍 n 步回报的概念;在 5.4 节中,进一步介绍使用 λ 回报的时序差分算法。

5.1 时序差分学习基本概念

时序差分学习(Temporal Difference Learning,TDL)是一种无模型的强化学习方法,它采用自举法,通过估计当前的代价函数来学习[1]。时序差分(Temporal Difference,TD)算法最早由 Sutton 提出,他证明时序差分学习可以和有监督学习获得同样的结果而且占用更少的内存,并且具有更快的收敛速度[2]。TD 学习的主要特点是,代价函数是通过自举法(Bootstrapping)来更新的。在统计学上,自举法是一种通过对样本进行重采样得到的估计总体的方法。对于 TD 算法来说,就是当前代价函数本身产生代价函数的更新目标,这一点显然不同于有监督学习中的概念[3]。

作为对比,蒙特卡洛方法只在最终结果已知的情况下调整其估计,而 TD 方法则可以随时调整预测。具体来说,蒙特卡洛方法是模拟(或经历)一段序列,在序列结束后,根据序列上各个状态的回报值来估计系统状态代价。时序差分学习是模拟一段序列,每行动一步(或几步),根据新状态的代价,然后估计执行前的状态代价。可以认为蒙特卡洛方法是最大步数的时序差分学习。

另一方面时序差分法与动物学习的时序差分模型有关。TD 算法在神经科学领域也受到关注。研究人员发现,腹侧被盖区(Ventral Tegmental Area,VTA)和黑质致密部(Substantia Nigra Pars Compacta,SNC)中多巴胺神经元的放电率似乎模拟了算法中的误差函数[4]。误差函数报告任何给定状态或时间步骤的估计奖励与实际收到的奖励之间的差异。误差函数越大,预期奖励和实际奖励之间的差异越大。当它与准确地反映未来奖励的刺激配对时,错误可用于将刺激与未来奖励相关联。多巴胺细胞表现出类似的行为。在一个实验中,多巴胺细胞的测量是在训练猴子以将刺激与果汁的奖励相关联时进行的[5]。最初,当猴子接受果汁时,多巴胺细胞提高了发放率,表明预期和实际奖励的差异。随着时间的推移,这种反击的增加会传播到最早可靠的奖励刺激。一旦猴子接受了充分的训练,在达到预测奖励后,放电速率不会增加。当不产生期望的奖励时,多巴胺细胞放电速率持续下降至低于正常激活。这很好地模拟了 TD 中的误差函数如何用于强化学习。TD 方法最成功的应用是 IBM 的研究员 Gerald Tesauro 根据时序差分和神经网络编制的西洋双陆棋程序 TD-Gammon,棋力可以和最好的人类棋手相媲美。

TD 方法的优势在于可以根据不完整的轨迹学习,相较于蒙特卡洛方法,应用范围更广。TD 方法的不足之处也是显而易见的,TD 方法的更新目标是估计值,很难做到无偏估计。TD 目标的方差(Variance)比较低,也就是波动性小[6]。

5.2　时序差分学习算法

我们从第 4 章的蒙特卡洛方法引出本章将要介绍的 TD 方法。将学习律设置为常数的蒙特卡洛方法的更新公式如下:

$$J(x_k) \leftarrow J(x_k) + \alpha(G_k - J(x_k)) \tag{5.1}$$

其中,G_k 是每条状态轨迹结束后在状态 x_k 获得的回报值,α 是学习律。蒙特卡洛方法更新公式的含义就是用实际回报值 G_k 作为代价函数 $J(x_k)$ 的估计值。具体做法是针对每个完整轨迹,考察实验中 x_k 的回报值 G_k 和当前代价函数 $J(x_k)$ 的偏差,并用该偏差值乘以学习律来更新得到 $J(x_k)$ 的新估值。从蒙特卡洛方法的更新公式中,我们注意到只有在整个状态轨迹进行完以后,才能得到状态轨迹上每个状态 x_k 对应的回报值 G_k。倘若一个状态轨迹非常长,那么就需要等待很长时间才能对 $J(x_k)$ 进行更新,这为蒙特卡洛方法带来了诸多不便。

现在我们对蒙特卡洛方法的更新公式做如下修改,把 G_k 换成 $R_{k+1} + \gamma J(x_{k+1})$,就得到了 TD 方法的代价函数更新公式:

$$J(x_k) \leftarrow J(x_k) + \alpha(R_{k+1} + \gamma J(x_{k+1}) - J(x_k)) \tag{5.2}$$

与蒙特卡洛方法用实际回报值 G_k 作为代价函数 $J(x_k)$ 的估计值相比,我们使用 $R_{k+1} + \gamma J(x_{k+1})$ 作为代价函数 $J(x_k)$ 的估计值。尽管只做了这一点修改,但是我们实际上已经解决了蒙特卡洛方法只能在轨迹结束后更新的缺点,即我们只需要知道 $(x_k, u_k, R_{k+1}, x_{k+1})$ 这组数据,就可以执行 TD 算法更新公式了,而这组数据是在做出控制 u_k,得到效用函数 R_{k+1},观察到下个状态 x_{k+1} 后就可以获得的。

那么,为什么修改成这种形式呢?我们回忆一下代价函数的定义:

$$J_\pi(x) = E_\pi\{R_{k+1} + \gamma J_\pi(X_{k+1}) \mid X_k = x\} \tag{5.3}$$

容易发现期望符号里面就是 TD 更新公式的目标值。图 5-1 给出了 TD 算法更新公式的结构图。

蒙特卡洛和 TD 的更新公式有何不同呢?我们从以下几个方面分别说明。

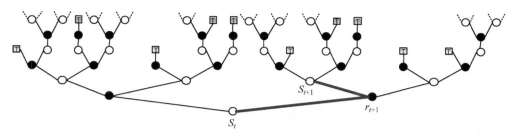

图 5-1　TD算法的结构图

第一,从算法更新的时刻上,TD方法在智能体运行过程中的每一时刻都更新状态 x_k 对应的代价函数 $J(x_k)$。而蒙特卡洛方法在智能体的整条轨迹结束之后才计算每个状态对应的回报值并做相应的更新。

第二,蒙特卡洛方法使用 G_k 作为对代价函数 $J(x_k)$ 更精确的估计,而TD方法使用 $R_{k+1}+\gamma J(x_{k+1})$ 作为代价函数 $J(x_k)$ 更精确的估计,二者在统计性质上表现出了诸多不同。对于蒙特卡洛方法来说,G_k 是 $J(x_k)$ 的无偏估计。然而,回报值 G_k 的计算涉及整个轨迹上的控制、转移状态和效用,如此多的随机因素使得将 G_k 作为 $J(x_k)$ 的估计带来了很大的方差。对于TD方法来说,由于目标值 $R_{k+1}+\gamma J(x_{k+1})$ 中的 $J(x_{k+1})$ 是不准确的,因此 $R_{k+1}+\gamma J(x_{k+1})$ 是 $J(x_k)$ 的有偏估计。然而,TD目标 $R_{k+1}+\gamma J(x_{k+1})$ 只包含一个时刻的控制、转移状态和效用,随机因素较少,这使得将 $R_{k+1}+\gamma J(x_{k+1})$ 作为 $J(x_k)$ 的估计具有更小的方差。总的来说,蒙特卡洛是高方差、零偏差的方法,而TD是低方差、有偏差的方法。

第三,从算法的收敛性来看,蒙特卡洛方法具有较好的收敛性,且与代价函数的初始值无关。而TD方法虽然也具有收敛性,但是会受到代价函数初始值的影响。

第四,从算法的有效性来看,对于有限MDP问题,蒙特卡洛和TD都是收敛的。但是如果只有有限的经验,则蒙特卡洛和TD的有效性差距就显现出来了。我们用下面这个例子[7]来说明经验有限的情况下,蒙特卡洛和TD算法学习结果的不同。假设在一个MDP中,有两个状态 x_1,x_2,折扣因子 $\gamma=1$,我们有以下8段经验:

经验1：x_1-0-x_2-0 　　　　　经验2：x_2-1

经验3：x_2-1 　　　　　　　经验4：x_2-1

经验5：x_2-1 　　　　　　　经验6：x_2-1

经验7：x_2-1 　　　　　　　经验8：x_2-0

x_1-0-x_2-0 表示智能体开始于状态 x_1,从 x_1 转移到 x_2,效用函数为0,从 x_2 转移到终止状态,效用函数为0。x_2-1 表示智能体开始于状态 x_2,从 x_2 转移到终止状态,效用函数为1。x_2-0 表示智能体开始于状态 x_2,从 x_2 转移到终止状态,效用函数为0。

我们估计状态 x_2 的代价函数。状态 x_2 在这8段状态-效用轨迹(以下简称轨迹)中出现了8次,其中回报为0的是第1段轨迹和第8段轨迹,共两次;回报为1的是第2段轨迹到第7段轨迹。因此,我们有

$$J(x_2)=E\{G_k(x_2)\}=\frac{6}{8}=0.75 \qquad (5.4)$$

现在我们使用蒙特卡洛方法估计状态 x_1 的代价函数。状态 x_1 只在第一段轨迹中出

现了一次,因此,我们有

$$J(x_1) = E\{G_k(x_1)\} = 0 \tag{5.5}$$

现在使用 TD 方法估计状态 x_1 的代价函数,为了简便起见,设置 TD 更新公式中的 $\alpha=1$。根据 TD 的代价函数更新公式,我们有

$$J(x_1) \leftarrow J(x_1) + \alpha[0 + \gamma J(x_2) - J(x_1)] \tag{5.6}$$

从而 $J(x_1) = 0.75$。显然,使用蒙特卡洛方法和 TD 对状态 x_1 的代价函数进行估计,得到了不同的结果。

我们对这种不同的结果进一步分析。蒙特卡洛方法使用状态的回报值作为对代价函数的估计,因此,使用蒙特卡洛方法得到的代价函数的估计值是使平方误差 $\sum\limits_{j=1}^{K}(G_k^j - J(x_k))^2$ 达到最小的估计值。而 TD 方法在有限轨迹上的收敛结果则是这些有限轨迹对应的最大似然马尔可夫模型的解。对上面这个例子来说,轨迹 1 中出现状态 x_1 转移到状态 x_2 的情况,且效用函数为 0。因此,在我们建立的最大似然马尔可夫模型中,从状态 x_1 到状态 x_2 的转移概率为 100%,且效用函数一定为 0。在这 8 段轨迹中,状态 x_2 的下一个状态都是终端状态,但是有两段轨迹得到的效用为 0,6 段轨迹得到的效用为 1,因此,在我们建立的最大似然马尔可夫模型中,从状态 x_2 到终端状态的转移概率为 100%,有 25% 的概率获得效用 0,有 75% 的概率获得效用 1,得到最大似然马尔可夫模型如图 5-2 所示。从图中可以看到,

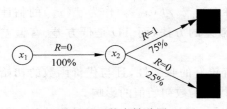

图 5-2　状态转移图

$J(x_1) = J(x_2) = 0.75$。总的来说,蒙特卡洛方法和 TD 方法之所以在有限轨迹得到的结果不同,是因为蒙特卡洛方法在有限轨迹上的收敛结果是最小二乘误差的解,而 TD 方法在有限轨迹上的收敛结果则是这些有限轨迹对应的最大似然马尔可夫模型的解。

第五,蒙特卡洛方法不需要利用模型的马尔可夫性,而 TD 方法需要利用马尔可夫性。具体来说,蒙特卡洛方法不需要知道 x_k 后面是谁,而只需知道 R_k 就行了,并且蒙特卡洛方法在非马尔可夫环境下同样有效。然而,TD 方法需要知道 x_k 后面的 x_{k+1} 是谁,它在马尔可夫环境下更有效。

我们将 TD 算法的实施步骤总结在算法 5.1 中。

算法 5.1:时序差分学习算法

步骤 1:给定待估计的策略 π,初始状态分布 D,初始化代价函数 $J(x)$(e.g. $J(x)=0, \forall x \in X$),给定学习律 α,令 $k=0$。

步骤 2:重复(对所有轨迹):

如果 x_k 为初始状态,则初始化状态 $x_k \sim D$。

重复(对每步状态转移):

由策略 π 得到控制 $u_k \sim \pi(x_k)$。

执行控制 u_k,观察效用 R_{k+1} 和下一个状态 x_{k+1}。

更新 $J(x_k) \leftarrow J(x_k) + \alpha[R_{k+1} + \gamma J(x_{k+1}) - J(x_k)]$。

$k \leftarrow k+1$。

直到 x_k 为终端状态。

步骤 3：直到 $J(x)$ 收敛。

步骤 4：输出 $J(x)$。

5.3　n 步回报

我们将 TD 方法的学习目标 $G_k^{(1)} = R_{k+1} + \gamma J(x_{k+1})$ 视为 1 步回报，将蒙特卡洛方法的学习目标 $G_k = R_{k+1} + \gamma R_{k+2} + \cdots$ 视为无穷步回报。那么很自然地可以想到，是否可以将二者结合，在 TD 方法中增加回报的计算步数呢？

下面考虑以下几种 n 步回报。1 步回报为 $G_k^{(1)} = R_{k+1} + \gamma J(x_{k+1})$，2 步回报为 $G_k^{(2)} = R_{k+1} + \gamma R_{k+2} + \gamma^2 J(x_{k+2})$，无穷步回报为 $G_k^{(\infty)} = R_{k+1} + \gamma R_{k+2} + \cdots$。由此我们定义 n 步回报 $G_k^{(n)} = R_{k+1} + \gamma R_{k+2} + \cdots + \gamma^{n-1} R_{k+n} + \gamma^n J(x_{k+n})$。

在 5.2 节中的 TD 算法更新公式中的 1 步回报为 $G_k^{(1)} = R_{k+1} + \gamma J(x_{k+1})$ 改为 n 步回报，就得到了 n 步时序差分学习的更新公式：

$$J(x_k) \leftarrow J(x_k) + \alpha(G_k^{(n)} - J(x_k)) \tag{5.7}$$

用不同步数计算的回报值更新代价函数，就得到不同的 TD 算法，如图 5-3 所示。

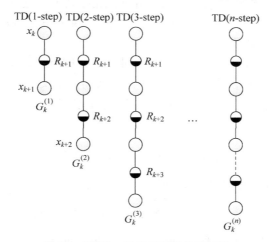

图 5-3　使用 n 步回报更新代价函数

那么，一个自然的问题就是，使用多少步计算的回报更新代价函数更好呢？下面将进行数学分析。首先，考虑 1 步回报和代价函数真值之间的误差。

$$\max_{x_k} | E[G_k^{(1)}] - J_\pi(x_k) | = \max_{x_k} | E[R_{k+1} + \gamma J(x_{k+1})] - J_\pi(x_k) |$$

$$= \max_{x_k} | [T^\pi(V)](x_k) - J_\pi(x_k) |$$

$$\leqslant \gamma \| J - J_\pi \| \tag{5.8}$$

其中，$\mathcal{T}^{\pi}$ 是贝尔曼期望算子，$\mathcal{T}^{\pi}(J) = \mathcal{R}^{\pi} + \gamma\,\mathcal{P}^{\pi}J$。令 $\underbrace{\mathcal{T}^{\pi} \circ \cdots \circ \mathcal{T}^{\pi}}_{n}(J)$ 表示 n 次映射，接下来我们考虑 n 步回报与代价函数真值的期望误差

$$\max_{x_k} \left| E\left[G_k^{(n)}\right] - J_{\pi}(x_k) \right|$$

$$= \max_{x_k} \left| E\left[R_{k+1} + \gamma R_{k+2} + \cdots + \gamma^{n-1} J(x_{k+n})\right] - J_{\pi}(x_k) \right|$$

$$= \max_{x_k} \left| E\left[R_{k+1} + \gamma E\left[R_{k+2} + \cdots + \gamma E\left[R_{k+n} + \gamma J(x_{k+n})\right] \cdots\right]\right] - J_{\pi}(x_k) \right|$$

$$= \max_{x_k} \left| \left[\underbrace{\mathcal{T}^{\pi} \circ \cdots \circ \mathcal{T}^{\pi}}_{n}(J)\right](x_k) - J_{\pi}(x_k) \right|$$

$$\leqslant \gamma^n \| J - J_{\pi} \| \tag{5.9}$$

由于 $\gamma < 1$，因此使用 n 步回报作为代价函数的估计值有助于提高学习的准确性。n 越大，回报与代价函数真值之间的偏差就越小。当 n 趋于无穷时，就变成了蒙特卡洛方法。但是，当 n 过大时，会带来与蒙特卡洛方法一样的问题，即估计值的方差很大。那么我们能否对不同的 n 步回报求均值，从而得到一种具有小偏差和小方差的估计值呢？这就引出了 TD(λ) 算法。

5.4　TD(λ)算法

TD(λ) 是 TD 的一种延伸的算法，它是由理查德·S. 萨顿(Richard S. Sutton)发明的一种学习算法，该算法是由阿瑟·塞缪尔(Arthur Samuel)在早期关于时序差分学习的研究中提出的。TD(λ) 被杰拉德·泰索罗(Gerald Tesauro)用来创建 TD-Gammon，这是一个能够达到人类专家水平的游戏程序[8]。

在介绍 TD(λ) 算法之前，我们首先给出 λ 回报 $G_k^{(\lambda)}$ 的概念。$G_k^{(\lambda)}$ 是所有 n 步回报的加权和。参数 λ 是跟踪衰减参数，范围是 0 到 1 的闭区间。定义：$G_k^{(n)} = R_{k+1} + rR_{k+2} + \cdots + r^{n-1}R_{k+n} + r^h V(S_{t+n})$ 对于无穷长的轨迹，对不同的 n 步回报施加权重 $(1-\lambda)\lambda^{n-1}$，我们得到 G_k^{λ} 的计算公式

$$G_k^{\lambda} = (1-\lambda) \sum_{n=1}^{\infty} \lambda^{n-1} G_k^{(n)} \tag{5.10}$$

对于有限长度的轨迹，设终止时刻为 T，则 G_k^{λ} 的计算公式为

$$G_k^{\lambda} = (1-\lambda) \sum_{j=1}^{T-k-1} \lambda^{j-1} G_k^{(j)} + \lambda^{T-k-1} G_k \tag{5.11}$$

我们使用 G_k^{λ} 作为对代价函数的估计，既利用了长步数回报的精度，又降低了高方差的影响。当 $\lambda = 1$ 时，就相当于蒙特卡洛强化学习算法。当 $\lambda = 0$ 时，就相当于前面介绍的 TD 算法，因此，前面介绍的 TD 算法又称为 TD(0)算法。

利用 G_k^{λ} 来更新当前状态的代价函数的方法称为 TD(λ) 方法。TD(λ) 算法有两种形式，一种是前向 TD(λ)，一种是后向 TD(λ)。

前向 TD(λ) 通过状态 x_k 的 λ 回报 G_k^{λ} 来估计该状态的代价函数，更新公式为

$$J(x_k) \leftarrow J(x_k) + \alpha(G_k^{\lambda} - J(x_k)) \tag{5.12}$$

其中 $G_k^{\lambda} = (1-\lambda) \sum_{n=1}^{\infty} \lambda^{n-1} G_k^{(n)}$，而 $G_k^{(n)} = R_{k+1} + \gamma R_{k+2} + \cdots + \gamma^{n-1} R_{k+n} + \gamma^n J(x_{k+n})$。

前向 TD(λ) 的执行方式与蒙特卡洛算法是类似的，只有当整个轨迹终止时，才能计算轨迹上状态的 λ 回报 G_k^λ，它和蒙特卡洛算法一样是一种离线学习的方式。不同的是，蒙特卡洛算法使用 G_k 作为代价函数的估计值，而前向 TD(λ) 使用 G_k^λ 作为代价函数的估计值。

图 5-4 是对前向 TD(λ) 的形象解释，当获取了由状态 x_k 到终端状态的整条轨迹后，我们就计算轨迹上每个状态对应的回报值，再计算每个状态对应的 λ 回报，然后根据前向 TD(λ) 的更新公式更新这些状态的代价函数。

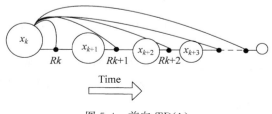

图 5-4　前向 TD(λ)

从上面的叙述中可以看到，利用前向 TD(λ) 估计代价函数时，$G_k^{(\lambda)}$ 的计算需要知道未来时刻的观测量，因此需要等到整个轨迹结束后才能计算 $G_k^{(\lambda)}$。那么 TD(λ) 能否像 TD(0) 算法一样，实现在线更新呢？答案是可以的，下面我们就来介绍后向 TD(λ)。

为了实现 TD(λ) 的在线更新，我们引入一个变量，名为资格迹。我们为 MDP 中的每个状态都定义一个资格迹，轨迹开始时，资格迹为 0，即 $E_0(x) = 0, \forall x \in X$。每个时刻、每个状态的资格迹都按 $\gamma\lambda$ 的比例衰减，同时对观测到的状态的资格迹加 1。也就是说，资格迹的更新公式如下

$$E_k(x) = \gamma\lambda E_{k-1}(x) + 1(X_k = x) \tag{5.13}$$

其中，$1(X_k = x)$ 是一个条件判断表达式。资格迹反映了状态被观测的次数和频率。假设当前时刻为 k，智能体所处的状态为 x_{k+1}，得到的 TD 误差为 δ_k。此时，我们要对每个状态进行更新，但是更新的程度是不同的，x_{k-1} 的代价函数更新应该乘以 $\gamma\lambda$，x_{k-2} 的代价函数更新应乘以 $\gamma\lambda^2$。这种更新程度的不同，就蕴含在资格迹变量中。

由此，我们就得到了后向 TD(λ) 的更新公式：

$$\delta_k = R_{k+1} + \gamma J(x_{k+1}) - J(x_k) \tag{5.14}$$

$$J(x) \leftarrow J(x) + \alpha\delta_k E_k(x) \tag{5.15}$$

当 $\lambda = 0$ 时，只有当前状态得到更新，等同于 TD(0) 算法。

图 5-5 为后向 TD(λ) 的示意图，当处于状态 x_{k+1} 时，得到 TD 误差 δ_k，根据这个 TD 误差，我们对之前所有状态的代价函数进行更新，但是更新的程度要由资格迹确定。可以看到，更新的方向与时间方向是相反的，因此称为后向 TD(λ)。

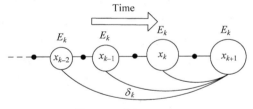

图 5-5　后向 TD(λ)

我们将后向 TD(λ)算法的实施步骤总结在算法 5.2 中。

算法 5.2：后向 TD(λ)算法
步骤 1：首先计算当前状态的 TD 偏差：$\delta_k = R_{k+1} + \gamma J(x_{k+1}) - J(x_k)$。
步骤 2：更新资格迹：

$$E_k(x) = \begin{cases} \gamma \lambda E_{k-1}, & \text{if } x \neq x_k \\ \gamma \lambda E_{k-1} + 1, & \text{if } x = x_k \end{cases}$$

步骤 3：对于状态空间中的每个状态 x，更新代价函数：$J(x) \leftarrow J(x) + \alpha \delta_k E_k(x)$。

从对轨迹完整性的要求来说，前向 TD(λ)需要使用完整的轨迹，而后向 TD(λ)则是在每一个时间步上都更新代价函数。但是，当使用离线更新时，前向 TD(λ)和后向 TD(λ)在同一条轨迹上的更新量是相同的，即

$$\sum_{j=0}^{T} \Delta V_j^{TD}(X) = \sum_{j=0}^{T} \Delta V_j^{\lambda}(x_j) 1_{X=x_j}, \quad \forall X \in \mathcal{X} \tag{5.16}$$

这是一个非常重要的结论，这个结论阐述了前向 TD(λ)和后向 TD(λ)在更新量上的等价性。$\Delta V_j^{TD}(S)$ 代表后向 TD(λ)在 j 时刻对状态 X 的更新量，$\Delta V_j^{\lambda}(x_j)$ 代表前向 TD(λ)在 j 时刻对观测量 x_j 的更新。我们有

$$\begin{aligned} G_k^{\lambda} - J(x_k) = & -J(x_k) + (1-\lambda)\lambda^0(R_{k+1} + \gamma J(x_{k+1})) + \\ & (1-\lambda)\lambda^1(R_{k+1} + \gamma R_{k+2} + \gamma^2 J(x_{k+2})) + \\ & (1-\lambda)\lambda^2(R_{k+1} + \gamma R_{k+2} + \gamma^2 R_{k+3} + \gamma^3 J(x_{k+3})) + \cdots \\ = & -J(x_k) + (\gamma\lambda)^0(R_{k+1} + \gamma J(x_{k+1}) - \gamma\lambda J(x_{k+1})) + \\ & (\gamma\lambda)^1(R_{k+2} + \gamma J(x_{k+2}) - \gamma\lambda J(x_{k+2})) + \\ & (\gamma\lambda)^2(R_{k+3} + \gamma J(x_{k+3}) - \gamma\lambda J(x_{k+3})) + \cdots \\ = & (\gamma\lambda)^0(R_{k+1} + \gamma J(x_{k+1}) - J(x_k)) + \\ & (\gamma\lambda)^1(R_{k+2} + \gamma J(x_{k+2}) - J(x_{k+1})) + \\ & (\gamma\lambda)^2(R_{k+3} + \gamma J(x_{k+3}) - J(x_{k+2})) + \cdots \\ = & \delta_k + \gamma\lambda\delta_{k+1} + (\gamma\lambda)^2 \delta_{k+2} + \cdots \end{aligned} \tag{5.17}$$

因此，我们就得到前向 TD(λ)和后向 TD(λ)的更新总量是等价的，但在实际应用中，我们常常使用在线的后向 TD(λ)方法。

走近学者

Richard S. Sutton

理查德·萨顿（Richard S. Sutton）是加拿大计算机科学家。目前他是阿尔伯塔大学计算机科学教授和 iCORE 主席。Sutton 被认为是现代计算强化学习的创始人之一，他的几个重要贡献包括时间差异学习、策略梯度方法、Dyna 架构。

1978 年，Sutton 获得斯坦福大学心理学学士学位。于 1980 年与 1984 年分别获得马萨诸塞大学阿默斯特分校的计算机科学专业硕士和博士学位，师从 Andrew Barto。他的博士论文题

目为"强化学习中的时间信用分配",介绍了执行网-评价网架构和"时间信用分配"。

1984 年开始,Sutton 在马萨诸塞大学阿默斯特分校攻读博士后。1985—1994 年,他是 GTE 计算机和智能系统实验室技术人员的主要成员。1995 年,他回到马萨诸塞大学阿默斯特分校担任资深研究科学家。1998 年加入美国电话电报公司香农实验室并担任人工智能部首席技术人员。自 2003 年以来,他一直是阿尔伯塔大学计算科学系的教授和 iCORE 主席,他领导着强化学习和人工智能实验室(RLAI)。2017 年 6 月,德米斯哈萨比斯宣布 Sutton 将领导一个新的阿尔伯塔 Deepmind 实验室,同时保留他在阿尔伯塔大学的教授职位。

Sutton 是人工智能促进协会(AAAI)的成员。2003 年,他获得了国际神经网络协会颁发的主席奖,并于 2013 年获得了马萨诸塞大学阿默斯特分校颁发的杰出研究成果奖。Sutton 作为 AAAI 研究员的提名如下:"对机器学习中的许多方面做出重大贡献,包括强化学习、时序差分技术和神经网络。"

参考文献

[1] Barto A G,Sutton R S,Anderson C W. Neuronlike adaptive elements that can solve difficult learning control problems[J]. IEEE Transactions on Systems,Man,and Cybernetics,1983,SMC-13(5): 834-846.

[2] Sutton R S. Learning to predict by the methods of temporal differences[J]. Machine learning,1988, 3(1): 9-44.

[3] Sutton R S,Barto A G. Reinforcement learning: An introduction[M]. USA,Cambridge: MIT Press, 1998.

[4] Schultz W,Dayan P,Montague P R. A neural substrate of prediction and reward[J]. Science,1997,275 (5306): 1593-1599.

[5] Schultz W. Predictive reward signal of dopamine neurons[J]. Journal of neurophysiology,1998,80(1): 1-27.

[6] Bertsekas D P. A counterexample to temporal differences learning[J]. Neural Computation,1995, 7(2): 270-279.

[7] Silver D. Reinforcement Learning Lecture 4: Model-Free Prediction[OL]. http://www.cs.ucl.ac. uk/staff/d.silver/web/Teaching_files/MC-TD.pdf.

[8] Tesauro G. Temporal difference learning and TD-Gammon[J]. Communications of the ACM,1995, 38(3): 58-68.

第 6 章

神 经 网 络

本章提要

神经网络(本章所讲的均为"人工神经网络")是一种模仿动物神经网络行为特征,进行分布式并行信息处理的算法数学模型。根据系统的复杂程度,调整网络内部节点的连接关系,实现信息的处理。本章介绍了神经网络的基本原理和误差反向传播训练方法,对神经网络的发展也进行简要的阐述。

本章的内容组织如下:6.1 节阐述神经网络的发展历史;6.2 节介绍 MP 神经元模型;6.3 节对前馈神经网络进行详细的介绍;6.4 节对其他类型的神经网络进行简要介绍。

6.1 神经网络的发展历史

神经网络的研究起源于 19 世纪 40 年代,神经生物学家 McCulloch 与数学家 Pitts 合作提出 MP 模型[1],通过模拟生物神经元的特性,为神经行为某些方面的模拟计算提供思路。之后,神经网络具备了初步的实验条件。20 世纪 50 年代,Rochester 和 Holland 与 IBM 公司合作,在 IBM701 计算机上对 Hebb 的学习规则[2]进行模拟。Minsky 于 1954 年对神经系统的学习问题进行了研究。

接下来进入了神经网络的第一研究阶段。Rosenblatte 于 1957 年提出感知机模型[3],首次将神经网络理论应用于工程实践中。1960 年,Widrow 和 Hoff 提出 ADACINE 模型,并以此为基础,在 20 世纪 80 年代提出了一种多层学习算法。之后,Holland 于 20 世纪 60 年代初期提出遗传算法,开拓了神经网络的新的研究方向。Grossberg 于 1976 年提出 ART 理论[4],并于 1987 年提出 ART 网络[5]。另外,反向传播理论、Neocognitron 模型等研究成果提出坚定了神经网络的研究。之后,神经网络进入了第二研究阶段。Hopfield 于 1982 年提出 Hopfield 网络[6],引发了神经网络的研究热潮,推动了神经网络研究的发展。1983 年,Kirkpatrick 等人认识到模拟退火算法可应用于 NP 完全组合优化问题的求解[7]。Hinton 等人随后提出了 Boltzmann 机[8-9],引入模拟退火算法,并表明多层神经网络的可训练性。

1986 年,Rumelhart 和 McClelland 合著 *Parallel Distributed Processing：Explorations in the Microstructures of Cognition*,极大地推动了神经网络的发展,尤其是 Rumelhart 提出的多层网络误差传播算法,也就是 BP 算法。

神经网络在强化学习实现和运行过程中起到非常关键的作用,强化学习中的代价函数逼近、系统动态重构、策略函数生成等大多采用神经网络进行构建。目前,大多数的强化学习方法均是采用神经网络来实现的,本章对几种典型的神经网络进行介绍,为后续强化学习的实现奠定基础。

6.2　MP 神经元模型

自从认识到了人脑的计算与传统的数字计算相比是完全不同的方式,关于人工神经网络的研究就开始了[10]。人脑是一个高度复杂的并行计算器,通过组织神经元,完成复杂的计算。在生物神经网络中,神经元的功能主要为兴奋与抑制。平时神经元处于抑制状态,当其他神经元的脉冲经整合传入神经元中,并超过某个阈值时,神经元处于兴奋状态,产生输出脉冲。当神经元电位降到阈值以下时,神经元恢复为抑制状态,不产生输出脉冲。

受到生物神经网络启发,心理学家 Warren McCulloch 和数学家 Walter Pitts 于 1943 年提出 McCulloch-Pitts(MP)神经元模型[1],如图 6-1 所示。在模型中,每个神经元接收其他神经元传来的输入信号,经整合后与神经元阈值进行比较,经过激活函数处理产生神经元输出信号。

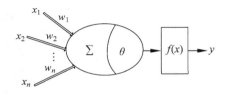

图 6-1　MP 神经元模型

图 6-1 中,神经元总的输出为

$$y = f\left(\sum_{j=1}^{n} w_j x_j - \theta\right) \tag{6.1}$$

其中,$w_j(j=1,2,\cdots,n)$为权值。神经元总的输入为

$$x = \sum_{j=1}^{n} w_j x_j - \theta \tag{6.2}$$

激活函数表达形式为

$$y = f(x) \tag{6.3}$$

理想中神经元的输出信号用"0"或"1"表示,其中"0"表示神经元处于抑制状态,"1"表示神经元处于兴奋状态,此时激活函数为阶跃函数,表达式为

$$y = f(x) = \begin{cases} 1, & x \geqslant 0 \\ 0, & x < 0 \end{cases} \tag{6.4}$$

对应函数图形如图 6-2 所示。

然而,阶跃函数具有不连续的特点,许多学习算法需要激活函数可微,因此常用 Sigmoid 函数作为激活函数,其数学表达式为

$$y = f(x) = \frac{1}{1 + e^{-x}} \tag{6.5}$$

函数图形如图 6-3 所示。

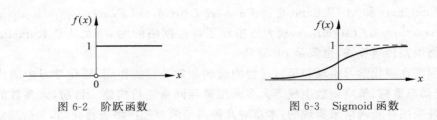

图 6-2 阶跃函数　　　　　　图 6-3 Sigmoid 函数

Sigmoid 函数具有以下优点[11]：①非线性，单调性；②无限可微分；③权值很大时可近似为阶跃函数；④权值很小时可近似为线性函数。因此实际常用 Sigmoid 函数为神经网络的激活函数。

6.3　前馈神经网络

6.3.1　感知机

首先介绍前馈神经网络，基本结构如图 6-4 所示。

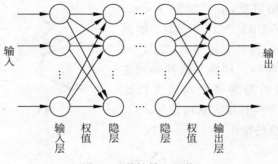

图 6-4　前馈神经网络

前馈神经网络由输入层、隐层和输出层构成：输入层接收外界传来的输入信号，经过隐层和输出层对信号进行加工处理之后，由输出层将信号输出。这类神经网络的特点为每层神经元与下一层神经元全互联，神经元之前不存在同层和跨层连接[12]。

感知机（或称感知器，Perceptron）由 Frank Rosenblatt 在 1957 年提出[3]，是一种仅含输入层和输出层的前馈神经网络，结构如图 6-5 所示。其输入为实例的特征向量，输出为实例的类别，取 $+1$ 和 -1[13]。假设系统输入特征向量为 X，其对应第 j 类，可知理想输出为 $y_j=1,y_i=0,i=1,2,\cdots,j-1,j+1,\cdots,m$。假设实际的输出为 $\hat{y}_1,\hat{y}_2,\cdots,\hat{y}_m$，为了使实际输出逼近理想输出，需要对网络权值进行训练，公式如下

$$w_{ij}(k+1)=w_{ij}(k)+\eta(y_j-\hat{y}_j)x_i \tag{6.6}$$

式中，$\eta\in(0,1)$ 是网络的学习律，其通常设置为一个很小的数值。

感知机可以解决线性可分数据集的分类问题，对于线性不可分数据集，需要采用多层前馈神经网络进行分类。三层或三层以上的多层前馈神经网络通常称为多层感知器（Multilayer Perceptrons），如图 6-6 所示。

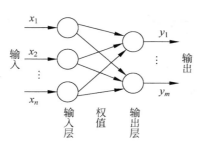

图 6-5 感知机模型示意图

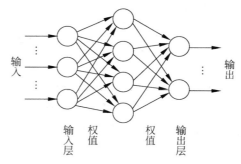

图 6-6 多层感知机结构

相比于感知机,多层感知机由输入层、输出层和多个隐层组成。每一个神经元都接收前一层神经元传递来的输入信号,经过信号处理加工输出给下一层神经元。由于神经元数目变多,可以存储更多的信息,使其可以解决更复杂的、感知机解决不了的问题。

6.3.2 误差反向传播算法

6.3.1 节介绍了感知机的训练方式,对于多层神经网络,训练规则与感知机显然不同。反向传播算法(Back Propagation)是目前用来训练多层神经网络的常用方法。其主要思想是从后向前逐层传播输出误差,并计算各隐层的输出误差以此更新网络权值。算法主要分为两步:①输入信号从前往后逐层传递,计算各层的输出信号;②计算输出误差,将其从后向前逐层传递,计算各隐层输出误差,更新各层神经元的权值。

下面简要介绍 BP 算法,考虑图 6-7 所示的三层前馈神经网络,网络输入层神经元个数为 n,隐层神经元个数为 h,输出层神经元个数为 m。假设隐层第 j 个神经元阈值为 $\theta_{l,j}$,输出层第 k 个神经元阈值为 $\theta_{y,k}$,输入层第 i 个神经元与隐层第 j 个神经元之间权值为 w_{ij}^{xl},隐层第 j 个神经元与输出层第 k 个神经元之间权值为 w_{jk}^{ly}。训练集为 $\{(\boldsymbol{x}_1,\boldsymbol{y}_1),(\boldsymbol{x}_2,\boldsymbol{y}_2),\cdots,(\boldsymbol{x}_q,\boldsymbol{y}_q)\}$,$\boldsymbol{x}_p \in \mathbb{R}^n$,$\boldsymbol{y}_p \in \mathbb{R}^m$,假设神经网络激活函数为 Sigmoid 函数。

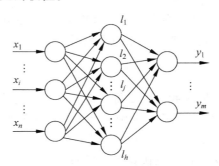

图 6-7 BP 算法多层结构图

对于 $(\boldsymbol{x}_p, \boldsymbol{y}_p)$,得到神经网络输出为 $\hat{\boldsymbol{y}}_p = [\hat{y}_1^p, \hat{y}_2^p, \cdots, \hat{y}_m^p]^{\mathrm{T}}$,其中

$$\hat{y}_k^p = f\left(\sum_{j=1}^h w_{jk}^{ly} l_j - \theta_{y,k}\right) \tag{6.7}$$

定义 $\beta_k = \sum_{j=1}^h w_{jk}^{ly} l_j$,可以得到网络在 $(\boldsymbol{x}_p, \boldsymbol{y}_p)$ 上的输出误差为

$$E_p = \frac{1}{2} \sum_{k=1}^m (\hat{y}_k^p - y_k^p)^2 \tag{6.8}$$

目标是寻找合适的网络权值,使得输出误差 E_p 最小,即

$$\min_w E_p \tag{6.9}$$

基于梯度下降法,可以得到

$$w_{jk}^{ly} = w_{jk}^{ly} - \eta \Delta w_{jk}^{ly} = w_{jk}^{ly} - \eta \frac{\partial E_p}{\partial w_{jk}^{ly}} \tag{6.10}$$

其中

$$\frac{\partial E_p}{\partial w_{jk}^{ly}} = \frac{\partial E_p}{\partial \hat{y}_k^p} \frac{\partial \hat{y}_k^p}{\partial \beta_k} \frac{\partial \beta_k}{\partial w_{jk}^{ly}} \tag{6.11}$$

由式(6.7)和式(6.8)可以得到

$$\frac{\partial E_p}{\partial \hat{y}_k^p} = \hat{y}_k^p - y_k^p \tag{6.12}$$

和

$$\frac{\partial \hat{y}_k^p}{\partial \beta_k} = f(\beta_k - \theta_{y,k})(1 - f(\beta_k - \theta_{y,k})) \tag{6.13}$$
$$= \hat{y}_k^p(1 - \hat{y}_k^p)$$

以及

$$\frac{\partial \beta_k}{\partial w_{jk}^{ly}} = l_j \tag{6.14}$$

将式(6.11)~式(6.14)代入式(6.10)中,得到隐层到输出层的权值更新公式为

$$w_{jk}^{ly} = w_{jk}^{ly} - \eta \Delta w_{jk}^{ly} = w_{jk}^{ly} - \eta(\hat{y}_k^p - y_k^p)\hat{y}_k^p(1 - \hat{y}_k^p)l_j \tag{6.15}$$

同理可得输入层到隐层权值 w_{ij}^{zl}、输出层阈值 $\theta_{y,k}$ 和隐层阈值 $\theta_{l,j}$ 更新公式[14],本节不再叙述。至此推导完成。

注意,在上述推导过程中,我们是基于单个误差 E_p 最小化的原则进行推导。

定义训练集上的累积误差为

$$E = \frac{1}{q} \sum_{p=1}^{q} E_p \tag{6.16}$$

同理我们可以得到基于累积误差最小化的更新方法,称为累积 BP 算法。标准 BP 算法和累积 BP 算法区别为[12]:相对于累积 BP 算法,标准 BP 算法会进行更多次的迭代,参数更新更频繁。然而累积误差下降到一定程度后,累积 BP 算法更新速度变慢,此时标准 BP 算法往往会更快获得较好的解。

6.3.3　径向基网络

径向基(Radical Basis Function,RBF)网络由 Moody 和 Darken 提出[15],是一种单隐层神经网络,结构如图 6-8 所示。

RBF 网络特点为:隐层神经元采用径向基函数[16]作为激活函数,输出层是隐层神经元输出的线性组合。径向基函数是沿某径向对称的标量函数,通常定义为任一点 x 到某一中心 c 之间欧氏距离的单调函数,记作 $f(\|x-c\|)$。在 RBF 网络中,常使用高斯径向基函数

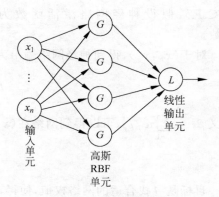

图 6-8　RBF 网络结构

$$f(x) = \exp\left(-\frac{(x-c)^2}{r^2}\right) \tag{6.17}$$

常用的径向基函数还有：
反常 S 型函数

$$f(x) = \frac{1}{1+\exp\left(\dfrac{x^2}{r^2}\right)} \tag{6.18}$$

逆多二次(Inverse Multiquadrics)函数

$$f(x) = \frac{1}{\sqrt{x^2 + r^2}} \tag{6.19}$$

可以证明，具有足够多隐层神经元的 RBF 神经网络可以以任意精度逼近任意连续函数[17]。

走近学者

沃伦·麦卡洛克(**Warren McCulloch**)，美国神经生理学家和控制论专家，因其在大脑理论上的基础研究和对控制论的贡献而闻名。与 Walter Pitts 和 McCulloch 一起建立了基于阈值逻辑的数学算法计算模型。该算法将研究分为两种不同的方法，一种是专注于大脑中的生物过程，另一种是专注于神经网络在人工智能中的应用。

Warren McCulloch
(1898—1969)

1898 年，Warren McCulloch 生于新泽西州的奥兰治。他就读于哈佛大学，并在耶鲁大学学习哲学与心理学。1921 年，他获得了学士学位，并继续在哥伦比亚大学学习心理学，1923 年获得硕士学位。1927 年，他从纽约哥伦比亚大学内科和外科医生学院获得医学博士学位。1927 年，他在纽约贝尔维尤医院实习，1934 年回到学术界。1934—1941 年，他在耶鲁大学神经生理学实验室工作，之后转到芝加哥的伊利诺伊大学精神病学系。

1952 年起，他在马萨诸塞州剑桥的麻省理工学院与 Norbert Wiener 共事。他与耶鲁大学的 Joannes Gregorius Dusser de Barenne 和芝加哥大学的 Walter Pitts 一起工作过。在

Walter Pitts
(1923—1969)

此期间，为一些经典论文中的某些大脑理论提供了理论基础，包括"A Logical Calculus of the Ideas Immanent in Nervous Activity"和"How We Know Universals：The Perception of Auditory and Visual Forms"，它们都发表在 *Mathematical Biophysics* 上。前者被广泛认为是神经网络理论、自动机理论、计算理论和控制论的重要贡献。他还是美国控制论学会的创始成员，并在 1967—1968 年担任该学会的第二任主席。1969 年，他在剑桥去世。

沃尔特·皮茨(**Walter Pitts**)，一位从事计算神经科学研究的逻辑学家。人们所熟知的事件是在 12 岁时，他在图书馆待了 3 天，阅读 *Principia Mathematica*，并给 Bertrand Russell 写

了一封信,指出他认为第一卷上半部分的严重问题。Russell 十分感激并邀请他到英国学习。

他提出了具有里程碑意义的神经活动和生成过程的理论公式,这些公式影响了不同的领域,如认知科学和心理学、哲学、神经科学、计算机科学、人工神经网络、控制论和人工智能,以及后来被称为生成科学的领域。他与 Warren McCulloch 合著了一篇开创性论文 *A Logical Calculus of Ideas Immanent in Nervous Activity*。本文提出了神经网络的第一个数学模型,这个模型的单位:一个简单的形式化神经元,仍然是神经网络领域的参考标准,它通常被称为 McCulloch-Pitts 神经元。

Frank Rosenblatt
(1928—1971)

弗兰克·罗森布拉特(**Frank Rosenblatt**)是美国著名的心理学家。他出生在纽约州的新罗谢尔,是弗兰克博士和凯瑟琳罗森布拉特的儿子。1956 年,他去了纽约布法罗的康奈尔航空实验室,在那里他先后担任心理学家、高级心理学家和认知系统部门的负责人,这是他进行感知器早期工作的地方。1960 年 Mark I Perceptron 的发展和硬件建设达到高潮,这实质上是第一台可以通过反复试验学习新技能的计算机,它使用一种模拟人类思维过程的神经网络。

Rosenblatt 的研究兴趣非常广泛。1959 年,他去了康奈尔大学的伊萨卡校区,担任认知系统研究计划的主任,并担任心理学系的讲师。1966 年,他加入了新组建的生物科学部的神经生物学和行为科,并担任副教授。同年,他开始着迷于通过脑部提取物的注入将训练过的学习行为转移到幼稚的老鼠身上,这是他在晚年广泛发表的一个主题。1970 年,Frank Rosenblatt 成为神经生物学和行为研究领域的代表,并于 1971 年担任了神经生物学和行为科的代理主席。1971 年 7 月,在切萨皮克湾的一次划船事故中去世。

6.4 其他常见的神经网络

6.4.1 ART 网络

人类可以在保持已有的知识基础上,继续学习新的知识。这种能力是大多数神经网络所欠缺的,这些神经网络需要对事先准备好的训练模式进行学习,当训练完毕后,神经元之间的连接强度也就确定了。当加入新的模式,神经网络需要重新进行学习,此时旧的知识又重新学习了一遍。如何使神经网络可以保持已有的知识,又可以接纳新的模式,这种稳定性-可塑性困境[5]是大多数神经网络都会遇见的难题。

为了解决这个难题,Grossberg 等人[4]于 1967 年提出自适应谐振理论(Adaptive Resonance Theory,ART)。基于 ART 理论,Carpenter 和 Grossberg 于 1987 年提出 ART 网络[5]。ART 网络采用竞争型学习(Competitive learning)机制,通过模仿人的视觉与记忆,让输入模式通过网络的双向连接进行识别与比较,最后达到谐振来实现网络的记忆与回忆。ART 网络结构如图 6-9 所示。

ART 网络由监视子系统和决策子系统构成,监视子系统用于巩固已经学习到的知识,决策子系统用于学习新的知识。两个子系统功能相互补充,通过协作完成自组织过

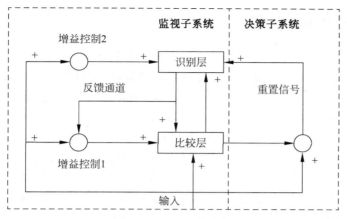

图 6-9　ART 网络结构

程。ART 结构只适用于布尔型输入数据,之后又产生了可以处理模拟输入的 ART2 网络[18]、有监督学习的 ARTMAP 网络[19]、模糊 ART 网络[20],以及模糊 ARTMAP 网络[21]等。

6.4.2　Hopfield 网络

Hopfield 网络由美国生物物理学家 Hopfield 于 1982年提出[6],是一种反馈神经网络。Hopfield 网络由一组相互连接的神经元组成,每个神经元地位平等,既是输入单元,又是输出单元。其典型结构如图 6-10 所示[22]。

接下来对离散型 Hopfield 网络进行介绍(连续型 Hopfield 网络可见文献[11])。假设系统有 n 个神经元,第 i 个神经元与第 j 个神经元之间的连接权值为 w_{ij},θ_i 是第 i 个神经元的阈值,第 k 时刻神经元 i 的状态为 $x_i(k)$,且 $x_i(k) \in \{-1, 1\}$。对于各个神经元,用以下方程描述状态:

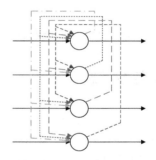

图 6-10　四个神经元的 Hopfield 网络

$$x_i(k+1) = \text{sign}(\sum_{j=1}^{n} w_{ij} x_j - \theta_i) \tag{6.20}$$

Hopfield 网络有异步更新和同步更新两种方式。对于异步更新,每一时刻按照式(6.20)对一个神经元的状态进行更新,其余神经元状态不变。同步更新在每一时刻更新全部神经元的状态,此时状态更新公式为

$$X(k+1) = \text{sign}(WX(k) - \theta) \tag{6.21}$$

其中,$W = (w_{ij})_{n \times n}$,$X(k) = [x_1(k), x_2(k), \cdots, x_n(k)]^{\mathrm{T}}$,$\theta = [\theta_1, \theta_2, \cdots, \theta_n]^{\mathrm{T}}$。定义系统的势函数为

$$E(k) = -\frac{1}{2} X(k)^{\mathrm{T}} WX(k) + \theta^{\mathrm{T}} X(k) \tag{6.22}$$

系统每次迭代都会使势函数减小,当势函数不再变化时,系统收敛。

6.4.3 Boltzmann 机

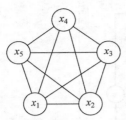

图 6-11 包含两个隐节点和三 个可观节点的 Boltzmann 机

Boltzmann 机由 Ackley 等人于 1985 年提出[8],该模型 是一种基于能量的模型,即网络的训练是为了最小化事先定 义的能量函数。Boltzmann 机由可观节点和隐节点组成,各 个节点两两互联,每个节点取布尔值,可以用概率无向图来 表示,如图 6-11 所示。

假设系统有 n 个神经元,第 i 个神经元与第 j 个神经元 之间的连接权值为 w_{ij},θ_i 是第 i 个神经元的阈值,神经元 i 的状态为随机变量 x_i,且 $x_i \in \{0,1\}$。定义所有神经元的状 态向量 x 的能量函数为

$$E(x) = -\sum_{i<j} w_{ij} x_i x_j - \sum_{i=1}^n \theta_i x_i \tag{6.23}$$

此时状态向量 x 出现的联合概率为

$$P(x) = \frac{\mathrm{e}^{-E(x)}}{\sum \mathrm{e}^{-E(t)}} \tag{6.24}$$

式中,分母为所有可能状态的能量。

参考文献

[1] McCulloch W, Pitts W. A logical calculus of ideas immanent in nervous activity[J]. Bulletin of Mathematical Biophysics,1943,5:115-133.

[2] Hebb D O. The Organization of Behavior[M]. USA,NY: Wiley,1949.

[3] Rosenblatt F. The perceptron: a probabilistic model for information storage and organization in the brain[J]. Psychological review,1958,65(6): 386-408.

[4] Grossberg S. Adaptive pattern recognition and universal recoding: II. Feedback,expectation,olfaction, and illusions[J]. Biological Cybernetics,1976,23: 187-202.

[5] Carpenter G A,Grossberg S. A massively parallel architecture for a self-organizing pattern recognition machine[J]. Computer Vision,Graphics,and Image Processing,1987,37: 54-115.

[6] Hopfield J J. Neural networks and physical systems with emergent collective computer abilities[J]. Proceedings of the National Academy of Sciences of the United States of America,1982,79(8): 2554-2558.

[7] Kirkpatrick S,Gellat J C D,Veechi M P. Optimization by simulated an nealing[J]. Science,1983,220 (4598):671-681.

[8] Ackley D,Hinton G,Sejnowski T. A learning algorithm for Boltzmann machines[J]. Cognitive Science,1985,9: 147-169.

[9] Hinton G E. Boltzmann machines,constrained satisfaction network that learn[J]. Carnegie Mellon University-Computer Science,1984: 84-119.

[10] Haykin S. 神经网络与机器学习[M]. 3 版. 申富饶,徐烨 ,郑俊,等译. 北京:机械工业出版社,2011.

[11] 边肇祺,张学工. 模式识别[M]. 2 版. 北京:清华大学出版社,2000.

[12] 周志华. 机器学习[M]. 北京:清华大学出版社,2016.

[13] 李航. 统计学习方法[M]. 北京：清华大学出版社，2012.

[14] Nielsen M. Neural network and deep learning. Available online：http://neuralnetworksanddeeplearning. com/.

[15] Moody J，Darken C J. Fast learning in networks of locally-tuned processing units. Neural Computation，1989，1(2)：281-294.

[16] Powell M D. Restart procedures for the conjugate gradient method. Mathematical Programming. 1977，12 (1)：241-254.

[17] Park J，Sandberg I W. Universal approximation using radial-basis-function networks. Neural Computation，1991，3(2)：246-257.

[18] Carpenter G A，Grossberg S. ART2：Self-organization of stable category recognition codes for analog input patterns. Applied Optics，1987，26(23)：4919-4930.

[19] Carpenter G A，Grossberg S，Reynolds J H. ARTMAP：Supervised real-time learning and classification of nonstationary data by a self-organizing neural network. Neural Networks，1991，4：565-588.

[20] Carpenter G A，Grossberg S，Rosen D B. Fuzzy ART：Fast stable learning and categorization of analog patterns by an adaptive resonance system. Neural Networks，1991，4(6)：759-771.

[21] Carpenter G A，Grossberg S，Reynolds J H，Rosen D B. Fuzzy ARTMAP：a neural networks architecture for incremental supervised learning of analog multi-dimentional maps. IEEE Transactions on Neural Networks，1992，3(5)：698-713.

[22] 邱锡鹏. 神经网络与深度学习. Available online：https://nndl. github. io/.

第 7 章

自适应动态规划

本章提要

自适应动态规划是建立在动态规划基础之上的算法,自适应动态规划利用了神经网络、自适应评判设计、强化学习和经典动态规划等理论,在求解非线性系统最优控制时成功避免了动态规划计算过程中的"维数灾"问题。

本章的内容组织如下:7.1 节对自适应动态规划问题进行描述;7.2 节说明自适应动态规划的原理,并对其历史、背景和算法给出大致的介绍;7.3 节针对各种不同的自适应动态规划,给出大致的分类;7.4 节讨论基于执行依赖的自适应动态规划,并且给出了详细的算法。

7.1 问题描述

考虑以下的离散时间非线性系统

$$x_{k+1} = F(x_k, u_k) \tag{7.1}$$

其中,$x_k \in \mathbb{R}^n$ 表示系统的状态向量,$u_k \in \mathbb{R}^m$ 表示控制。假定系统的代价函数为

$$J(x_k) = \sum_{i=k}^{\infty} U(x_k, u_k) \tag{7.2}$$

其中 $U(x_k, u_k)$ 是效用函数。代价函数 $J(x_k)$ 的初始时间是 k,初始状态是 x_k。目标是选择一个控制序列 $\{u_i\}, i = k, k+1, k+2, \cdots$,使得式(7.2)的代价函数值最小。根据第 3 章动态规划的内容,基于 Bellman 最优性原理[1-2],从 k 时刻开始的最优代价函数等于

$$J^*(x_k) = \min_{u_k}\{U(x_k, u_k) + J^*(x_{k+1})\} \tag{7.3}$$

在时间 k 的最优控制律 u_k^* 使代价函数达到最小,即

$$u^*(x_k) = \arg\min_{u_k}\{U(x_k, u_k) + J^*(x_{k+1})\} \tag{7.4}$$

方程(7.4)是离散时间系统的最优性原理。根据动态规划递推原理,需要时间倒序进行

求解,即需要根据终端时间 N,给定终端代价函数 $J^*(x_N)$,然后依次求解 $J^*(x_{N-1})$,$J^*(x_{N-2})$,$\cdots$,$J^*(x_k)$。可以看到,当终端时间 N 为有限的正整数时,那么动态规划理论上是可以求解最优控制 $u^*(x_k)$ 的。然而对于代价函数(7.2),终端时间 $N \to \infty$,在这种情况下终端代价函数 $J^*(x_N)$ 无法得到,因而传统的动态规划方法失效。另外,对于传统的动态规划,对于不同的时间 k 到终端 N 的时间长度均不同,因此最优代价函数与最优控制策略一般均是时变函数,即 $J^*(x_k,k)$ 和 $u^*(x_k,k)$。但对于 $N \to \infty$,对于任意时间 k 到终端时间均是 ∞。因此对于时不变系统(7.1)以及效用函数 $U(x_k,u_k)$,最优代价函数与时间 k 不直接相关,即对任意的 k,最优代价函数为 $J^*(x_k)$。

由于传统动态规划对于求解系统(7.1)在代价函数(7.1)下的最优控制律失效,因此本章开始我们介绍一种新型的自学习自适应动态规划方法求解系统(7.1)最优控制律。

7.2 自适应动态规划的原理

自适应动态规划(Adaptive Dynamic Programming,ADP)是解决动态规划问题的一种有效方法[3-6]。自适应动态规划包括自适应评判设计[1,7]和强化学习[8]等技术。自适应动态规划由 P. J. Werbos 首次提出[9-10],其思想是利用函数近似结构,逼近动态规划方程中的代价函数和控制以满足最优性原理从而获得最优控制和最优代价函数。Werbos 采用了两个神经网络分别近似代价函数和控制来求解自适应动态规划问题并取得了很好的效果[11]。随后 D. Bertsekas 和 J. Tsitisklis 将这种结构广泛应用到了非线性系统的最优控制中[12],因此自适应动态规划也称为神经动态规划(Neuro-dynamic Programming,NDP)[13-14]。由于神经网络不仅可以自适应调节自身的权值并自适应地逼近代价函数,同时又能对最优控制的近似效果给出评价信号,因此许多文献也称自适应动态规划为自适应评判设计[1,15-16],或者近似动态规划[5,17]。

自适应动态规划的原理是利用函数近似结构,例如用神经网络近似经典动态规划中的代价函数[18],从而获得最优代价函数和最优控制以满足最优性原理[19],自适应动态规划的基本思路可以用图 7-1 表示[11]。

整个结构主要由三部分组成:动态系统、执行模块和评判模块。每个部分均可由神经网络代替,其中动态系统可以通过神经网络进行建模,执行模块用来近似最优控制,评判模块用来近似代价函数,后两者的组合相当于一个智能体(Agent)。控制/执行作用于动态系统(或者被控对象)后,通过环境(或者被控对象)在不同阶段产生的奖励/惩罚来影响评判函数[20-22],再利用函数近似结构或者神经网络实现对执行函数和评判函数的逼近,执行函数是在评判函数的估计基础上进行,也就是必须使评判函数最小,评判函数的参数更新是基于 Bellman 最优原理进行的,这样不仅可以减少前向计算时间,而且可以在线响应未知系统的动态变化,对网络结构中的某些参数进行

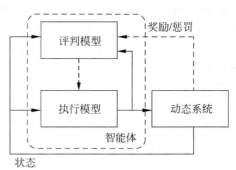

图 7-1 自适应动态规划示意图

自动调整。在本书中,控制/执行函数和评判函数均由神经网络来近似,因此在自适应动态规划中执行模块与评判模块也可以理解为执行网络和评判网络。上述过程可以看成是一种逐次逼近法[23-24],下面我们采用数字语言来描述自适应动态规划的求解过程。

算法 7.1:自适应动态规划算法基本框架

步骤 1:初始化

初始化代价函数,给定初始状态,给定计算精度 ε。

步骤 2:对于任意 x_k,$k=0,1,2,\cdots$,更新控制如下

$$u_k = \arg\min_{u_k}\{U(x_k,u_k)+J(x_{k+1})\} \tag{7.5}$$

步骤 3:更新代价函数如下

$$J(x_k) = \min_{u_k}\{U(x_k,u_k)+J(x_{k+1})\}$$
$$= U(x_k,u_k)+J(F(x_k,u_k)) \tag{7.6}$$

步骤 4:如果 $\| J(x_k)-(U(x_k,u_k)+J(x_{k+1})) \|<\varepsilon$,则停止。

从上述算法可以看出,自适应动态规划的迭代算法由两部分组成,分别对应了执行网络的更新和评判网络的更新。自适应动态规划算法并不是逆序地根据每个阶段实际的代价精确计算的,而是正序地从任意一个初始值开始不断地根据 Bellman 方程进行修正的,这是自适应动态规划的主要优点之一。

7.3 自适应动态规划的分类

为了能够求解动态规划问题,提出了不同种类的自适应动态规划结构直接或间接地近似最优代价函数以及最优控制。Werbos 给出了两种自适应动态规划的结构[11],其中一种称为启发式动态规划(Heuristic Dynamic Programming,HDP),另一种称为二次启发式规划(Dual Heuristic Programming,DHP),其中的函数近似结构均采用神经网络近似。Werbos 进一步又给出另外两种自适应动态规划形式——"执行-依赖"结构,分别称为执行依赖启发式动态规划(Action Dependent Heuristic Dynamic Programming,ADDHP)以及执行依赖二次启发式规划(Action Dependent Dual Heuristic Programming,ADDHP)。这四种结构是自适应动态规划方法的基本结构。在此基础上,Prokhorov 等提出了两种新的结构:全局二次启发式规划(Globalized DHP,GDHP)和执行依赖全局二次启发式规划(Action Dependent Globalized DHP,ADGDHP),以及后期 Padhi 等提出的单网络自适应评价(Single Network Adaptive Critic,SNAC)结构。以上三种结构与四种基本结构的对比情况请分别参考文献[1]与文献[25],这里不再赘述。自适应动态规划作为当前的热点,得到了国内外众多学者的广泛研究,如 Donald C. Wunsch II、Jagannathan Sarangapani、Warren B. Powell 等。下面我们分别介绍几种典型的自适应动态规划的结构。

7.3.1 启发式动态规划

启发式动态规划是自适应动态规划方法中最基本的一种[26-29],HDP 结构如图 7-2 所示。

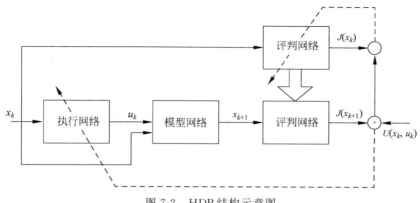

图 7-2 HDP 结构示意图

HDP 包括三个神经网络,其中"执行网络"(Action Network)计算系统状态变量到控制变量之间的映射,即控制律。"模型网络"(Model Network)对于未知的非线性系统或者复杂非线性系统进行建模,使 HDP 方法具有更广泛的使用范围。"评判网络"(Critic Network)以状态变量作为输入,输出则是代价函数。

在 HDP 中,代价函数可以写成以下表达式

$$J(x_k) = U(x_k, u_k) + J(x_{k+1}) \tag{7.7}$$

其中,u_k 为反馈控制变量,代价函数 $J(x_k)$ 和 $J(x_{k+1})$ 为评判神经网络的输出。如果评判网络的权值设为 ω,式(7.7)可以写为

$$d(x_k, \omega) = U(x_k, u_k) + J(x_{k+1}, \omega) \tag{7.8}$$

所以可以通过调节评判神经网络权值 ω,最小化均方误差函数

$$\omega^* = \underset{\omega}{\arg\min} \{ | J(x_k, \omega) - d(x_k, \omega) |^2 \} \tag{7.9}$$

获得最优代价函数。根据最优性原理,最优控制应满足一阶微分必要条件

$$
\begin{aligned}
\frac{\partial J^*(x_k)}{\partial u_k} &= \frac{\partial U(x_k, u_k)}{\partial u_k} + \frac{\partial J^*(x_{k+1})}{\partial u_k} \\
&= \frac{\partial U(x_k, u_k)}{\partial u_k} + \frac{\partial J^*(x_{k+1})}{\partial x_{k+1}} \frac{\partial x_{k+1}}{\partial u_k}
\end{aligned}
\tag{7.10}
$$

因此得到最优控制

$$u_k^* = \underset{u_k}{\arg\min} \left(\left| \frac{\partial J^*(x_k)}{\partial u_k} - \frac{\partial U(x_k, u_k)}{\partial u_k} - \frac{\partial J^*(x_{k+1})}{\partial x_{k+1}} \frac{\partial F(x_k, u_k)}{\partial u_k} \right| \right) \tag{7.11}$$

其中 $\partial J^*(x_{k+1})/\partial x_{k+1}$ 可以通过评判网络权值 ω 和输入输出关系式得出。

7.3.2 二次启发式规划

二次启发式规划结构如图 7-3 所示。DHP 同样包括三个神经网络,分别是执行网络、模型网络和评判网络。其中执行网络和模型网络的功能与 HDP 相同。但对于 DHP,评判网络将逼近代价函数 J 对状态 x 的导数而不是代价函数 J 本身[30-32]。这里 $\partial J(x_k)/\partial x_k$ 也叫作协状态(Costate)。为此我们需要知道效用函数对状态的导数 $\partial U(x_k, u_k)/\partial x_k$ 以及系统函数对状态的导数 $\partial F(x_k, u_k)/\partial x_k$,这也使得 DHP 对系统模型依赖性更强。

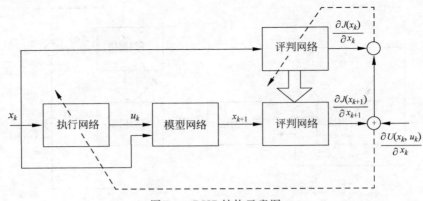

图 7-3　DHP 结构示意图

DHP 是根据代价函数和效用函数对状态的导数进行迭代的,如下式所示:

$$\frac{\partial J(x_k)}{\partial x_k} = \frac{\partial U(x_k, u_k)}{\partial x_k} + \frac{\partial J(x_{k+1})}{\partial x_k} \tag{7.12}$$

其中,u_k 是反馈控制变量,协状态 $\partial J(x_k)/\partial x_k$ 和 $\partial J(x_{k+1})/\partial x_k$ 为评判神经网络的输出。如果评判网络的权值设为 ω,我们可以将式(7.12)的右边写为

$$e(x_k, \omega) = \frac{\partial U(x_k, u_k)}{\partial x_k} + \frac{\partial J(x_{k+1}, \omega)}{\partial x_k} \tag{7.13}$$

同时左式可以写成 $\partial J(x_k, \omega)/\partial x_k$。

通过调节评判神经网络权值 ω,最小化均方误差函数

$$\omega^* = \underset{u_k}{\mathrm{argmin}} \left(\left| \frac{\partial J^*(x_k)}{\partial x_k} - e(x_k, \omega) \right|^2 \right) \tag{7.14}$$

来获得最优协状态。根据最优性原理,最优控制应满足一阶微分必要条件,即

$$\begin{aligned}\frac{\partial J^*(x_k)}{\partial u_k} &= \frac{\partial U(x_k, u_k)}{\partial u_k} + \frac{\partial J^*(x_{k+1})}{\partial u_k} \\ &= \frac{\partial U(x_k, u_k)}{\partial u_k} + \frac{\partial J^*(x_{k+1})}{\partial x_{k+1}} \frac{\partial F(x_k, u_k)}{\partial u_k}\end{aligned} \tag{7.15}$$

因此得到最优控制

$$u_k^* = \underset{u_k}{\mathrm{argmin}} \left(\left| \frac{\partial J^*(x_k)}{\partial u_k} - \frac{\partial U(x_k, u_k)}{\partial u_k} - \frac{\partial J^*(x_{k+1})}{\partial x_{k+1}} \frac{\partial F(x_k, u_k)}{\partial u_k} \right| \right) \tag{7.16}$$

其中 $\partial J^*(x_{k+1})/\partial x_{k+1}$ 即为最优协状态满足式。

通过上述推导我们可以看出在 HDP 方法中最优控制要通过评判网络权值 ω 和输入输出关系式得出,而在 DHP 方法中,最优控制可以通过协状态直接获得。因此,一般 DHP 具有更高的控制精度。然而,HDP 直接计算代价函数本身,DHP 则需要计算代价函数对于状态的导数,从而需要更高的计算量。

7.3.3　执行依赖启发式动态规划

执行依赖启发式动态规划的基本原理与 HDP 基本相同[4,33-34],其结构如图 7-4 所示。在 ADHDP 中,评判网络需满足

$$J(x_k,u_k)=U(x_k,u_k)+J(x_{k+1},u_{k+1}) \tag{7.17}$$

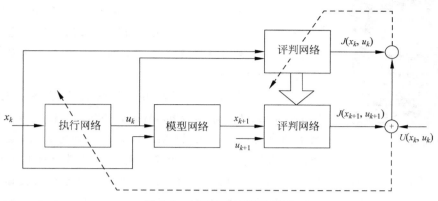

图 7-4　ADHDP 结构示意图

与 ADP 和 DHP 最大的区别在于 ADHDP 的评判网络不但以系统状态作为输入,同时也以控制变量作为输入,评判网络的输出通常称为 Q 函数[6,35],因此 ADHDP 也被称为 Q-学习。其具体算法可以参见 HDP 部分和文献[1,6]。

7.3.4　执行依赖二次启发式规划

执行依赖二次启发式规划的基本原理与 DHP 基本相同[1,36],其结构如图 7-5 所示。在现实中最大的区别在于 ADDHP 的评判网络不但以系统状态作为输入,同时也以控制变量作为输入,因此 ADDHP 比 DHP 获得了更高的控制精度,其具体运行方式可以参见 DHP和文献[1]和文献[7],本节不再叙述。

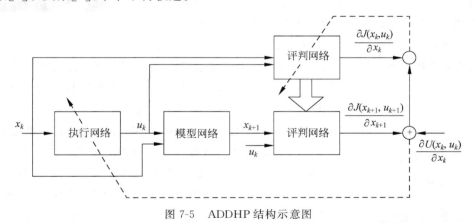

图 7-5　ADDHP 结构示意图

走近学者

保罗·J. 沃博斯(Paul J. Werbos)起初学的是数学专业,他在普林斯顿 Alonzo 教堂学习中学和高中课程期间,还修读了许多大学课程。由于受到 John von Neumann、Donald Hebb 和早期 AI(Feigenbaum 和 Feldman)作品的启发,他开始寻求理解演绎逻辑的局限性。他不仅从哈佛大学和伦敦经济学院获得了两个经济学学位,而且在使用数学经济学作

Paul J. Werbos

为分布式智能模型和发展更广泛的理解之间做到了平衡。在哈佛大学期间，他从 Julian Schwinger 那里学习量子场论（Quantum Field Theory，QFT）课程，但他还没有完全理解这个课程，一直到多年后开始在国家科学基金会开展量子技术和建模活动之后才理解。

在 1974 年 Paul J. Werbos 的哈佛大学博士论文（*The Roots of Backpropagation*，Wiley 1994）中，他提出了基于神经网络的自适应动态规划（ADP），这是一种更强大，生物学上更合理的强化学习系统。为了以局部生物学上合理的方式实现 ADP，他将弗洛伊德（Freud）的"心灵能量"（Psychic Energy）理论转化为后来被称为反向传播的算法，以及一个严格的一般定理，后来也被称为反向法。他花了很多年时间推进 ADP 和反向传播以及类似大脑预测领域，旨在开发和展示那种可以解释人类大脑中看到的一般智能和主观人类经验的设计。Paul J. Werbos 与 Karl Pribram、Walter Freeman 以及 Pellionisz 等人合作，提出生物实验来检验该理论。

丹尼尔·普罗霍罗夫（Danil Prokhorov），IEEE 高级成员，1992 年获得俄罗斯圣彼得堡的 M. S.（荣誉）学位。1997 年获得博士学位后，他加入了密歇根州迪尔伯恩的福特科学研究实验室。他在俄罗斯开始了他的研究生涯。他研究系统工程，包括数学、物理、机电一体化、计算机技术以及航空航天和机器人技术。在福特工作期间，他从事人工智能研究，专注于神经网络，并将其应用于系统建模、动力系统控制、诊断和优化。自 2005 年以来，他与美国密歇根州安娜堡的丰田技术中心一直参与各种智能技术的研究和规划，如高度自动化车辆、人工智能

Danil Prokhorov

和其他未来系统。Prokhorov 曾担任美国国家科学基金会、美国能源部、美国神经网络研究协会的专家小组成员，一些科学期刊的副主编，以及 IEEE 智能交通系统和国际神经网络协会的领导。他发表了大量论文并获得了多项专利。他最近被选为 INNS Fellow。

唐纳德·C. 温斯（Donald C. Wunsch）是密苏里大学计算机工程系杰出教授。他的研究方向是自适应评判设计、神经网络、模糊系统、非线性自适应控制、智能代理（Intelligent agents）等。全局二次启发式规划方法（GDHP）的奠定者之一。他之前担任过得克萨斯理工大学应用计算智能实验室的副教授和主任，波音公司的高级首席科学家，罗克韦尔国际公司的顾问，以及国际激光系统的技术人员。

Donald C. Wunsch

Donald C. Wunsch Ⅱ 发表了超过 275 篇论文，并吸引了超过 800 万美元的研究资金。在众多奖项中，他被选为 IEEE Fellow，以表彰其"对硬件实现、强化和无监督学习的贡献"，INNS Fellow，INNS Senior Fellow，曾获得哈里伯顿杰出教学和研究奖，以及美国国家科学基金会职业奖。

贾甘纳森·萨兰加帕尼（Jagannathan Sarangapani）目前就职于美国密苏里州罗拉市的密苏里科技大学，他是该校电子和计算机工程的罗格德-艾默生特约讲座教授和NSF工业/大学智能维护系统合作研究中心的现场主任。他与人合作撰写了超过125篇同行评议的期刊文章，其中大部分发表在IEEE Transactions上，并在IEEE会议上发表了超过235篇论文。他拥有20项美国专利。他目前的研究兴趣包括神经网络控制、自适应事件触发控制、安全网络控制系统、预测和自主系统/机器人。Sarangapani是IEEE CSS技术委员会智能控制主席。他获得过许多奖项。

Jagannathan Sarangapani

Warren B. Powell

沃伦·B.鲍威尔（Warren B. Powell）是美国普林斯顿大学运筹学和金融工程系的教授。1977年，Powell获得了普林斯顿大学的科学与工程学士学位。同年，他进入麻省理工学院，在那里他获得了土木工程的硕士学位。1981年，Powell在麻省理工学院获得土木工程博士学位。他从1981年开始执教。他创立并领导了CASTLE实验室，专门从事广泛应用的计算随机优化的基础研究工作。他发表了200多篇文章，出版过两本书。他的研究兴趣包括计算随机优化，并应用于能源、交通、健康和金融。

约翰·N.齐兹克利斯（John N. Tsitsiklis）于1958年出生在希腊的塞萨洛尼基。他在美国麻省理工学院获得数学学士学位(1980)、电子工程学士学位(1980)、硕士学位(1981)和博士学位(1984)。在1983—1984学年期间，他是斯坦福大学电子工程的代理助理教授。自1984年以来，他一直在麻省理工学院的电子工程和计算机科学系工作，目前他是电子工程系教授。

他曾担任运筹学研究中心（ORC）联席主任（2002—2005年），并担任希腊国家研究和技术委员会（2005—2007）和相关信息学部门研究委员会（2011—2013）的成员。他曾（2013—2016年）担任希腊哈瑞寇蓓大学理事会主席。他的研究兴趣主要集中在系统、优化、控制和运筹学领域。

John N. Tsitsiklis

7.4 基于执行依赖的自适应动态规划方法

7.3节介绍了自适应动态规划的四种基本结构，传统的自适应动态规划包括三个基本模块：评判模块、模型模块和执行模块。这三个模块中的每一个都可以使用神经网络实现。在本节，我们重点介绍一种无模型执行依赖启发式动态规划。其思路是通过将评判网络与模型网络相结合，形成一个新的评判网络，其中评判网络隐性包含了一个模型网络。这个设计的重要特点是所提出的执行依赖启发式动态规划方法可以应用于在线学习控制中，并介绍了在本设计中使用神经网络训练的方法。

7.4.1 问题描述

考虑以下的离散时间时变非线性系统

$$x_{k+1} = F(x_k, u_k, k) \tag{7.18}$$

其中，$x_k \in \mathbb{R}^n$ 表示系统的状态向量，$u_k \in \mathbb{R}^m$ 表示控制。假定系统的代价函数为

$$J(x_k, k) = \sum_{i=k}^{\infty} \gamma^{i-k} U(x_k, u_k, k) \tag{7.19}$$

其中，$U(x_k, u_k, k)$ 是效用函数，γ 是折扣因子，满足 $0 < \gamma \leqslant 1$。代价函数 $J(x_k, k)$ 的初始时间是 k，初始状态是 x_k。目标是选择一个控制序列 $\{u_i\}$，$i = k, k+1, k+2, \cdots$，使得式(7.19)的代价函数值最小。根据 Bellman 原理[37]，从 k 时刻开始的最优代价函数为

$$J^*(x_k, k) = \min_{u_k} (U(x_k, u_k, k) + \gamma J^*(x_{k+1}, k+1)) \tag{7.20}$$

在时间 k 的最优控制律 u_k^* 使代价函数达到最小，即

$$u_k^* = \arg\min_{u_k} (U(x_k, u_k, k) + \gamma J^*(x_{k+1}, k+1)) \tag{7.21}$$

7.4.2 基于执行依赖的自适应动态规划方法

首先，我们回顾一下启发式动态规划方法。典型设计启发式动态规划方法由三个模块组成，即评判模块、模型模块和执行模块[38-45]。在这种情况下，评判网络的输出是方程(7.19)代价函数 J 的估计。这是通过最大限度地减少以下误差来实现的

$$\| E_h \| = \sum_k E_h(k) = \sum_k (\hat{J}(k) - U(k) - \gamma\hat{J}(k+1))^2 \tag{7.22}$$

当对于所有的 k，$E_h(k) = 0$ 时，由方程(7.22)可得

$$\begin{aligned}
\hat{J}(k) &= U(k) + \gamma\hat{J}(k+1) \\
&= U(k) + \gamma(U(k+1) + \gamma\hat{J}(k+2)) \\
&= \cdots \\
&= \sum_{i=k}^{\infty} \gamma^{i-k} U(k)
\end{aligned} \tag{7.23}$$

其中式(7.23)和式(7.19)一样。因此，通过最小化式(7.22)中的误差函数，我们训练一个神经网络，使其输出成为在式(7.19)中定义的代价函数的估计。基于 HDP 结构如图 7-2 所示，这三个网络连接起来，可以简化为如图 7-6 所示。

下面，我们将介绍一种执行依赖启发式动态规划的改进版。考虑一个新评判网络，如图 7-7 所示。我们可以看到，新评判网络将图 7-6 中的模型网络作为其内部状态的一部分。新评判网络给我们带来了一些优势，包括简化整个系统的设计，以及通过现有方法很难获得模型网络情况下自适应动态规划方法应用的可行性。

下面我们将详细描述图 7-7 中的执行网络和新评判网络是如何被训练的，我们将使用图 7-8 来提出我们的新的执行依赖的自适应动态规划方法。新设计实际上是一个带有嵌入式模型网络的自

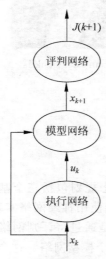

图 7-6　简化的启发式动态规划结构

适应评判网络,它是 ADHDP(见图 7-4)的简化形式。在图 7-8 中的自适应评判网络设计中,控制信号作为评判网络的输入,因此它是文献[39,40,43,46]中定义的无模型的依赖于执行的自适应评判网络设计。注意:在文献中,与执行相关的自适应评判网络设计包括无模型版和基于模型版。

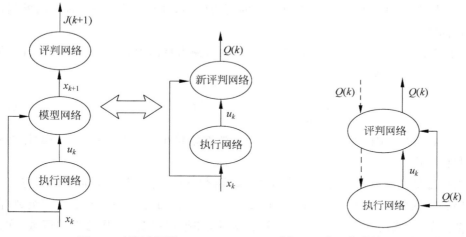

图 7-7　新评判网络　　　　　　图 7-8　典型依赖执行的自适应评判设计框架

考虑图 7-8 所示的自适应动态规划方法。在这种情况下,评判网络通过训练使下列误差最小

$$\| E_q \| = \sum_k E_q(k) = \sum_k (Q(k-1) - U(k) - \gamma Q(k))^2 \tag{7.24}$$

其中 $Q(k) = Q(x_k, u_k, k, W_C)$。当对于 $\forall k, E_q(k) = 0$ 时,式(7.24)意味着

$$Q(k) = U(k+1) + \gamma Q(k+1)$$
$$= U(k+1) + \gamma (U(k+2) + \gamma Q(k+2))$$
$$= \cdots$$
$$= \sum_{i=k+1}^{\infty} \gamma^{i-k-1} U(k) \tag{7.25}$$

显然,对比式(7.19)和式(7.25),我们知道 $Q(k) = J(x_{k+1}, k+1)$。因此,对于 $i = k+1$,当误差函数(7.24)最小时,我们训练了一个神经网络,使它的输出成为式(7.19)中定义的代价函数的估计。

评判网络的训练样本从 $k = 0$ 时刻状态 x_0 开始的状态轨迹上获得。从 x_0 开始,我们将 u_0 应用于方程(7.18),得到 x_1,然后将 x_1 和 u_1 应用于方程(7.18)求得 x_2。随机初始化执行网络的权值,控制信号 $u_k, k = 0, 1, 2, \cdots$ 由初始执行网络产生。轨迹可以由固定的时间步数产生(例如,在文献[38]中连续 300 个点),也可以从 $k = 0$ 直到最后状态(例如,在自动着陆问题中的飞机坠毁或降落问题[2])。

图 7-8 中评判网络的输入-输出关系为

$$Q(k) = Q(x_k, u_k, k, W_C^{(p)}) \tag{7.26}$$

其中 $W_C^{(p)}$ 代表在第 p 次权值更新的评判网络权值。根据式(7.24)有两种训练评判网络的方法,下面对此进行详细的介绍。

(1) 反向时间：在时刻 k 训练评判网络，$(Q(k-1)-U(k))/\gamma$ 为其输出目标，评判网络的训练是为了实现下面给出的映射

$$C: \begin{Bmatrix} x_k \\ u_k \end{Bmatrix} \rightarrow \left\{ \frac{1}{\gamma}(Q(k-1)-U(k)) \right\} \tag{7.27}$$

此时，我们将式(7.24)中的 $Q(k)$ 作为要训练的网络输出，并利用在 $k-1$ 时刻的评判网络输出计算目标输出值。

(2) 正向时间：我们训练 $k-1$ 时刻的评判网络，输出目标为 $U(k)+\gamma Q(k)$，评判网络的训练是为了实现下面给出的映射

$$C: \begin{Bmatrix} x_{k-1} \\ u_{k-1} \end{Bmatrix} \rightarrow \{U(k)+\gamma Q(k)\} \tag{7.28}$$

此时，我们将式(7.24)中的 $Q(k-1)$ 作为要训练的网络输出，并利用在 k 时刻的评判网络输出计算目标输出值。

本节所描述的两种方法都是基于式(7.24)的两种不同观点，但反向时间的观点在数值实现上可能存在问题。例如，当 $0<\gamma<1$ 时，式(7.27)中的目标值将趋向于递增级数(除非对于大多数时间 k，我们选取 $U(k)=0$)。研究表明，如果选择 $U(k)$ 作为误差函数(在达到控制目标之前为非零)，由于式(7.27)中目标值的递增(无界)，采用反向实时方法训练评判网络将在数值上不稳定。

下面，我们将考虑前向时间方法。在评判网络训练完成后，执行网络的训练以最小化 $Q(k)$ 为目标。对于训练执行网络，以 x_0 开始，执行网络获得 $u_0=u(x_0,W_A^{(p)})$。然后，我们使用式(7.18)来获得 x_1，然后用执行网络获得 $u_1=u(x_1,W_A^{(p)})$，状态 x_2 在系统的下一时刻(或者从式(7.18)仿真中)获得。这一过程一直持续到收集到所有必要的训练数据为止。执行网络训练的目标是最小化评判网络的输出 $Q(k)$，在这种情况下，我们可以选择执行网络训练的目标为零或负值，即训练执行网络使评判网络的输出尽可能小。在图 7-8 中用于执行网络训练的所需映射为

$$A: \{x_k\} \rightarrow \{0_k\} \tag{7.29}$$

其中，0_k 表示目标为零值或负值。注意，在执行网络的训练期间，它将连接到评判网络。式(7.29)中的目标是评判网络的输出。执行网络的训练循环完成后，可以检查系统的性能，然后停止或继续训练，如果性能还没有达到目标，再回到评判网络的训练循环。

从传统的基于模型的自适应评价设计出发，我们认为通过结合模型网络和评价网络，可以获得无模型执行依赖自适应评判设计的等效形式。本节设计方法的一个重要特点是所提出的设计可以应用于在线学习控制中。

参考文献

[1] Prokhorov D, Wunsch D. Adaptive critic designs[J]. IEEE Transactions on Neural Networks, 1997, 8(5): 997-1007.

[2] Dreyfus S E. The art and theory of dynamic programming[J]. Journal of the Operational Research

Society,1979 ,30(4)：395-395.

[3] Dunin-Barkowaki W，Wunsch D. Phase-based storage of information in the cerebellum. Neurocomputting,1999,26-27：677-685.

[4] Liu D，Zhang H. A Neural Dynamic Programming Approach for Learning Control of Failure Avoidance Problems. International Journal of Intelligence Control and Systems,2005,10(1)：21-32.

[5] Werbos P. Using ADP to understand and replicate brain intelligence：the next level design. In Proceedings of the IEEE Symposium on Approximate Dynamic Programming and Reinforcement Learning,Honululu,USA,2007：209-216.

[6] Watkins C. Learning From Delayed Reward. Cambridge,England：Cambridge University,1989.

[7] Landelius T. Reinforcement Learning and Distributed Local Model Synthesis. Sweden：Linkoping University,1997.

[8] Scherrer B. Asynchronous neurocomputing for optimal control and reinforcement learning with large state spaces. Neurocomputing,2005,63 (3)：229-251.

[9] Werbos P. Advanced forecasting methods for global crisis warning and models of intelligence. General Systems Yearbook,1977,22,25-38.

[10] Werbos P. A Menu of Designs For Reinforcement Learning Over Time. Neural Networks for Control,W. T. Miller,R. S. Sutton and P. J. Werbos,Ed. England,Cambridge：MIT Press,1991.

[11] Werbos P. Approximate Dynamic Programming for Real-Time Control and Neural Modeling. Handbook of Intelligent Control：Neural,Fuzzy,and Adaptive Approaches,D. A. White and D. A. Sofge,Ed. ,New York：Van Nostrand Reinhold,1992.

[12] Bertsekas D，Tsitsiklis J N. Neuro-Dynamic Programming. USA，Massachusetts：Athena Scientific,1996.

[13] Tang H，Yuan J，Lu Y，Cheng W. Performace potemtial-based neuro-dynamic programming for SMDPs. Acta AUtomatica Sinica,2005,31 (4)：645-645.

[14] Enns R，Si J. Helicopter trimming and tracking control using direct neural dynamic programming. IEEE Transactions on Neural Networks,2003,14 (4)：929-939.

[15] Zhang H,Luo Y,Liu D. A new fuzzy identification method based on adaptive critic designs. Lecture notes in Computer Science,2006,3971：804-809.

[16] Shervais S，Shannon T，Lendaris G. Intelligent supply chain management using adaptive critic learning. IEEE Transactions on Systems,Man,and Cybernetics-Part A：Systems and Humans,2003, 33 (2)：235-244.

[17] Nascimento J，Powell W. An optimal approximate dynamic programming algorithm for concave, scalar storage problems with vector-valus controls. IEEE Transactions on Automatic Control,2013, 58 (12)：2998-3010.

[18] 王旭,王宏,王文辉. 人工神经元网络原理与应用[M]. 沈阳：东北大学出版社,2000.

[19] Lendaris G. Higher level application of ADP：a next phase for the control field. IEEE Transactions on Systems,Man,and Cybernetics-Part B：Cybernetics,2008,38 (4)：901-912.

[20] Liu D. Approximate dynamic programming for self-learning control. Acta Automatica Sinica,2005,31 (1)：13-18.

[21] Widrow B,Gupta N,Maitra S. Punish/reward：learning with a critic in adaptive threshold systems. IEEE Transactions on Systems,Man,and Cybernetics,1973,SMC-3(5)：455-465.

[22] Liu D,Javaherian H,Kovalenko O，Huang T. Adaptive critic learning techniques for engine torque and air-fuel ratio control. IEEE Transactions on Systems,Man and Cybernetics-Part B：Cybernetics, 2008,38(4)：988-993.

[23] Powell W. Approximate Dynamic Programming Solving the Curses of Dimensionality. USA,

Princeton,New Jersey: Princeton University Press,2007.

[24] Wei Q,Liu D,Zhang H. Adaptive dynamic programming for a class of nonlinearcontrol systems with general separable performance index. Lecture Notes in Computer Science,2008,5263: 128-138.

[25] Padhi R,Unnikrishnan N,Wang X,et al. A single network adaptive critic (SNAC) architecture for optimal control synthesis for a class of nonlinear systems. Neural Networks, 2006, 19 (10): 1648-1660.

[26] Beard R. Improving the Closed-Loop Performance of Nonlinear Systems. USA, New York: Rensselaer Polytechnic Institute,1995.

[27] Werbos P. Consistency of HDP applied to a simple reinforcement learning problems. Neural Networks,1990,3 (2): 179-189.

[28] Hou Z,Wu C. A dynamic programming neural network for large-scale optimization problems. Acta automatica Sinica,2005,25 (1): 46-51.

[29] Zhang H,Wei Q,Luo Y. A novel infinite-time optimal tracking control scheme for a class of discrete-time nonlinear system based on greedy HDP iteration algorithm. IEEE Transactions on Systems, Man,and Cybernetics-part B: Cybernetics,2008,38 (4): 937-942.

[30] Lendaris G,Paintz C. Training strategies for critic and action neural networks in dual heuristic programming method. In Proceedings of International Joint Conference on Neural Networks,1997, 712-719.

[31] Vebatagamoorthy G,Wunsch D. Adaptive critic based neurocontroller for turbogenerators with global dual heuristic programming. Power Engineering Society Winter Meeting,2000,291-294.

[32] Venayagamoorthy G,Harley R,Wunsch D. Comparison of heuristic dynamic programming and dual heuristic programming adaptive critics for neurocontrol of a turbogenerator. IEEE Transactions on Neural Networks,2002,13(3): 764-773.

[33] Liu D,Xiong X,Zhang Y. Action-dependent adaptive critic designs. In Proceedings of the INNS-IEEE International Joint Conference on Neural Networks,Washington DC,USA,2001,990-995.

[34] Si J,Wang Y. On-line learning control by association and reinforcement. IEEE Transactions on Neural Networks,2001,12(3): 264-275.

[35] Melo F S. Convergence of Q-learning: A simple proof. Institute of Systems and Robotics,Tech. Rep, 2001: 1-4.

[36] Zhang H,Wei Q,Liu D. On-Line learning control for discrete nonlinear systems via an improved ADDHP method. Lecture Notes in Computer Science,2007,4491: 387-396.

[37] Bellman R. Dynamic Programming. Princeton,NJ: Princeton University Press,1957.

[38] Balakrishnan S N,Biega V. Adaptive-critic-based neural networks for aircraft optimal control. Journal of Guidance,Control,and Dynamics,1996,19(4): 893-898.

[39] Prokhorov D V,Santiago R A,Wunsch II D C. Adaptive critic designs: A case study for neurocontrol. Neural Networks,1995,8(9): 1367-1372.

[40] Liu D,Wang D,Zhao D,Wei Q,Jin N. Neural-network-based optimal control for a class of unknown discrete-time nonlinear systems using globalized dual heuristic programming. IEEE Transactions on Automation Science and Engineering,2012,9(3): 628-634.

[41] Werbos P. Neurocontrol and supervised learning: An overview and valuation. Handbook of intelligent control,1992.

[42] Werbos P. Approximate dynamic programming for realtime control and neural modelling. Handbook of intelligent control: neural,fuzzy and adaptive approaches,1992: 493-525.

[43] Werbos P J. Building and understanding adaptive systems: A statistical/numerical approach to factory automation and brain research. IEEE Transactions on Systems,Man,and Cybernetics,1987,

17(1)：7-20.

[44] Werbos P J. Consistency of HDP applied to a simple reinforcement learning problem. Neural networks,1990,3(2)：179-189.

[45] Werbos P J. A menu of designs for reinforcement learning over time. Neural networks for control, 1990：67-95.

[46] Saeks R E,Cox C J,Mathia K. Asymptotic dynamic programming：Preliminary concepts and results. In Proceedings of IEEE International Conference on Neural Networks,1997,4：2273-2278.

第 **8** 章

策略迭代学习方法

本章提要

"迭代"是自适应动态规划自学习优化的重要手段和方法。策略迭代与值迭代作为自适应动态规划求解最优控制的两种基本方法,近年来吸引了广大的研究人员。本章首先介绍迭代的基本思想,然后主要讲解策略迭代自适应动态规划方法的求解思路,突出策略迭代自适应动态规划的主旨思想即通过策略评估,改进控制策略,进一步给出策略迭代自适应动态规划的分析方法,讲解迭代自适应动态规划理论基础。

本章的内容组织如下:8.1 节介绍启发式学习的原理;8.2 节对离散时间策略迭代自适应动态规划算法进行相关说明;8.3 节阐述连续时间策略迭代自适应动态规划算法及其性质。

8.1 启发式学习原理

20 世纪六七十年代,傅京孙教授首次把启发式思想融入控制理论中,推动了启发式思想在控制论中的应用[1]。启发式学习原理是通过模拟类比社会系统、物理系统、生物系统等的运行机制而发展起来的。这些方法建立在实验判断或学习的基础上,以并行分布计算、自组织、自适应、自学习为特征,在可接受的时间内求得关于问题的满意解。尽管不能保证产生这个问题最优解,但一个好的启发式学习算法可以使其解和最优解尽可能地接近,同时保证求解质量有较好的稳定性。求解优化问题的启发理论与方法[2]有进化算法(Evolutionary Algorithm,EA)、模拟退火算法(Simulating Algorithm,SA)、蚁群算法(Ant Colony Optimization,ACO)、粒子群算法(Particle Swarm Optimization,PSO)、混沌优化算法(Chaos Optimization Algorithm,COA)等。

自适应动态规划作为应用启发式学习原理的一种方法,近些年来,在求解系统最优控制领域受到广泛关注,尤其是非线性系统。如果系统是线性的且代价函数是状态和控制输入的二次型形式,那么其最优控制策略是状态反馈的形式,可以通过求解标准的黎卡提方程得到。如果系统是非线性系统或者代价函数不是状态和控制输入的二次型形式,那么就需要通过求解动态规划最优性方程(包括 Bellman 方程以及 HJB 方程等)进而获得最优控制策略。然而,最优性方程求解是一件非常困难的事情。由第3章可知,动态规划求解系统的最优控制时,若系统状态维数高,则会造成"维数灾"问题。随着这些难题的出现,自适应动态规划应运而生。

根据启发式的思想,我们将 Bellman 动态规划最优方程写成下式:

$$V(x_k) = \min_{u_k}\{U(x_k, u_k) + V(x_{k+1})\} \tag{8.1}$$

该式可以考虑成映射形式,即存在函数映射 $f(\cdot)$ 使得式(8.1)表示成

$$V = f(V) \tag{8.2}$$

那么,我们可以初始于一个迭代值函数 V_0 以及一个控制律 μ_0,然后引进迭代指标 $i = 0, 1, 2, \cdots$,将式(8.2)进行迭代,如式(8.3)所示:

$$V_{i+1} = f(V_i) \tag{8.3}$$

如果当 $i \to \infty$ 时,式(8.3)收敛,那么我们就能够获得 Bellman 动态规划最优方程的最优解。以上启发式求解过程正是迭代自适应动态规划方法的基本思想。因此,迭代自适应动态规划方法的总体框架可以表示为算法 8.1。本章主要对自适应动态规划中的策略迭代方法进行介绍。

算法 8.1:迭代自适应动态规划基本框架

初始值设定:

步骤 1:给定初始迭代值函数和初始控制律。

步骤 2:引入迭代指标 $i = 0, 1, 2, \cdots$。

步骤 3:给定最大迭代步数 $i_{\max}$,计算精度 ε。

迭代过程:

步骤 4:对于 $i = 0, 1, 2, \cdots$,设定迭代映射 $f(\cdot)$。

步骤 5:运行迭代方程

$$V_{i+1} = f(V_i)$$

步骤 6:如果 $|V_{i+1}(x_k) - V_i(x_k)| < \varepsilon$,那么转到第9步;否则转到第7步。

步骤 7:如果 $i > i_{\max}$,那么转到第9步;否则转到第8步。

步骤 8:令 $i = i + 1$,转到第5步。

步骤 9:停止。

走近学者

傅京孙(**King-Sun Fu**),1930 年出生于中国南京。1953 年,获台湾大学国际关系学学士学位。1955 年,获得多伦多大学硕士学位。1959 年获得伊利诺伊大学香槟分校博士学位。

他是印第安纳州西拉法叶普渡大学高级特聘教授。他对国际模式识别协会(IAPR)的建立发挥了重要作用,并担任第一任院长。因其对模式识别领域(计算机图像分析领域)的重要贡献

King-Sun Fu
(1930—1985)

而被广泛认可。为纪念傅京孙教授，IAPR 设立两年一度的 King-Sun Fu 奖，表彰对模式识别领域杰出的技术贡献。1988 年，第一个 King-Sun Fu 奖颁给了 Azriel Rosenfeld。

8.2　离散时间策略迭代自适应动态规划

策略迭代方法可以分别应用在连续时间系统与离散时间系统中。Murray 等人在文献[3]中提出了连续时间系统的策略迭代算法，并证明对于连续时间仿射非线性系统，迭代值函数将单调非增收敛于最优，并且每个迭代控制使用策略迭代算法来稳定非线性系统。这是策略迭代算法的一大优点，因此在解决非线性系统的最优控制问题方面取得了很多应用。2005 年，Abu-Khalaf 和 Lewis[4]针对具有控制约束的连续时间非线性系统提出了一种策略迭代算法。文献[5]应用策略迭代算法解决连续时间非线性两人零和博弈问题。Vamvoudakis 等人[6]使用策略迭代算法提出了一个连续时间线性系统的多元差分图形博弈。Bhasin 等人[7]提出了一个在线的行为评判辨识（Actor Critic Identifier）结构，通过策略迭代算法获得不确定非线性系统的最优控制律。到目前为止，几乎所有的在线迭代 ADP 算法都是策略迭代算法。

策略迭代是动态规划与强化学习中应用最广泛的求解方法[5-10]。策略迭代分为策略评估（Policy Evaluation）和策略改进（Policy Improvement）两部分，其计算过程如图 8-1 所示[11]。

$$\pi_0 \xrightarrow{\ E\ } V_{\pi_0}, Q_{\pi_0} \xrightarrow{\ I\ } \pi_1 \xrightarrow{\ E\ } V_{\pi_1}, Q_{\pi_1} \xrightarrow{\ I\ } \cdots \ \pi^{\cdot} \xrightarrow{\ E\ } V^{\cdot}, Q^{\cdot} \xrightarrow{\ I\ } \pi^{\cdot}$$

图 8-1　策略迭代过程

在图 8-1 中，π_0 为初始策略，E 表示策略评估，I 表示策略改进。下面我们以离散时间系统为例，展示策略迭代自适应动态规划的具体求解过程。

考虑确定性离散时间系统[12]：

$$x_{k+1} = F(x_k, u_k) \tag{8.4}$$

其中，$x_k \in \mathbb{R}^n$，是 n 维状态向量；$u_k = u(x_k) \in \mathbb{R}^m$，是 m 维控制向量；x_0 为初始状态；$F(x_k, u_k)$ 为系统函数。令 $\underline{u}_k = \{u_k, u_{k+1}, u_{k+2}, \cdots\}$ 是从 k 到 ∞ 的任意控制序列。在控制序列 $\underline{u}_0 = \{u_0, u_1, u_2, \cdots\}$ 下的状态 x_0 的代价函数定义为

$$J(x_0, \underline{u}_0) = \sum_{k=0}^{\infty} U(x_k, u_k) \tag{8.5}$$

其中对于任意的 $x_k, u_k \neq 0$，都有效用函数 $U(x_k, u_k) > 0$。

我们将研究式（8.4）的最优控制问题，目标是找到一个最优控制方案，稳定系统（8.4）并同时最小化代价函数（8.5）。为了便于分析，本文的结果基于以下假设。

假设 8.1　系统（8.4）是可控的；系统状态 $x_k = 0$ 是控制 $u_k = 0$ 时系统（8.4）的平衡状态，即 $F(0,0) = 0$；对于 $x_k = 0$，反馈控制 $u_k = u(x_k)$ 满足 $u_k = u(x_k) = 0$；效用函数 $U(x_k, u_k)$ 对于任何 x_k 和 u_k 都是正定函数。

由于式(8.4)是可控的,存在使 x_k 移动到零的稳定控制序列 $\underline{u}_k=\{u_k,u_{k+1},u_{k+2},\cdots\}$。令 $\mathfrak{A}_k$ 表示包含所有稳定控制序列的集合。那么,最优代价函数可以定义为:

$$J^*(x_k)=\min\{J(x_k,\underline{u}_k)\in\mathfrak{A}_k\} \tag{8.6}$$

根据 Bellman 最优性原理,$J^*(x_k)$ 满足下面的离散时间 Bellman 方程:

$$J^*(x_k)=\min_{u_k}\{U(x_k,u_k)+J^*(F(x_k,u_k))\} \tag{8.7}$$

定义最优控制律为

$$u^*(x_k)=\arg\min_{u_k}\{U(x_k,u_k)+J^*(F(x_k,u_k))\} \tag{8.8}$$

因此,HJB 方程(8.7)可以写成

$$J^*(x_k)=U(x_k,u_k^*)+J^*(F(x_k,u_k^*)) \tag{8.9}$$

可以看到,如果想要获得最优控制律 u_k^*,就必须得到最优代价函数 $J^*(x_k)$。通常,在考虑所有控制 $u_k\in\mathbb{R}^m$ 之前,$J^*(x_k)$ 是未知的。如果采用传统的动态规划方法在每个时间步获得最优的代价函数,那么就必须面对“维数灾”的问题。此外,最优控制是在无限时间范围内讨论的,这意味着控制序列的长度是无限的,使得通过 Bellman 方程(8.9)几乎不可能获得最优控制。为了克服这个困难,我们将给出策略迭代 ADP 方法。

8.2.1　策略迭代算法的推导

在本节中,采用自适应动态规划的离散时间策略迭代算法获得非线性系统的最优控制器[12]。设计策略迭代算法的目标是构建迭代控制律 $v_i(x_k)$,其将任意初始状态 x_0 移动到平衡点 0 处,并且同时使迭代值函数达到最优。本节将给出稳定性证明来表明任何迭代控制都可以稳定非线性系统,还将给出收敛性和最优性证明以表明迭代值函数将收敛到最优。

对于最优控制问题,所设计的控制方案不仅需要稳定控制系统,还要使代价函数有界,即容许控制[13]。

定义 8.1(容许控制)　考虑式(8.5),若控制律 $u(x_k)$ 在 Ω_1 上连续,$u(0)=0$,$u(x_k)$ 可以使系统(8.4)在 Ω_1 上稳定,并且对任意的 $x_0\in\Omega_1$,$J(x_0)$ 是有界的,则控制律 $u(x_k)$ 被称为在 Ω_1 上的容许控制。

在策略迭代算法中,迭代值函数和控制律通过迭代更新,其中迭代指标 i 从零增加到无穷大。定义 $v_0(x_k)$ 为一种任意的容许控制律,$V_0(x_k)$ 为迭代值函数,通过控制律 $v_0(x_k)$,使其满足下面的广义 Bellman 方程:

$$V_0(x_k)=U(x_k,v_0(x_k))+V_0(x_{k+1}) \tag{8.10}$$

其中,$x_{k+1}=F(x_k,v_0(x_{k+1}))$ 是离散时间系统,$U(x_k,v_0(x_k))$ 是效用函数。迭代控制律通过下面式子计算

$$\begin{aligned}v_1(x_k)&=\arg\min_{u_k}\{U(x_k,u_k)+V_0(x_{k+1})\}\\&=\arg\min_{u_k}\{U(x_k,u_k)+V_0(F(x_k,u_k))\}\end{aligned} \tag{8.11}$$

接下来,令 $i=1,2,\cdots$,迭代值函数 $V_i(x_k)$ 满足广义 Bellman 方程

$$V_i(x_k)=U(x_k,v_i(x_k))+V_i(F(x_k,v_i(x_k))) \tag{8.12}$$

其迭代控制律更新公式为

$$v_{i+1}(x_k) = \underset{u_k}{\arg\min}\{U(x_k, u_k) + V_i(x_{k+1})\}$$

$$= \underset{u_k}{\arg\min}\{U(x_k, u_k) + V_i(F(x_k, u_k))\}$$

(8.13)

从策略迭代算法(8.10)～(8.13)中可以看出,迭代值函数 $V_i(x_k)$ 用于逼近最优代价函数 $J^*(x_k)$,迭代控制律 $v_i(x_k)$ 用于逼近最优控制律 $v^*(x_k)$。由于式(8.6)通常不是 Bellman 方程,所以我们有迭代值函数 $V_i(x_k) \neq J^*(x_k)$,控制律 $v_i(x_k) \neq v^*(x_k)$,$i=0,1,2,\cdots$。因此,确定算法的收敛性是必要的,即当 $i \to \infty$ 时,$V_i(x_k)$ 与 $v_i(x_k)$ 是否收敛到最优值。

算法 8.2:策略迭代算法

1. 初始化。

随机选择初始容许控制律 $v_0(x_k)$。

2. 策略评估。

对于 $i=0,1,2,\cdots$,根据 Bellman 方程确定当前策略值

$$V_i(x_k) = U(x_k, v_i(x_k)) + V_i(x_{k+1})$$

(8.14)

3. 策略改进。

采用式(8.15)确定一个改进策略

$$v_{i+1}(x_k) = \underset{v(x_k)}{\arg\min}\{U(x_k, v(x_k)) + V_i(x_{k+1})\}$$

(8.15)

4. 循环,$i=i+1$,直至 $V_i(x_k)$ 与 $v_i(x_k)$ 收敛。

8.2.2 策略迭代算法的性质

一般地,对于策略迭代算法,任何迭代控制律可以稳定系统,这是策略迭代算法的优点[3]。本节将对策略迭代方法的性质进行分析,我们将证明使用离散时间非线性系统的策略迭代算法,迭代值函数非递增地收敛到最优值。

引理 8.1 对于 $i=0,1,2,\cdots$,让 $V_i(x_k)$ 和 $v_i(x_k)$ 通过策略迭代算法(8.10)～(8.13)获得,其中 $v_0(x_k)$ 是任意的容许控制律。假设 8.1 成立,则对于任意的 $i=0,1,2,\cdots$,迭代控制律 $v_i(x_k)$ 使非线性系统(8.4)稳定。

证明:对于任意 $i=0,1,2,\cdots$,迭代控制律满足式(8.12),即

$$V_i(x_k) = U(x_k, v_i(x_k)) + V_i(F(x_k, v_i(x_k)))$$

(8.16)

$$V_i(F(x_k, v_i(x_k))) - V_i(x_k) = -U(x_k, v_i(x_k)) < 0$$

(8.17)

因此系统(8.4)稳定。

定理 8.1[12] 令 $i=0,1,2,\cdots$,$V_i(x_k)$ 和 $v_i(x_k)$ 由式(8.4)～式(8.7)获得,如果假设 8.1 成立,则对任意的 $x_k \in \mathbb{R}^n$,迭代值函数 $V_i(x_k)$ 对任意的 $i \geq 0$ 均是单调非增序列,其数学表达式如下:

$$V_{i+1}(x_k) \leqslant V_i(x_k)$$

(8.18)

证明：首先,对于 $i=0,1,2,\cdots$,定义一个新的迭代值函数 $\varGamma_{i+1}(x_k)$

$$\varGamma_{i+1}(x_k)=U(x_k,v_{i+1}(x_k))+V_i(x_{k+1}) \tag{8.19}$$

其中 $v_{i+1}(x_k)$ 由式(8.13)获得。根据式(8.12)、式(8.13)和式(8.19),对于任意的 x_k,我们可以得到

$$\varGamma_{i+1}(x_k)\leqslant V_i(x_k) \tag{8.20}$$

接下来,利用数学归纳法证明式(8.18)。根据定理 8.1,我们知道对于 $i=0,1,2,\cdots$, $v_{i+1}(x_k)$ 是一个稳定的控制律,因此,当 $k\to\infty$ 时,有 $x_k\to 0$。为了不失一般性,令 $x_N=0$,其中 $N\to\infty$,则有

$$V_{i+1}(x_N)=\varGamma_{i+1}(x_N)=V_i(x_N)=0 \tag{8.21}$$

首先,令 $k=N-1$,根据式(8.13),则有

$$\begin{aligned}v_{i+1}(x_{N-1})&=\mathop{\arg\min}_{u_{N-1}}\{U(x_{N-1},u_{N-1})+V_i(x_N)\}\\&=\mathop{\arg\min}_{u_{N-1}}\{U(x_{N-1},u_{N-1})+V_{i+1}(x_N)\}\end{aligned} \tag{8.22}$$

根据式(8.12),可以得到

$$\begin{aligned}V_{i+1}(x_{N-1})&=U(x_{N-1},v_{i+1}(x_{N-1}))+V_{i+1}(x_N)\\&=\mathop{\min}_{u_{N-1}}\{U(x_{N-1},u_{N-1})+V_i(x_N)\}\\&\leqslant U(x_{N-1},v_i(x_{N-1}))+V_i(x_N)\\&=V_i(x_{N-1})\end{aligned} \tag{8.23}$$

因此,结论对 $k=N-1$ 是成立的。再假设结论对 $k=l+1,l=0,1,2,\cdots$ 成立,当 $k=l$ 时则有

$$\begin{aligned}V_{i+1}(x_l)&=U(x_l,v_{i+1}(x_l))+V_{i+1}(x_{l+1})\leqslant U(x_l,v_{i+1}(x_l))+V_i(x_{l+1})\\&=\varGamma_{i+1}(x_l)\end{aligned} \tag{8.24}$$

根据式(8.20),对任意的 x_l,可以得到

$$\varGamma_{i+1}(x_l)\leqslant V_i(x_l) \tag{8.25}$$

从式(8.24)和式(8.25)可得到,对于 $i=0,1,2,\cdots$,不等式 $V_{i+1}(x_k)\leqslant V_i(x_k)$ 成立。

推论 8.1　对于 $i=0,1,2,\cdots$, $V_i(x_k)$ 和 $v_i(x_k)$ 通过策略迭代算法(8.10)～(8.13)得到,其中 $v_0(x_k)$ 是任意容许控制律。假设 8.1 成立,对于任意的 $i=0,1,2,\cdots$,则迭代控制律 $v_i(x_k)$ 是容许的。

根据定理 8.1,对于迭代序列 $i=0,1,2,\cdots$,迭代值函数 $V_i(x_k)$ 不仅满足 $V_i(x_k)\geqslant 0$,而且单调非增且有下界。因此,可以得出以下定理。

定理 8.2　对于 $i=0,1,2,\cdots$,令 $V_i(x_k)$ 和 $v_i(x_k)$ 通过策略迭代算法(8.10)～(8.13)得到。假设 8.1 成立,对于任意的 $i=0,1,2,\cdots$,则有迭代值函数 $V_i(x_k)$ 收敛到最优的代价函数 $J^*(x_k)$,即当 $i\to\infty$ 时,

$$\lim_{i\to\infty}V_i(x_k)=J^*(x_k) \tag{8.26}$$

并且满足 HJB 方程(8.7)。

证明：该定理可通过以下三个步骤来证明[12]。

(1) 证明当 $i \to \infty$ 时，迭代值函数 $V_i(x_k)$ 的极限满足 HJB 方程。

根据定理 8.1，由于 $V_i(x_k)$ 是非增有下界序列，所以当 $i \to \infty$ 时，迭代值函数 $V_i(x_k)$ 的极限存在。将 $V_\infty(x_k)$ 定义为迭代值函数 $V_i(x_k)$ 的极限

$$V_\infty(x_k) = \lim_{i \to \infty} V_i(x_k) \tag{8.27}$$

根据 $\Gamma_{i+1}(x_k)$ 在式(8.19)中的定义，则有

$$\begin{aligned} \Gamma_{i+1}(x_k) &= U(x_k, v_{i+1}(x_k)) + V_i(x_{k+1}) \\ &= \min_{u_k}\{U(x_k, u_k) + V_i(x_{k+1})\} \end{aligned} \tag{8.28}$$

根据式(8.24)，对于任意 $i = 0, 1, 2, \cdots$，可以得到

$$V_i(x_k) \leqslant \Gamma_{i+1}(x_k) \tag{8.29}$$

当 $i \to \infty$ 时，可以得到

$$\begin{aligned} V_\infty(x_k) = \lim_{i \to \infty} V_i(x_k) &\leqslant V_{i+1}(x_k) \\ &\leqslant \Gamma_{i+1}(x_k) \leqslant \min_{u_k}\{U(x_k, u_k) + V_i(x_{k+1})\} \end{aligned} \tag{8.30}$$

因此，我们可以得到

$$V_\infty(x_k) \leqslant \min_{u_k}\{U(x_k, u_k) + V_\infty(x_{k+1})\} \tag{8.31}$$

设 ε 是任意的正数。由于在 $i \geqslant 1$ 时，$V_i(x_k)$ 非增，并且当 $i \to \infty$ 时，$V_i(x_k) = V_\infty(x_k)$，因此存在正整数 p，使下式成立

$$V_p(x_k) - \varepsilon \leqslant V_\infty(x_k) \leqslant V_p(x_k) \tag{8.32}$$

进而可得到

$$\begin{aligned} V_\infty(x_k) &\geqslant U(x_k, v_p(x_k)) + V_p(F(x_k, v_p(x_k))) - \varepsilon \\ &\geqslant U(x_k, v_p(x_k)) + V_\infty(F(x_k, v_p(x_k))) - \varepsilon \\ &\geqslant \min_{u_k}\{U(x_k, u_k) + V_\infty(x_{k+1})\} - \varepsilon \end{aligned} \tag{8.33}$$

由于 ε 是任意的，则有

$$V_\infty(x_k) \geqslant \min_{u_k}\{U(x_k, u_k) + V_\infty(x_{k+1})\} \tag{8.34}$$

结合式(8.32)和式(8.34)，可以得到

$$V_\infty(x_k) = \min_{u_k}\{U(x_k, u_k) + V_\infty(x_{k+1})\} \tag{8.35}$$

接下来，设 $\mu(x_k)$ 是一个任意的容许控制律，定义新的迭代值函数 $P(x_k)$ 为

$$P(x_k) = U(x_k, \mu(x_k)) + P(x_{k+1}) \tag{8.36}$$

然后，我们可以给出证明的第二步。

(2) 证明对于任意容许控制律 $\mu(x_k)$，迭代值函数 $V_\infty(x_k) \leqslant P(x_k)$。

上述可通过数学归纳法证明。由于 $\mu(x_k)$ 是一个容许控制律，则有 $k \to \infty$ 时 $x_k \to 0$。不失一般性，令 $x_N = 0$，其中 $N \to \infty$。根据式(8.35)，则有

$$\begin{aligned} P(x_k) = \lim_{N \to \infty}\{&U(x_k, \mu(x_k)) + U(x_{k+1}, \mu(x_{k+1})) + \cdots + \\ &U(x_{N-1}, \mu(x_{N-1})) + P(x_N)\} \end{aligned} \tag{8.37}$$

其中 $x_N = 0$。根据式(8.35)，迭代值函数 $V_\infty(x_k)$ 可表示为

$$V_\infty(x_k) = \lim_{N\to\infty}\{U(x_k, v_\infty(x_k)) + U(x_{k+1}, v_\infty(x_{k+1})) + \cdots +$$

$$U(x_{N-1}, v_\infty(x_{N-1})) + V_\infty(x_N)\}$$

$$= \lim_{N\to\infty}\{\min_{u_k}\{U(x_k, u_k) + \min_{u_{k+1}}\{U(x_{k+1}, u_{k+1}) + \cdots +$$

$$\min_{u_{N-1}}\{U(x_{N-1}, u_{N-1}) + V_\infty(x_N)\}\}\}\} \tag{8.38}$$

根据推论 8.1,对于任意的 $i=0,1,2,\cdots$,由于 $v_i(x_k)$ 是一个容许控制律,则有 $v_\infty(x_k) = \lim_{i\to\infty} v_i(x_k)$ 是一个容许控制律。那么,可以得到 $x_N = 0$,其中 $N\to\infty$,这意味着 $V_\infty(x_N) = P(x_N) = 0$。对于 $N-1$,根据式(8.35),我们可得到

$$P(x_{N-1}) = U(x_{N-1}, \mu(x_{N-1})) + P(x_N)$$

$$\geq \min_{u_{N-1}}\{U(x_{N-1}, u(x_{N-1})) + P(x_N)\}$$

$$= \min_{u_{N-1}}\{U(x_{N-1}, u(x_{N-1})) + V_\infty(x_N)\}$$

$$= V_\infty(x_{N-1}) \tag{8.39}$$

假设对于 $k=l+1, l=0,1,2,\cdots$ 上述结论成立,那么对于 $k=l$,则有

$$P(x_l) = U(x_l, \mu(x_l)) + P(x_{l+1})$$

$$\geq \min_{u_l}\{U(x_l, u_l) + P(x_{l+1})\}$$

$$= \min_{u_l}\{U(x_l, u_l) + V_\infty(x_{l+1})\}$$

$$= V_\infty(x_l) \tag{8.40}$$

因此,对于任意的 $x_k, k=0,1,2,\cdots$,不等式

$$V_\infty(x_k) \leq P(x_k) \tag{8.41}$$

成立。数学归纳完成。

(3) 证明迭代值函数 $V_\infty(x_k)$ 等于最优代价函数 $J^*(x_k)$。

根据式(8.7)中 $J^*(x_k)$ 的定义,对于任意的 $i=0,1,2,\cdots$,我们有

$$V_i(x_k) \geq J^*(x_k) \tag{8.42}$$

令 $i\to\infty$,可得到

$$V_\infty(x_k) \geq J^*(x_k) \tag{8.43}$$

另一方面,对于一个任意的容许控制律 $\mu(x_k)$,我们有式(8.41)成立。令 $\mu(x_k) = \mu^*(x_k)$,其中 $\mu^*(x_k)$ 是最优控制律。我们可以得到

$$V_\infty(x_k) \leq J^*(x_k) \tag{8.44}$$

根据式(8.43)和式(8.44),我们可以得到式(8.27)。定理得证。

推论 8.2　假设任意的状态向量 $x_k \in \mathbb{R}^n$,若定理 8.2 成立,则当 $i\to\infty$ 时,迭代控制律 $v_i(x_k)$ 收敛于最优值,即 $u^*(x_k) = \lim_{i\to\infty} v_i(x_k)$。

根据以上分析,若非线性系统的容许控制律是已知的,则策略迭代算法可以获得具有良好收敛性和稳定性的最优控制律。从这个角度来看,初始容许控制律是策略迭代算法成功

的关键。在 8.2.3 节中,将给出一种有效的方法来获得初始容许控制律。

8.2.3　初始容许控制律的获得

由于策略迭代算法需要以容许控制律开始,所以获得容许控制律对于算法的实施至关重要。然而,目前没有关于如何设计初始容许控制律的方法。在本节中,将给出一个有效的方法,通过神经网络来获得初始容许控制律。

首先,取任意半正定函数 $\Psi(x_k) \geqslant 0$,对任意 $i = 0, 1, 2, \cdots$,定义如下迭代值函数

$$\Phi_{i+1}(x_k) = U(x_k, \mu(x_k)) + \Phi_i(x_{k+1}) \tag{8.45}$$

其中 $\Phi_0(x_k) = \Psi(x_k)$,给出如下定理。

定理 8.3　假设 8.1 成立,令 $\Psi(x_k) \geqslant 0$ 为任意半正定函数,$\mu(x_k)$ 为式(8.4)的控制律,并且满足 $\mu(0) = 0$。定义迭代值函数 $\Phi_i(x_k)$ 如式(8.45)所示,满足 $\Phi_0(x_k) = \Psi(x_k)$。则当且仅当 $i \to \infty$,$\Phi_i(x_k)$ 存在,且 $\mu(x_k)$ 是一个容许控制律。

证明:首先,证明充分性。假设 $\mu(x_k)$ 是容许控制律,根据式(8.45),可得

$$\begin{aligned}
&\Phi_{i+1}(x_k) - \Phi_i(x_k) \\
&= U(x_k, \mu(x_k)) + \Phi_i(x_{k+1}) - (U(x_k, \mu(x_k)) + \Phi_{i-1}(x_{k+1})) \\
&= \Phi_i(x_{k+1}) - \Phi_{i-1}(x_{k+1})
\end{aligned} \tag{8.46}$$

根据式(8.46),同理可得

$$\begin{cases}
\Phi_{i+1}(x_k) - \Phi_i(x_k) = \Phi_1(x_{k+i}) - \Phi_0(x_{k+i}) \\
\Phi_i(x_k) - \Phi_{i-1}(x_k) = \Phi_1(x_{k+i-1}) - \Phi_0(x_{k+i-1}) \\
\vdots \\
\Phi_1(x_k) - \Phi_0(x_k) = \Phi_1(x_k) - \Phi_0(x_k)
\end{cases} \tag{8.47}$$

可以得到

$$\Phi_{i+1}(x_k) = \sum_{j=0}^{i} U(x_{k+j}, \mu(x_{k+j})) + \Psi(x_k) \tag{8.48}$$

令 $i \to \infty$,可得到

$$\lim_{i \to \infty} \Phi_i(x_k) = \sum_{j=0}^{\infty} U(x_{k+j}, \mu(x_{k+j})) + \Psi(x_k) \tag{8.49}$$

若 $\mu(x_k)$ 是可容许控制,则 $\sum_{j=0}^{\infty} U(x_{k+j}, \mu(x_{k+j}))$ 有界。对任意有界 x_k,$\Psi(x_k)$ 也是有界的。进而对任意的 $i = 0, 1, 2, \cdots$,$\Phi_{i+1}(x_k)$ 也是有界的。因此,若 $\Phi_i(x_k)$ 的极限存在,当 $i \to \infty$ 时,有 $\Phi_{i+1}(x_k) = \Phi_i(x_k)$。

其次,当 $i \to \infty$ 时,若 $\Phi_i(x_k)$ 的极限存在,根据式(8.47)~式(8.49),可知当 $\Psi(x_k)$ 有界时,$\sum_{j=0}^{\infty} U(x_{k+j}, \mu(x_{k+j}))$ 是有界的。对任意 x_k, u_k,效用函数 $U(x_k, u_k)$ 是正定的,所以当 $j \to \infty$ 时,$U(x_{k+j}, \mu(x_{k+j})) \to 0$。若 $x_k = 0$,则 $\mu(x_k) = 0$,即式(8.4)是稳定的,$\mu(x_k)$ 是可容许控制律。定理 8.3 证毕。

下面给出获得初始容许控制律与离散时间策略迭代学习算法的具体步骤。

算法 8.3：初始容许控制律

1. 初始化：

选择一个半正定函数 $\Psi(x_k) \geqslant 0$。

初始两个神经网络(为简单起见,直接用评价网),命名为 cnet1 和 cnet2,并随机初始权值矩阵。

令 $\Phi_0(x_k) = \Psi(x_k)$。

定义最大迭代次数 $i_{\max}$。

2. 迭代过程

① 建立一个神经网络(为简单起见,直接用执行网),并随机初始权值矩阵,得到一个初始控制律 $\mu(x_k)$,满足当 $x_k = 0$ 时, $\mu(x_k) = 0$。

② 令 $i = 0$,用训练评价网 cnet1 来近似 $\Phi_1(x_k)$,其中 $\Phi_1(x_k)$ 满足

$$\Phi_1(x_k) = U(x_k, \mu(x_k)) + \Phi_0(x_{k+1}) \tag{8.50}$$

③ 把评价网 cnet1 的参数传递给评价网 cnet2。

④ 令 $i = i+1$,使用评价网 cnet2 获得 $\Phi_i(x_{k+1})$,并训练评价网 cnet1 来近似 $\Phi_{i+1}(x_k)$,其中 $\Phi_{i+1}(x_k)$ 满足

$$\Phi_{i+1}(x_k) = U(x_k, \mu(x_k)) + \Phi_i(x_{k+1}) \tag{8.51}$$

⑤ 使用评价网 cnet1 获得 $\Phi_{i+1}(x_k)$,评价网 cnet2 获得 $\Phi_i(x_k)$。若 $|\Phi_{i+1}(x_k) - \Phi_i(x_k)| < \varepsilon$,则进行步骤⑦,否则进行下一步。

⑥ 若 $i > i_{\max}$,则进行步骤①,否则进行步骤③。

⑦ 返回 $\mu(x_k)$ 并令 $v_0(x_k) = \mu(x_k)$。

算法 8.4：离散时间策略迭代算法

1. 初始化

选择初始状态 x_0 的随机数组。

选择一个计算精度 ε。

给出一个初始容许控制律 $v_0(x_k)$。

定义最大计算迭代次数 $i_{\max}$。

2. 迭代过程

令初始迭代序列 $i = 0$

① 根据 $v_0(x_k)$ 构造迭代值函数 $V_0(x_k)$

$$V_0(x_k) = U(x_k, v_0(x_k)) + V_0(x_{k+1}) \tag{8.52}$$

② 更新迭代控制律

$$v_1(x_k) = \arg\min_{u_k}\{U(x_k, u_k) + V_0(x_{k+1})\} \tag{8.53}$$

③ 令 $i = i+1$,构造迭代值函数 $V_i(x_k)$,满足下面的 GHJB 方程

$$V_i(x_k) = U(x_k, v_i(x_k)) + V_i(F(x_k, v_i(x_k))) \tag{8.54}$$

④ 更新迭代控制律 $v_{i+1}(x_k)$

$$v_{i+1}(x_k) = \underset{u_k}{\arg\min}\{U(x_k, u_k) + V_i(x_{k+1})\} \tag{8.55}$$

⑤ 若 $V_{i-1}(x_k) - V_i(x_k) < \varepsilon$，进行步骤⑦，否则进行步骤⑥。

⑥ 若 $i < i_{\max}$，则进行步骤③，否则进行步骤⑧。

⑦ 返回 $v_i(x_k)$ 和 $V_i(x_k)$，可得最优控制律。

⑧ 返回，最优控制律在迭代次数 $i_{\max}$ 内没有得到。

8.2.4 仿真实验

例 8.1 考虑如下线性系统

$$x_{k+1} = \begin{bmatrix} 0 & 0.1 \\ 0.3 & -1 \end{bmatrix} x_k + \begin{bmatrix} 0 \\ 0.5 \end{bmatrix} u_k \tag{8.56}$$

定义代价函数为

$$J(x_k) = \sum_{k=0}^{\infty} x_k^{\mathrm{T}} Q x_k + u_k^{\mathrm{T}} R u_k \tag{8.57}$$

其中，$Q = 2R = I, I \in \mathbb{R}^{2 \times 2}$，是单位矩阵。

用神经网络实现所提出的策略迭代算法。评价网和执行网选三层 BP 神经网络，分别具有 2-8-1 和 2-8-1 的结构。对于每个迭代步骤，评价网和执行网使用 $a = 0.01$ 的学习速率进行 2000 步的训练，使得神经网络训练误差小于 10^{-8}。初始控制律由神经网络建立，权重和阈值分别为

$$Y_{a,\text{initial}} = \begin{bmatrix} -4.1525 & -1.1980 \\ 0.3693 & -0.8828 \\ 1.80712 & 0.8088 \\ 0.4104 & -0.9845 \\ 0.7319 & -1.7384 \\ 1.2885 & -2.5911 \\ -0.3403 & 0.8154 \\ -0.5647 & 1.3694 \end{bmatrix} \tag{8.58}$$

和

$$W_{a,\text{initial}} = \begin{bmatrix} -0.0010 & -0.2566 & 0.0001 & -0.1409 & -0.0092 & 0.0001 & 0.3738 & 0.0998 \end{bmatrix} \tag{8.59}$$

以及

$$b_{a,\text{initial}} = \begin{bmatrix} 3.5272 & -0.9609 & -1.8038 & -0.0970 & 0.8526 & 1.1966 & -1.0948 & 2.5641 \end{bmatrix}^{\mathrm{T}} \tag{8.60}$$

策略迭代算法执行 6 次迭代，迭代值函数的收敛曲线如图 8-2 所示。在每次迭代过程中，迭代控制律被更新。对给定的系统应用迭代控制法则（$T_f = 20$ 时间步长），我们可以得

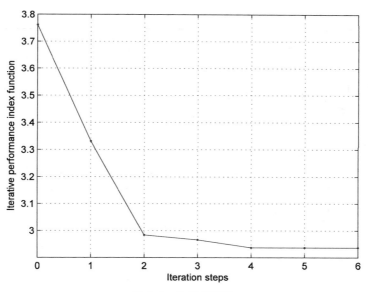

图 8-2   迭代值函数

到迭代状态和迭代控制,分别如图 8-3 和图 8-4 所示。经过 6 次迭代后,迭代值函数充分收敛。执行网的收敛权重为

$$
\boldsymbol{Y}_{\mathrm{a,optimal}} = \begin{bmatrix}
2.3157 & 2.4062 \\
-0.7982 & -3.1353 \\
0.0860 & 0.0860 \\
0.7885 & -5.0188 \\
2.6534 & -3.4247 \\
-0.2391 & 0.3019 \\
0.5615 & -2.5060 \\
2.3512 & -4.2363
\end{bmatrix}
\tag{8.61}
$$

和

$$
\boldsymbol{W}_{\mathrm{a,optimal}} = \begin{bmatrix} 0.0043 & -0.0052 & 0.0905 & 0.0027 & 0.0015 & 0.3288 & -0.0064 & -0.0026 \end{bmatrix}
\tag{8.62}
$$

以及

$$
\boldsymbol{b}_{\mathrm{a,optimal}} = \begin{bmatrix} -3.8982 & 2.61168 & 0.2142 & 0.9954 & 1.1576 & -0.0108 & 1.5927 & 5.1142 \end{bmatrix}^{\mathrm{T}}
\tag{8.63}
$$

我们将最优控制律应用于系统 20 个时间步,最优状态和控制轨迹如图 8-5 所示。

另外,线性系统最优控制问题的解是状态的二次型,形式为 $J^*(x_k) = x_k^{\mathrm{T}} P x_k$,其中 P 是代数黎卡提方的解。线性系统(8.56)的代数黎卡提方程的解是 $P = [1.091 \quad -0.309; -0.309 \quad 2.055]$。获得的最优控制律为 $u_k^* = [-0.304 \quad 1.029] x_k$。图 8-6 对应最优状态和控制轨迹。我们可以看到,其与策略迭代算法的结果相同,表明策略迭代算法对线性系统的有效性。

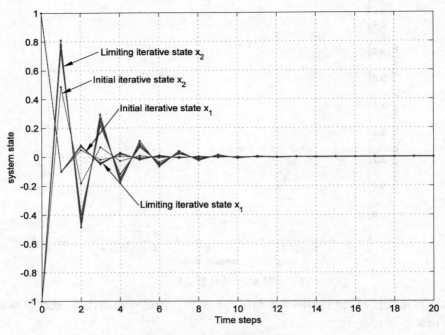

图 8-3　系统的迭代状态轨迹

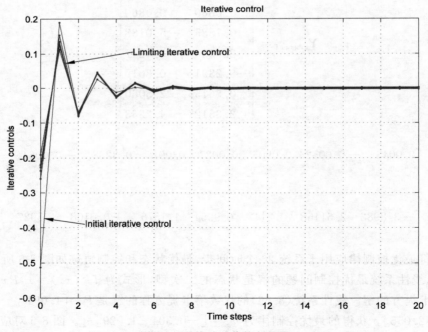

图 8-4　系统的迭代控制轨迹

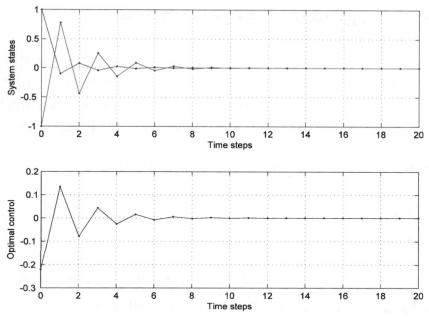

图 8-5 用 ADP 策略迭代算法的最优状态与控制的轨迹

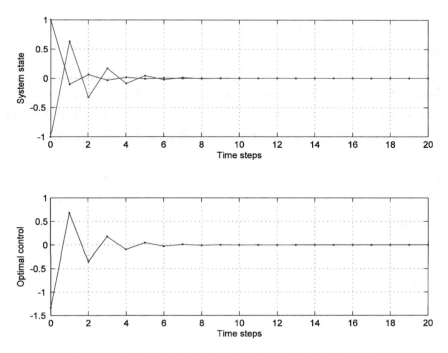

图 8-6 黎卡提方程与迭代策略下的最优状态与控制的轨迹

8.3 连续时间策略迭代自适应动态规划

在自适应动态规划算法和定理的表述中,我们对与系统相关的状态和状态轨迹使用以下表示法,变量 x 表示通用状态,而 x_0 表示初始状态,t 表示通用时间,t_0 表示初始时间。我们使用符号 $x(x_0, \cdot)$ 作为系统产生的状态轨迹,符号 $u(x_0, \cdot)$ 用于相应的控制。最后,在时间 t 由状态轨迹达到的状态用 $x = x(x_0, t)$ 表示,而在时间 t 相应控制的值由 $u = u(x_0, t)$ 表示。

在本节中,我们考虑一个稳定的时不变输入仿射系统[14-15]

$$\dot{x} = F(x, u) = a(x) + b(x)u, \quad x(t_0) = x_0 \tag{8.64}$$

其二次型代价函数为

$$
\begin{aligned}
J(x_0, t_0) &= \int_{t_0}^{\infty} U(x(x_0, \lambda), u(x_0, \lambda)) \mathrm{d}\lambda \\
&= \int_{t_0}^{\infty} [q(x(x_0, \lambda)) + u^{\mathrm{T}}(x_0, \lambda) r(x(x_0, \lambda)) u(x_0, \lambda)] \mathrm{d}\lambda
\end{aligned} \tag{8.65}
$$

这里的 $a(x)$、$b(x)$、$q(x)$ 和 $r(x)$ 是满足以下条件的状态矩阵值函数:

(1) $a(0) = 0$,在 $(x, u) = (0, 0)$ 处为平衡点;

(2) $\mathrm{d}a(0)/\mathrm{d}x$ 具有负实部特征值,即不可控系统在零处线性化是指数稳定的;

(3) $q(x) > 0, x \neq 0, q(0) = 0$;

(4) $q(x)$ 在 $x = 0$ 处有一个正定的 Hessian 矩阵,即 $\mathrm{d}^2 q(0)/\mathrm{d}x^2 > 0$。任何非零状态都会受到惩罚,而与其接近 0 的方向无关;

(5) 对所有的 $x, r(x) > 0$。

自适应动态规划算法的目标是自适应地构造一个最优控制率 $u_0(x_0, \cdot)$,它在 t_0 时刻取一个任意的初始状态 x_0,同时最小化代价函数 $J(x_0, t_0)$。由于系统和代价函数是时不变的,所以最优的代价函数和最优控制律与初始时间 t_0 无关,我们可以在不失一般性的情况下取 0,即 $V_0(x_0, t_0) = V_0(x_0)$ 和 $k_0(x, t_0) \equiv k_0(x)$。尽管最优代价函数是用初始状态来定义的,但它是状态的一个通用函数 $V_0(x)$,在本节中会使用这种形式。最后,我们采用符号 $F_0(x) \equiv a(x) + b(x)k_0(x)$ 表示最优闭环反馈系统。使用这个符号,在时不变例子中[16],HJB 方程具有以下形式

$$\frac{\mathrm{d}V_0(x)}{\mathrm{d}x} F_0(x) = -U(x, k_0(x)) = -q(x) - \boldsymbol{k}_0^{\mathrm{T}}(x) r(x) k_0(x) \tag{8.66}$$

HJB 方程(8.66)对 $u_0 = k_0(x)$ 求微分,可得

$$\frac{\mathrm{d}V_0(x)}{\mathrm{d}x} \boldsymbol{b}(x) = -2\boldsymbol{k}_0^{\mathrm{T}}(x) r(x) \tag{8.67}$$

或

$$u = k_0(x) = -\frac{1}{2} r^{-1}(x) \boldsymbol{b}^{\mathrm{T}}(x) \left[\frac{\mathrm{d}V_0(x)}{\mathrm{d}x}\right]^{\mathrm{T}} \tag{8.68}$$

可以看出式(8.67)或式(8.68)是最优控制律与最优代价函数函数之间的函数关系。需

要注意的是,二次型代价函数需要以式(8.68)中 $V_0(x)$ 的形式获得 k_0 的显式形式,在一般情况下可以推导出类似的隐式关系[17]。

8.3.1 连续时间策略迭代算法

鉴于上述准备工作,我们现在可以按照以下方式制定所需的算法[3]。

算法 8.5:连续时间策略迭代自适应动态规划算法

步骤 1:用稳定代价函数/控制律对 (V_0,k_0) 初始化,其中 $V_0(x)$ 是实域上的正定函数,且在 $x=0$ 处有一个正定的 Hessian 矩阵,即 $\mathrm{d}^2 V_0(0)/\mathrm{d}x^2>0$。$k_0(x)$ 是实域上的控制律,即 $u=k_0(x)=-\dfrac{1}{2}r^{-1}(x)\boldsymbol{b}^{\mathrm{T}}(x)[\mathrm{d}V_0(x)/\mathrm{d}x]^{\mathrm{T}}$。

步骤 2:对 $i=0,1,2,\cdots$,在 $t_0=0$ 时以控制律 k_i 运行系统,记录合成状态轨迹 $x_i(x_0,\cdot)$ 和控制输入 $u_i(x_0,\cdot)=k_i(x_i(x_0,\cdot))$。

步骤 3:对 $i=0,1,2,\cdots$,令

$$V_{i+1}(x_0)\equiv\int_0^\infty U(x_i(x_0,\lambda),u_i(x_0,\lambda))\mathrm{d}\lambda \tag{8.69}$$

$$u=k_{i+1}(x)=-\frac{1}{2}r^{-1}(x)\boldsymbol{b}^{\mathrm{T}}(x)\left[\frac{\mathrm{d}V_{i+1}(x)}{\mathrm{d}x}\right]^{\mathrm{T}} \tag{8.70}$$

如上所述,我们已经根据初始状态定义了 V_{i+1}。

步骤 4:返回步骤 2,直到算法收敛。

由于状态矩阵 $a(x)$ 没有出现在上述算法中,所以可以应用在具有未知状态矩阵 $a(x)$ 的系统。此外,可以绕过步骤 3 中已知 $b(x)$ 的要求。因此,连续时间自适应动态规划算法可以应用于动力学完全未知的系统。

在下文中,我们采用由系统和控制律 k_i 定义的闭环系统 F_i,表示为

$$\begin{aligned}\dot{x}=F_i(x)&\equiv a(x)+b(x)k_i(x)\\&=a(x)-\frac{1}{2}b(x)r^{-1}(x)\boldsymbol{b}^{\mathrm{T}}(x)\left[\frac{\mathrm{d}V_i(x)}{\mathrm{d}x}\right]^{\mathrm{T}}\end{aligned} \tag{8.71}$$

其中 $x(t_0)=x_0$。为了初始化稳定系统的自适应动态规划算法,可以采用 $V_0(x)=\varepsilon\boldsymbol{x}^{\mathrm{T}}x$ 以及 $k_0(x)=-\varepsilon r^{-1}(x)\boldsymbol{b}^{\mathrm{T}}(x)x$ 使得对于足够小的 ε 系统稳定。同样,对于一个稳定的系统,可以用任何期望的稳定控制律 $\mathrm{d}^2V_0(0)/\mathrm{d}x^2>0$ 来"预稳定"系统,然后用上述迭代值函数/控制律对初始化自适应动态规划算法。此外,由于通过状态空间中任意点的状态轨迹是唯一的,并且系统和控制器是时不变的,所以可以将给定状态轨迹上的每个点视为新的初始状态来做评估 $V_{i+1}(x_0)$,通过分析性地移动时间尺度而不重新运行系统。

8.3.2 连续时间策略迭代自适应动态规划的性能分析

连续时间策略迭代自适应动态规划的特征由定理 8.4 进行分析。

定理 8.4（连续时间策略迭代自适应动态规划定理）[3]　令迭代值函数/控制律为一对序列 (V_i, k_i)，其中 $i=0,1,2,\cdots$，这对序列由自适应动态规划算法(8.69)～(8.70)定义并满足条件：

(1) $V_{i+1}(x)$ 和 $k_{i+1}(x)$ 存在，且 $V_{i+1}(x)$ 和 $k_{i+1}(x)$ 是实数域里的函数，并且对任意 $i=0,1,2,\cdots$，有 $V_{i+1}(x)>0, x\neq 0, V_{i+1}(0)=0, \mathrm{d}^2 V_{i+1}(0)/\mathrm{d}x^2>0$。

(2) 控制律 k_{i+1} 使系统稳定（具有迭代值函数 $V_{i+1}(x)$），对所有的 $i=0,1,2,\cdots$，$\mathrm{d}V_{i+1}(0)/\mathrm{d}x$ 具有负实部的特征值。

(3) 迭代值函数/控制律对 (V_{i+1}, k_{i+1}) 收敛到最优值 (V_0, k_0)。

注意，在步骤(2)中，迭代值函数 $V_{i+1}(x)$ 与 $\mathrm{d}F_{i+1}(0)/\mathrm{d}x$ 的特征值存在的条件意味着闭环系统 $F_{i+1}(x)$ 是指数稳定的[18]，而不是渐近稳定的。下面我们简要介绍连续时间策略迭代自适应动态规划定理的证明，其证明包括 4 个步骤：

(1) 证明 $V_{i+1}(x)$ 和 $k_{i+1}(x)$ 存在并且是实数域上的函数，有 $V_{i+1}(x)>0, x\neq 0$；$V_{i+1}(0)=0, i=0,1,2,\cdots$。

第一步证明由控制律 k_i 及其导数对初始条件定义的状态轨迹是可积的。由于 k_i 是稳定控制律，因此状态轨迹 $x_i(x_0,\cdot)$ 渐近趋向于零。虽然这意味着它们是有界的，但它不充分说明是可积的[18]。结合具有负实值的特征值的条件，渐近稳定性意味着指数稳定性，它足以保证可积性。直观地说，渐近稳定性保证状态轨迹最终会收敛到零邻域，其中由 F_i 定义的闭环系统可以由 $\mathrm{d}F_i(0)/\mathrm{d}x$ 定义的线性系统近似，且 $\mathrm{d}F_i(0)/\mathrm{d}x$ 具有负实值特征值是指数稳定的[18]。

类似地，我们可以证明，相对于初始条件，状态轨迹的导数也满足微分方程而呈指数稳定，微分方程可以由 $\mathrm{d}F_i(0)/\mathrm{d}x$ 限定的系统在极限时近似。此外，由于状态轨迹及其相对于初始条件的导数是指数稳定的，从 $U(x_i(x_0,\cdot), u_i(x_0,\cdot))$ 的定义出发，关于初始条件的导数也指数收敛到零。因此，$U(x_i(x_0,\cdot), u_i(x_0,\cdot))$ 和它的导数就初始条件而言是可积的，又因为 F_i 是实数域上的函数，因此

$$V_{i+1}(x_0) \equiv \int_0^\infty U(x_i(x_0,\lambda), u_i(x_0,\lambda))\mathrm{d}\lambda \tag{8.72}$$

$$k_{i+1}(x) = -\frac{1}{2}r^{-1}(x)b^{\mathrm{T}}(x)\left[\frac{\mathrm{d}V_{i+1}(x)}{\mathrm{d}x}\right]^{\mathrm{T}} \tag{8.73}$$

存在并且是实数域上的函数。

(2) 证明迭代 HJB 方程

$$\frac{\mathrm{d}V_{i+1}(0)}{\mathrm{d}x}F_i(x) = -U(x, k_i(x))$$

成立，并且 $\mathrm{d}^2 V_{i+1}(0)/\mathrm{d}x^2>0$，其中 $i=0,1,2,\cdots$。

迭代 HJB 方程可以替代自适应动态规划算法中的方程(8.72)，其通过 $\mathrm{d}V_{i+1}(x_i(x_0, t))/\mathrm{d}t$ 经由链式规则计算以获得迭代 HJB 等式的左侧，并且通过直接区分等式(8.72)以获得等式的右侧。那么，如果我们同时取方程两边的二阶导数，在 $x=0$ 时对其进行评价，并将包含 $\mathrm{d}V_{i+1}(0)/\mathrm{d}x$ 或者 $F_i(0)$ 两者都为零的项删除，得到如下 Lyapunov 方程

$$
\left[\frac{\mathrm{d}F_i(0)}{\mathrm{d}x}\right]^{\mathrm{T}}\frac{\mathrm{d}^2V_{i+1}(0)}{\mathrm{d}x^2}+\frac{\mathrm{d}^2V_{i+1}(0)}{\mathrm{d}x^2}\left[\frac{\mathrm{d}F_i(0)}{\mathrm{d}x}\right]
$$
$$
=-\left[\frac{\mathrm{d}^2q(0)}{\mathrm{d}x^2}+\frac{1}{2}\left[\frac{\mathrm{d}^2V_{i+1}(0)}{\mathrm{d}x^2}\right](b(x)r^{-1}(x)\boldsymbol{b}^{\mathrm{T}}(x))\left[\frac{\mathrm{d}^2V_{i+1}(0)}{\mathrm{d}x^2}\right]^{\mathrm{T}}\right]
$$

(8.74)

现在,由于 $\mathrm{d}F_i(0)/\mathrm{d}x$ 具有负实部的特征值,而等式(8.74)的右边是负定对称矩阵,Lyapunov 方程(8.74)的唯一对称解是正定的,因此 $\mathrm{d}^2V_{i+1}(0)/\mathrm{d}x^2>0$。

(3) 证明 $V_{i+1}(x)$ 是闭环系统的一个 Lyapunov 函数,F_{i+1} 和 $\mathrm{d}F_{i+1}(0)/\mathrm{d}x$ 特征值有负实部,其中 $i=0,1,2,\cdots$。

这是在链式规则和迭代 HJB 方程的帮助下直接计算 $\mathrm{d}V_{i+1}(x_{i+1}(x_0,t))/\mathrm{d}t$,即 $V_{i+1}(x)$ 沿闭环系统的轨迹 F_{i+1} 的导数来实现的,这意味着 k_{i+1} 是系统的稳定控制律。为了表明 $\mathrm{d}F_{i+1}(0)/\mathrm{d}x$ 具有负实部的特征值,我们使用与(2)中参数类似的参数,将导出的 $[\mathrm{d}V_{i+1}(x)/\mathrm{d}x]F_{i+1}(x)=\mathrm{d}V_{i+1}(x_0(x_0,t))/\mathrm{d}t$ 表达式代到二阶导数中。

(4) 证明迭代值函数/控制律对 (V_{i+1},k_{i+1}) 的序列是收敛的。

对于 $i=0,1,2,\cdots$,我们可以证明 $\mathrm{d}[V_{i+1}(x_i(x_0,t))-V_i(x_i(x_0,t))]/\mathrm{d}t>0$。由于 F_i 是渐近稳定的,它的状态轨迹 $x_i(x_0,t)$ 收敛到零。由于 $\mathrm{d}[V_{i+1}(x_i(x_0,t))-V_i(x_i(x_0,t))]/\mathrm{d}t>0$ 沿着这些轨迹,这意味着在 F_i 轨迹上 $V_{i+1}(x_i(x_0,t))-V_i(x_i(x_0,t))<0$。由于状态空间中的每个点都位于 F_i 的某个轨迹上,因此这意味着对于所有 x,$V_{i+1}(x)-V_i(x)<0$ 或等价于 $V_{i+1}(x)<V_i(x)$。因此,V_{i+1} 是正的递减序列并且是收敛的。

注:连续时间非线性系统策略迭代自适应动态规划的证明可以参考文献[3],具体的示例分析也可参见文献[3],本书此处不再列举。

走近学者

亚历山大·李亚普诺夫（**Aleksandr Lyapunov**）是俄罗斯数学家、机械师和物理学家。他以动力系统稳定性理论的发展及他对数学、物理和概率论的许多贡献而闻名。

Lyapunov 研究的一个主题是旋转流体质量的稳定性,并有可能的天文应用。这个问题被切比雪夫提出作为李雅普诺夫硕士论文的一个主题,他在 1884 年提交了标题为“椭圆形旋转流体的稳定性”的论文,这引出了他的 1892 年博士论文中运动稳定性的一般问题。该论文在 1892 年 9 月 12 日在莫斯科大学辩论,尼古拉·茹科夫斯基和 V. B. Mlodzeevski 为对手。与硕士论文一样,这篇论文也被翻译成法语。

Aleksandr Lyapunov
(1857—1918)

乔治·G. 伦达利斯（**George G. Lendaris**）获得加州大学伯克利分校本科、硕士和博士学位。

随后他加入了通用防务研究实验室,在那里他在控制系统、神经网络和模式识别方面做了大量工作。1969 年,他进入学术界,首先加入俄勒冈研究所,在那里他担任该学院的主席。两年后,搬到俄勒冈州波特兰的波特兰州立大学（Portland State University,PSU）,在那里他成为系统科学的创始人和开发人员之一。他在那里工作了 30 多

George G. Lendaris

年,并将他的学术和研究活动扩展到一般的系统理论和实践中,又扩展到了计算智能。他在 PSU 担任了一些职务,包括 SySc Ph. D. Program 主任和参议院院长。他目前担任 Director Systems Science 博士项目和西北大学计算智能实验室的主任。他从 20 世纪 60 年代初积极参与神经网络的研究,近年来,他的研究集中在自适应评判以及应用动态规划方法进行控制系统设计。

Lendaris 开发了光学衍射图案抽样方法的模式识别,于 1977 年被 SPIE 宣布为"衍射图样抽样之父",并于 1982 年被提升为 IEEE 的 Fellow,以表彰这项开创性的工作。他曾任 SMC 协会的副主席,一直活跃于神经网络专业领域,担任 1993 IJCNN 总主席、国际神经网络协会主席等多项职务。

参考文献

[1] Fu K. Learning control systems and intelligent control systems：An intersection of artificial intelligence and automatic control. IEEE Transactions on Automatic Control,1971,16(1)：70-72.

[2] 杨朝旭. 启发式算法与飞行控制系统优化设计[M].北京：航空工业出版社,2014.

[3] Murray J J,Cox C J,Lendaris G G,et al. Adaptive dynamic programming. IEEE Transactions on Systems,Man,and Cybernetics-Part C：Applications and Reviews,2002,32(2)：140-153.

[4] Abu-Khalaf M,Lewis F L. Nearly optimal control laws for nonlinear systems with saturating actuators using a neural network HJB approach. Automatica,2005,41(5)：779-791.

[5] Zhang H,Wei Q,Liu D. An iterative adaptive dynamic programming method for solving a class of nonlinear zero-sum differential games. Automatica,2011,47(1)：207-214.

[6] Vamvoudakis K G,Lewis F L,Hudas G R. Multi-agent differential graphical games：Online adaptive learning solution for synchronization with optimality. Automatica,2012,48(8)：1598-1611.

[7] Bhasin S,Kamalapurkar R,Johnson M. A novel actor-critic-identifier architecture for approximate optimal control of uncertain nonlinear systems. Automatica,2013,49(1)：82-92.

[8] Zhang H,Cui L,Zhang X,et al. Data-driven robust approximate optimal tracking control for unknown general nonlinear systems using adaptive dynamic programming method. IEEE Transactions on Neural Networks,2011,22(12)：2226-2236.

[9] Lewis F L,Vrabie D. Reinforcement learning and adaptive dynamic programming for feedback control. IEEE Circuits and Systems Magazine,2009,9(3)：32-50.

[10] Lewis F L,Vrabie D,Vamvoudakis K G. Reinforcement learning and feedback control：Using natural decision methods to design optimal adaptive controllers. IEEE Control Systems, 2012, 32 (6)： 76-105.

[11] 王雪松,朱美强,程玉虎. 强化学习原理及其应用[M].北京：科学出版社,2014.

[12] Liu D,Wei Q. Policy iteration adaptive dynamic programming algorithm for discrete-time nonlinear systems. IEEE Transactions on Neural Networks and Learning Systems,2014,25(3)：621-634.

[13] Al-Tamimi A,Lewis F L,Abu-Khalaf M. Discrete-time nonlinear HJB solution using approximate dynamic programming：Convergence proof. IEEE Transactions on Systems, Man, and Cybernetics-Part B：Cybernetics,2008,38(4)：943-949.

[14] Wang F Y,Zhang H,Liu D. Adaptive dynamic programming：An introduction. IEEE computational intelligence magazine,2009,4(2)：39-47.

[15] Wei Q,Song R,Su Q,Xiao W. Off-policy IRL optimal tracking control for continuous-time chaotic

systems. Chinese Physics B,2015,24(9): 090504(1) -090504(6).

[16] Fairman F W. Introduction to dynamic systems: Theory,models and applications. Proceedings of the IEEE,2005,69(9):1173-1173.

[17] Cox C,Saeks R. Adaptive critic control and functional link neural networks. in Proceedings of IEEE International Conference on Systems,Man,and Cybernetics. 1998: 1652-1657.

[18] Halanay A,Răsvan V. Applications of Liapunov Methods in Stability. Netherlands: Kluwer,1993.

第 9 章

值迭代学习方法

本章提要

值迭代学习方法与第 8 章的策略迭代自适应动态规划方法同为自适应动态规划求解非线性系统最优控制策略的两种主流方法。不同的是,值迭代方法不依赖于初始的容许控制策略,而是依赖初始迭代值函数,其迭代优化的过程也与策略迭代自适应动态规划方法有本质不同。本章重点介绍值迭代自适应动态规划方法的求解思路,进一步给出值迭代自适应动态规划的分析方法。

本章的内容组织如下:9.1 节对离散系统的值迭代学习原理进行相关介绍;9.2 节针对离散时间系统,分别对传统值迭代与广义值迭代自适应动态规划进行描述与分析;9.3 节讨论线性二次型调节器问题与线性连续时间系统的值迭代初始条件,并将第 8 章的策略迭代方法与本章的值迭代方法进行比较。

9.1 值迭代学习原理

1978 年,Martin L. Puterman 等在文献[1]中提出了一种称为"改进策略迭代"的算法,其中包括针对特殊案例的策略迭代和值迭代。1995 年,Bertsekas 等[2]给出了描述值迭代如何在有限时间内找到最优策略的分析。1998 年,Richard S. Sutton 等在文献[3]中对策略迭代与值迭代学习的异同进行了总结性的讨论。近二十年来,国内外学者(如张化光、何海波等)对值迭代进行了广泛探究,值迭代方法的基本迭代过程已经形成了固定框架。

由第 8 章可知,策略迭代学习方法是从一个使代价函数有限的初始容许控制律开始的,直至迭代收敛才能得到最优控制律。而本章的值迭代学习方法亦是近似地求解 Bellman 方程,但不依赖初始的容许控制策略。下面对离散时间系统的值迭代步骤进行简述。

首先,对任意状态 x_k 选择初始的迭代值函数 $V_0(x_k)$,其中迭代指标 $i=0,1,2,\cdots$。接着计算迭代近似最优控制律,对任意状态有

$$u_i(x_k) = \underset{u_k \in U}{\mathrm{argmin}}\{U(x_k, u_k) + V_i(x_{k+1})\} \qquad (9.1)$$

其中 $u_k = u(x_k)$。

其次,更新迭代近似值函数

$$V_{i+1}(x_k) = U(x_k, u_i(x_k)) + V_i(x_{k+1}) \tag{9.2}$$

最后,在式(9.1)与式(9.2)之间进行迭代循环,直至相邻两次迭代的迭代值函数函数满足误差要求。其详细迭代过程如下所示。

算法 9.1:值迭代算法

1. 初始化。

选择初始迭代值函数 $V_0(x_k)$。

2. 更新迭代控制律。

对于 $i = 0, 1, 2, \cdots$,根据 Bellman 方程确定当前策略值

$$u_i(x_k) = \underset{u_k \in U}{\arg\min}\{U(x_k, u_k) + V_i(x_{k+1})\} \tag{9.3}$$

3. 更新迭代值函数。

$$V_{i+1}(x_k) = U(x_k, u_i(x_k)) + V_i(x_{k+1}) \tag{9.4}$$

4. 循环,$i = i+1$,直至迭代值函数 $V_i(x_k)$ 收敛。

Asma Al-Tamimi 等在文献[4]中证明了在上述迭代过程中,迭代值函数单调递增且有界,进而得到了收敛的迭代过程。在此基础上,文献[5]给出了上述迭代方法在选择非零初始值情况下的广义值迭代自适应动态规划方法并证明了收敛性与稳定性。

走近学者

马丁·L. 普特曼(Martin L. Puterman),弗雷德里克 W. 兰彻斯特奖获得者,运筹学与管理科学研究所(The Institute for Operations Research and the Management Sciences,INFORMS)研究员。Puterman 在普渡大学攻读计算机科学学位之前获得了康奈尔大学的数学学位。1967 年,他转到斯坦福大学运筹学系,并在 Arthur F. Veinott 指导下完成了关于扩散过程最优控制的论文。Puterman 曾在航空航天公司和斯坦福研究所工作。他还自愿担任当地一所高中的数学老师。他的第一个教职职位是马萨诸塞州大学,随后在马萨诸塞州公共利益研究小组短暂任职。1974 年,Puterman 加入温哥华的不列颠哥伦比亚大学 Sauder 商学院。自 2000 年以来,他一直担任学校运营和后勤部门的咨询委员会业务教授。

Martin L. Puterman

Puterman 的著作 *Markov Decision Processes* 获得了 1995 年弗雷德里克 W. 兰彻斯特奖。作为运筹学研究的最佳出版物,它被引用为"一本涵盖离散状态空间的马尔可夫决策过程的理论和应用的百科全书",并因其"对这位潜水员文献的巧妙整合(Skillful Integration of This Diver Literature)"而著称。Puterman 在治疗癌症患者方面也取得了重大进展,他的论文"何时根据 PSA 动力学治疗前列腺癌患者"获得了 2009 年度 INFORMS 健康应用协会 Pierskalla 奖。

Puterman 在 The Case and Teaching Material Competition 中两次获奖。他自 2006 年以来一直是运筹学和管理科学研究所的院士,他也是加拿大运筹学界的积极成员。2005 年,他获得了加拿大运筹学研究会优异奖(Canadian Operational Research Society's Award of Merit,CORS)。评奖委员会认可他对加拿大 OR 的教学、实践和推广,以及他为 CORS 服务的贡献。

德梅萃·潘泰利·博赛卡斯(Dimitri Panteli Bertsekas)出生于希腊雅典。Bertsekas 在雅典国立技术大学工作了五年,并在研究生阶段转到美国学习电气工程。1969 年,他毕业于乔治华盛顿大学,获得硕士学位。两年后,Bertsekas 获得了麻省理工学院的系统科学博士学位。在加入麻省理工学院电气工程与计算机科学系之前,曾先后在斯坦福大学和伊利诺伊大学工作了八年。

Dimitri Panteli Bertsekas

Bertsekas 是一位资深作家,发表了 16 本教科书和专著,涉及优化、控制以及应用概率领域。他于 1976 年出版了他的第一本书 *Dynamic programming and stochastic control*。1995 年,Bertsekas 创办了 Athena Scientific 出版公司,出版了他的大部分书籍。Bertsekas 于 2015 年发布的"凸面优化算法(Convex Optimization Algorithms)"旨在为求解凸面优化问题提供最新且易于使用的算法。

在他的职业生涯中,Bertsekas 获得了许多奖项和荣誉。他于 2001 年当选为国家工程院院士,并获得运筹学与管理科学研究所(The Institute for Operations Research and the Management Sciences,INFORMS)计算社会奖。他关于动态规划和随机控制的出版物得到了高度的赞誉。2014 年,Bertsekas 获得了美国自动控制委员会 INFORMS 优化学会的卡基延奖(Khachiyan Prize)和理查德 E. 贝尔曼控制纪念奖(Richard E. Bellman Control Heritage Award)。

何海波

何海波,美国罗德岛大学(University of Rhode Island)的讲席教授(Robert Haas Endowed Chair Professor)和正教授,现任罗德岛大学电气、计算机与生物医学工程系主任,智能计算与自适应系统实验室主任。1999 年本科毕业于华中科技大学电气学院,2002 年获得华中科技大学电气工程(电力系统及其自动化)硕士,师从程时杰院士,之后到美国俄亥俄大学攻读博士学位。他主要从事智能计算以及在智能电网的应用、控制与优化、机器学习、网络安全和大规模复杂系统等方向的研究,是国际著名智能学习系统专家,出版专著两本,发表论文 200 多篇,目前担任国际权威期刊 *IEEE Trans. on Neural Networks and Learning Systems*(神经网络和学习系统)主编,研究成果被美国 IEEE 网站、华尔街日报,以及国内新华网、中央电视台等广泛报道,曾获美国国家自然科学基金杰出青年奖(CAREER)、IEEE 计算智能学会杰出青年奖(每年仅 1 人)、罗德岛州创新明星奖(每年仅 1 人)等奖项。

张化光,1959 年 5 月生,博士,教育部长江学者特聘教授,现任校长助理兼东北大学智能电气科学与技术研究院院长、博士生导师。1991 年博士毕业于东南大学,1991—1993 年,在东北大学自动控制博士后科研流动站进行研究工作。2003 年获得国家自然科学基金委

员会颁发的国家杰出青年科学基金,2005 年被国家教育部聘为
"长江学者特聘教授"。入选首批"新世纪国家'百千万人才工
程'国家级人选",获中国优秀博士后称号,享受国务院政府特
殊津贴。2014 年被教育部授予"全国模范教师",2015 年被党
中央、国务院评为"全国先进工作者"。曾作为访问教授去美
国、英国、韩国和香港合作科研。他主要从事非线性控制与分
析、模糊控制与神经网络控制、自适应控制和混沌控制的理论
研究和复杂工业过程自动化、电力系统自动化、新型电机设计
和拖动系统自动化和工程开发工作。

张化光

张化光教授是国内最早从事自适应动态规划方法研究的学者。现(曾)任 Automatica、
IEEE Transactions on Cybernetics、IEEE Transactions on Neural Networks and Learning
Systems、IEEE Transactions on Fuzzy Systems 副主编(Associate Editor)。至今在国内外
权威杂志和重要会议上发表论文 400 余篇,被 SCI、EI、ISTP 收录 400 余篇(次)。其编写出
版了 7 本模糊自适应控制和混沌控制方面学术专著、一本全国教材。作为课题负责人曾获
得国家杰出青年科学基金,国家自然科学基金重点基金,国家 863 高科技重大专项,归国留
学人员基金,国家教委博士点基金,国家教育部国际合作专项基金等资助,承担了 20 余项企
业的横向课题。

9.2 离散时间值迭代自适应动态规划

9.2.1 离散时间非线性系统的 Bellman 方程解

针对离散时间非线性系统的最优控制问题,首先,我们给出值迭代算法求解离散时间
Bellman 方程的迭代值函数。其次,对所提算法的收敛性进行了证明。最后,利用神经网络
来近似求解离散时间 Bellman 方程的最优策略和迭代值函数,并给出了示例。

9.2.1.1 离散时间 Bellman 方程

考虑一类仿射型非线性系统

$$x_{k+1} = f(x_k) + g(x_k)u_k \tag{9.5}$$

其中 $x \in \mathbb{R}^n$, $f(x) \in \mathbb{R}^n$, $g(x) \in \mathbb{R}^{n \times m}$,输入 $u \in \mathbb{R}^n$。假设系统(9.5)在 $\Omega \in \mathbb{R}^n$ 上是可稳定
的。我们的目标是寻找到控制律 $u(x_k)$,使得如下代价函数

$$J(x_k) = \sum_{i=k}^{\infty} x_i^{\mathrm{T}} Q x_i + u_i^{\mathrm{T}} R u_i \tag{9.6}$$

最小,其中 $Q \in \mathbb{R}^{n \times n}$ 和 $R \in \mathbb{R}^{m \times m}$ 是正定的,即,$\forall x \neq 0$, $x_k^{\mathrm{T}} Q x_k > 0$,当且仅当 $x = 0$ 时,
$x_k^{\mathrm{T}} Q x_k = 0$。$u_i = u_i(x_k)$ 是容许控制律[6](参考定义 8.1)。

方程(9.6)可以重写为:

$$J(x_k) = x_k^{\mathrm{T}} Q x_k + u_k^{\mathrm{T}} R u_k + \sum_{i=k+1}^{\infty} x_i^{\mathrm{T}} Q x_i + u_i^{\mathrm{T}} R u_i$$

$$= x_k^{\mathrm{T}} Q x_k + u_k^{\mathrm{T}} R u_k + J(x_{k+1}) \tag{9.7}$$

根据 Bellman 最优性原理,可以得到 Bellman 方程

$$J^*(x_k) = \min_{u_k}\{x_k^\mathrm{T}Qx_k + u_k^\mathrm{T}Ru_k + J^*(x_{k+1})\} \tag{9.8}$$

最优控制律 u_k^* 满足式(9.8)对于 u_k 的梯度的一阶必要条件

$$\frac{\partial J^*(x_k)}{\partial u_k} = \frac{\partial x_k^\mathrm{T}Qx_k + u_k^\mathrm{T}Ru_k}{\partial u_k} + \frac{\partial x_{k+1}}{\partial u_k}\frac{\partial J^*(x_{k+1})}{\partial x_{k+1}} = 0 \tag{9.9}$$

可以得到

$$u_k^* = \frac{1}{2}R^{-1}g(x_k)^\mathrm{T}\frac{\partial J^*(x_{k+1})}{\partial x_{k+1}} \tag{9.10}$$

把方程(9.10)代入式(9.8)可以获得离散时间 Bellman 方程,其中 J^* 是最优控制策略 u_k^* 的代价函数

$$J^*(x_k) = x_k^\mathrm{T}Qx_k + \frac{1}{4}\frac{\partial J^{*\mathrm{T}}(x_{k+1})}{\partial x_{k+1}}g(x_k)R^{-1}g^\mathrm{T}(x_k)\frac{\partial J^*(x_{k+1})}{\partial x_{k+1}} + J^*(x_{k+1}) \tag{9.11}$$

接下来,我们应用值迭代算法来求解 Bellman 方程(9.11)的代价函数 J^*,并给出该算法的收敛性证明。

9.2.1.2　传统值迭代算法和收敛性分析

本节内容安排如下,首先给出了值迭代算法的推导,然后证明了值迭代算法的收敛性,最后用神经网络实现值迭代算法。

1. 算法的推导

在本节的值迭代算法中,首先从初始迭代值函数 $V_0(x) = 0$ 开始迭代(这个条件不是必须满足的,我们会在 9.2.2 节中进行详细介绍),求得以下控制律

$$u_0(x_k) = \arg\min_{u_k}(x_k^\mathrm{T}Qx_k + u_k^\mathrm{T}Ru_k + V_0(x_{k+1})) \tag{9.12}$$

再次更新迭代值函数

$$\begin{aligned}V_1 &= x_k^\mathrm{T}Qx_k + (u_0(x_k))^\mathrm{T}Ru_0(x_k) + V_0(f(x_k) + g(x_k)u_0(x_k)) \\ &= x_k^\mathrm{T}Qx_k + (u_0(x_k))^\mathrm{T}Ru_0(x_k) + V_0(x_{k+1})\end{aligned} \tag{9.13}$$

从以上过程可以看出,值迭代算法可在下面两个方程之间进行迭代,即

$$u_i(x_k) = \arg\min_{u_k}(x_k^\mathrm{T}Qx_k + u_k^\mathrm{T}Ru_k + V_i(x_{k+1})) \tag{9.14}$$

以及

$$\begin{aligned}V_{i+1} &= \min_{u_k}(x_k^\mathrm{T}Qx_k + u_k^\mathrm{T}Ru_k + V_i(x_{k+1})) \\ &= x_k^\mathrm{T}Qx_k + (u_i(x_k))^\mathrm{T}Ru_i(x_k) + V_i(f(x_k) + g(x_k)u_i(x_k))\end{aligned} \tag{9.15}$$

综上所述,给出值迭代算法如算法 9.2 所示。

算法 9.2:传统值迭代算法

初始化:

　　随机选择一组初始状态 x_k。

选择一个计算精度 ε。

选择初始迭代值函数 $V_0(x_k)=0$。

迭代：

1. 令迭代序列 $i=0$。

2. 根据式(9.12)求解最优控制律 $u_0(x_k)$，根据式(9.13)获取迭代值函数 $V_1(x_k)$。

3. 对于迭代序列 $i=1,2,\cdots$，根据式(9.14)求得最优控制律 $u_i(x_k)$。

4. 根据式(9.15)求得迭代值函数 $V_{i+1}(x_k)$。

5. 若 $|V_{i+1}(x_k)-V_i(x_k)|<\varepsilon$，则进行下一步；否则，令 $i=i+1$，返回步骤3。

6. 返回 $V_i(x_k)$ 与 $u_i(x_k)$。

2. 迭代算法的收敛性

在文献[7]和文献[8]中，已经证明值迭代算法对于线性系统是收敛的。在本节中，我们考虑非线性系统，证明在式(9.14)和式(9.15)之间的迭代是收敛的，即当 $i\to\infty$，迭代值函数 V_i 收敛于 V^*，控制策略 u_i 收敛于 u^*。

引理 9.1 设 μ_i 是任意控制策略序列，令 u_i 是方程(9.14)中的策略，V_i 是方程(9.15)中的迭代值函数，定义 Λ_i 为

$$\Lambda_i(x_k)=x_k^{\mathrm{T}}Qx_k+(\mu_i(x_k))^{\mathrm{T}}R\mu_i(x_k)+\Lambda_i(x_{k+1}) \tag{9.16}$$

若 $V_0=\Lambda_0=0$，则 $\forall i,V_i\leqslant\Lambda_i$。

证明：首先，控制策略 u_i 是方程(9.15)关于控制 u_k 最小化得到的，Λ_i 是把任意控制策略代入式(9.15)得到的，并且 $V_0=\Lambda_0=0$，可见上述结论成立。

引理 9.2[4] 序列 $\{V_i\}$ 根据式(9.15)定义，若系统是可控的，则存在上界 Y，对于 $\forall i$，有 $0\leqslant V_i\leqslant Y$。

证明：令 $\eta(x_k)$ 为任意稳定且容许的控制策略，令 $Z_0(x_k)=V_0(x_k)=0$。令 $V_i(x_k)$ 根据式(9.15)更新，$Z_i(x_k)$ 采用以下式子更新

$$Z_{i+1}(x_k)=x_k^{\mathrm{T}}Qx_k+\eta^{\mathrm{T}}(x_k)R\eta(x_k)+Z_i(x_{k+1}) \tag{9.17}$$

对式(9.17)递推并作差可得

$$\begin{aligned}
Z_{i+1}(x_k)-Z_i(x_k)&=Z_i(x_{k+1})-Z_{i-1}(x_{k+1})\\
&=Z_{i-1}(x_{k+2})-Z_{i-2}(x_{k+2})\\
&=Z_{i-2}(x_{k+3})-Z_{i-3}(x_{k+3})\\
&\ \ \vdots\\
&=Z_1(x_{k+i})-Z_0(x_{k+i})
\end{aligned} \tag{9.18}$$

重写式(9.18)为

$$Z_{i+1}(x_k)-Z_i(x_k)=Z_1(x_{k+i})-Z_0(x_{k+i}) \tag{9.19}$$

由于 $Z_0(x_k)=0$，所以有

$$Z_{i+1}(x_k)=Z_1(x_{k+i})+Z_i(x_k)$$
$$=Z_1(x_{k+i})+Z_1(x_{k+i-1})+Z_{i-1}(x_k)$$
$$=Z_1(x_{k+i})+Z_1(x_{k+i-1})+Z_1(x_{k+i-1})+Z_{i-2}(x_k)$$
$$=Z_1(x_{k+i})+Z_1(x_{k+i-1})+Z_1(x_{k+i-2})+\cdots+Z_1(x_k) \qquad (9.20)$$

因此，方程(9.19)可以写为

$$Z_{i+1}(x_k)=\sum_{j=0}^{i}Z_1(x_{k+j})$$

$$=\sum_{j=0}^{i}x_{k+j}^{\mathrm{T}}Qx_{k+j}+\eta^{\mathrm{T}}(x_{k+j})R\eta(x_{k+j}) \qquad (9.21)$$

$$\leqslant\sum_{j=0}^{\infty}x_{k+j}^{\mathrm{T}}Qx_{k+j}+\eta^{\mathrm{T}}(x_{k+j})R\eta(x_{k+j})$$

由于该系统是稳定的，即当 $k\to\infty$ 时，$x_k\to0$。又因为控制策略 $\eta(x_k)$ 是稳定的并且是容许的，则

$$\forall i:Z_{i+1}(x_k)\leqslant\sum_{j=0}^{\infty}Z_1(x_{k+i})\leqslant Y \qquad (9.22)$$

根据引理 9.1，可以有

$$\forall i:V_{i+1}(x_k)\leqslant Z_{i+1}(x_k)\leqslant Y \qquad (9.23)$$

在引理 9.1 和引理 9.2 的基础上，我们给出以下定理。

定理 9.1[4]　定义式(9.15)中的序列 $\{V_i\}$，$V_0=0$，则 $\{V_i\}$ 对任意 i 是单调非减序列，即 $V_{i+1}(x_k)\geqslant V_i(x_k)$，且收敛于离散时间 Bellman 迭代值函数，即当 $i\to\infty$，$V_i\to V^*$。

证明： 假设 $V_0=\Phi_0=0$，其中 V_i 采用式(9.15)更新，Φ_i 更新为

$$\Phi_{i+1}(x_k)=\boldsymbol{x}_k^{\mathrm{T}}Qx_k+(u_{i+1}(x_k))^{\mathrm{T}}Ru_{i+1}(x_k)+\Phi_i(x_{k+1}) \qquad (9.24)$$

与式(9.14)中的策略 $u_i(x_k)$ 一样。我们首先通过归纳法证明 $\Phi_i(x_k)\leqslant V_{i+1}(x_k)$。

因为

$$V_i(x_k)-\Phi_0(x_k)=\boldsymbol{x}_k^{\mathrm{T}}Qx_k\geqslant0 \qquad (9.25)$$

可以得到

$$V_1(x_k)\geqslant\Phi_0(x_k) \qquad (9.26)$$

假设 $V_i(x_k)\geqslant\Phi_{i-1}(x_k)$，$\forall x_k$，由于

$$\Phi_i(x_k)=\boldsymbol{x}_k^{\mathrm{T}}Qx_k+(u_i(x_k))^{\mathrm{T}}Ru_i(x_k)+\Phi_{i-1}(x_{k+1}) \qquad (9.27)$$

$$V_{i+1}(x_k)=\boldsymbol{x}_k^{\mathrm{T}}Qx_k+(u_i(x_k))^{\mathrm{T}}Ru_i(x_k)+V_i(x_{k+1}) \qquad (9.28)$$

可以得到

$$V_{i+1}(x_k)-\Phi_i(x_k)=V_i(x_{k+1})-\Phi_{i-1}(x_{k+1})\geqslant0 \qquad (9.29)$$

进而可以得到

$$\Phi_i(x_k)\leqslant V_{i+1}(x_k) \qquad (9.30)$$

根据引理 9.1，$V_i(x_k)\leqslant\Phi_i(x_k)$，可得

$$V_i(x_k)\leqslant\Phi_i(x_k)\leqslant V_{i+1}(x_k) \qquad (9.31)$$

$$V_i(x_k) \leqslant V_{i+1}(x_k) \tag{9.32}$$

从而证明了 $\{V_i\}$ 是一个单调非减有上界序列。因此，当 $i \to \infty$ 时，$V_i \to V^*$。

我们已证明上述值迭代算法收敛于非线性离散时间 HJB 方程的迭代值函数。

3. 神经网络的算法实现

针对线性系统，迭代值函数和控制策略分别是线性二次的。而在非线性情况下，迭代值函数和控制策略不一定是线性二次的，因此需要使用含有参数的结构或神经网络来近似逼近 $u_i(x_k)$ 和 $V_i(x_k)$。为了实现在式(9.14)式(9.15)之间的算法迭代，我们使用神经网络进行函数近似。

用神经网络近似 $V_i(x_k)$ 和 $u_i(x_k)$ 的形式如下：

$$\hat{V}_i(x_k, W_{Vi}) = (W_{Vi})^\mathrm{T} \phi(x_k) \tag{9.33}$$

$$\hat{u}_i(x_k, W_{ui}) = (W_{ui})^\mathrm{T} \sigma(x_k) \tag{9.34}$$

其中 W_V 和 W_u 是神经网络隐含层与输出层之间的权值矩阵，则目标迭代函数为

$$
\begin{aligned}
d(\phi(x_k), W_{Vi}) &= \boldsymbol{x}_k^\mathrm{T} Q x_k + (\hat{u}_i(x_k, W_{ui}))^\mathrm{T} R \hat{u}_i(x_k, W_{ui}) + \hat{V}_i(x_{k+1}) \\
&= \boldsymbol{x}_k^\mathrm{T} Q x_k + (\hat{u}_i(x_k, W_{ui}))^\mathrm{T} R \hat{u}_i(x_k, W_{ui}) + (W_{Vi})^\mathrm{T} \phi(x_{k+1})
\end{aligned}
\tag{9.35}
$$

其中，$W_V \in \mathbf{R}^{L_v \times 1}$，$\phi(x_k) \in \mathbf{R}^{L_v \times 1}$。

注意，在式(9.33)中，权值向量 W_{Vi} 和目标函数(9.35)之间的关系是已知的，由于目标函数(9.35)与式(9.33)之间具有误差，所以权值向量 $W_{V(i+1)}$ 可在集合 Ω 上通过最小二乘法得到，给出以下权值更新公式

$$W_{V(i+1)} = \arg\min_{W_{V(i+1)}} \left\{ \int_\Omega \mid (W_{V(i+1)})^\mathrm{T} \phi(x_k) - d(\phi(x_k), W_{Vi}) \mid^2 \mathrm{d} x_k \right\} \tag{9.36}$$

通过最小二乘法得到

$$W_{V(i+1)} = \left(\int_\Omega \phi(x_k) \phi(x_k)^\mathrm{T} \mathrm{d} x \right)^{-1} \int_\Omega \varphi(x_k) \hat{V}_{i+1}(\phi(x_k), W_{Vi}) \mathrm{d} x \tag{9.37}$$

同理，要得到控制策略 $\hat{u}_i(x_k, W_{ui})$ 的更新公式，可通过求解

$$
\begin{aligned}
W_{ui} = \operatorname*{argmin}_\alpha \{ &\boldsymbol{x}_k^\mathrm{T} Q x_k + \hat{\boldsymbol{u}}^\mathrm{T}(x_k, \alpha) R \hat{u}(x_k, \alpha) + \\
&\hat{V}_i(f(x_k) + g(x_k) \hat{u}(x_k, \alpha)) \}
\end{aligned}
\tag{9.38}
$$

得到，其中 $W_u \in \mathbf{R}^{L_u \times 1}$，$\sigma(x_k) \in \mathbf{R}^{L_u \times 1}$。

注意，式(9.38)中控制网的权值向量 W_{ui} 与目标函数之间的关系是未知的，但可在由 Ω 构造的训练集上使用梯度下降法来更新权重

$$W_{ui(j+1)} = W_{ui(j)} - \alpha \frac{\partial (\boldsymbol{x}_k^\mathrm{T} Q x_k + (\hat{u}_{i(j)}(x_k, W_{ui(j)}))^\mathrm{T} R \hat{u}_{i(j)}(x_k, W_{ui(j)}) + \hat{V}_i(x_{k+1}))}{\partial W_{ui(j)}} \tag{9.39}$$

其中步长 α 是正值。式(9.39)可以写成

$$W_{ui(j+1)} = W_{ui(j)} - \alpha \left(2\sigma(x_k) R \hat{u}_{i(j)}(x_k, W_{ui(j)}) + \sigma(x_k) g(x_k)^\mathrm{T} \frac{\partial \phi(x_{k+1})}{\partial x_{k+1}} W_{Vi} \right) \tag{9.40}$$

其中 $x_{k+1} = f(x_k) + g(x_k) \hat{u}(x_k, W_{ui(j)})$。当 $j \to \infty$ 时，权值 $W_{ui(j+1)} \to W_{ui}$。此外，可以使用不同的梯度方法进行权值更新，如牛顿法和 Levenberg-Marquardt 方法。

9.2.1.3 仿真实验

例 9.1 考虑以下线性系统

$$x_{k+1} = \begin{bmatrix} 0 & 0.1 \\ 0.3 & -1 \end{bmatrix} x_k + \begin{bmatrix} 0 \\ 1 \end{bmatrix} u_k \tag{9.41}$$

定义代价函数为

$$J(x_k) = \sum_{i=0}^{\infty} \boldsymbol{x}_k^{\mathrm{T}} Q x_k + \boldsymbol{u}_k^{\mathrm{T}} R u_k \tag{9.42}$$

其中,$Q = \begin{bmatrix} 3 & 0 \\ 0 & 3 \end{bmatrix}$,$R = 1$。求系统的最优控制律及最优代价函数。

线性系统的最优控制策略与状态是线性关系,并且代价函数是二次型的形式

$$J^*(x_k) = \boldsymbol{x}_k^{\mathrm{T}} P x_k \tag{9.43}$$

其中,P 是代数黎卡提方程的解。首先,采用 MATLAB 的 dare 函数求解离散代数黎卡提方程,可得代数黎卡提方程的解

$$P = \begin{bmatrix} 3.0714 & -0.2394 \\ -0.2394 & 3.8336 \end{bmatrix} \tag{9.44}$$

和最优控制律

$$u_k^* = L x_k = \begin{bmatrix} -0.2379 & 0.7981 \end{bmatrix} x_k \tag{9.45}$$

然后,我们使用神经网络进行近似求解,控制策略采用以下函数近似

$$\hat{u}_i = (W_{ui})^{\mathrm{T}} \sigma(x_k) \tag{9.46}$$

其中,W_u 是隐含层与输出层之间的权值矩阵,$\sigma(x_k)$ 是激活函数,为了与 MATLAB 直接求解法进行对比,采用以下激活函数

$$\sigma(x_k) = \begin{bmatrix} x_k(1) & x_k(2) & x_k^2(1) & 2x_k(1)x_k(2) & x_k^2(2) \end{bmatrix}^{\mathrm{T}} \tag{9.47}$$

$$W_u = \begin{bmatrix} w_{u,1} & w_{u,2} & w_{u,3} & w_{u,4} & w_{u,5} \end{bmatrix}^{\mathrm{T}} \tag{9.48}$$

目的是使权值 W_u 收敛

$$\begin{bmatrix} L_{11} & L_{12} \end{bmatrix} = \begin{bmatrix} w_{u,1} & w_{u,2} \end{bmatrix} \tag{9.49}$$

代价函数的近似为

$$\hat{V}_i(x_k, W_{J(i+1)}) = (W_{J(i+1)})^{\mathrm{T}} \boldsymbol{\phi}(x_k) \tag{9.50}$$

其中,W_J 是神经网络的权值,

$$W_J = \begin{bmatrix} w_{J,1} & w_{J,2} & w_{J,3} & w_{J,4} & w_{J,5} \end{bmatrix}^{\mathrm{T}} \tag{9.51}$$

$\phi(x_k)$ 是神经元的激活函数,

$$\phi(x_k) = \begin{bmatrix} x_k(1) & x_k(2) & x_k^2(1) & 2x_k(1)x_k(2) & x_k^2(2) \end{bmatrix}^{\mathrm{T}} \tag{9.52}$$

在仿真中,代价函数的权值近似目标是式(9.43)中的 $\boldsymbol{P}$ 矩阵

$$\begin{bmatrix} P_{11} & P_{12} \\ P_{21} & P_{22} \end{bmatrix} = \begin{bmatrix} w_{J,3} & w_{J,4} \\ w_{J,4} & w_{J,5} \end{bmatrix} \tag{9.53}$$

其余 $w_{J,1}=w_{J,2}=0$。值迭代算法结构如图 9-1~图 9-3 所示。

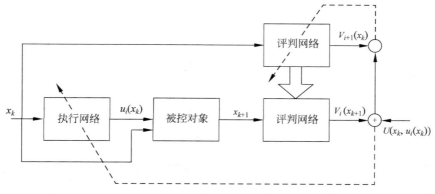

图 9-1 值迭代仿真结构

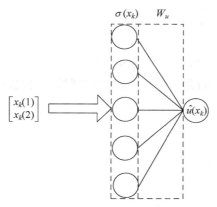

图 9-2 控制网近似结构

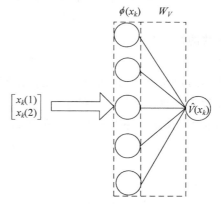

图 9-3 评价网近似结构

仿真结果如图 9-4~图 9-7 所示。

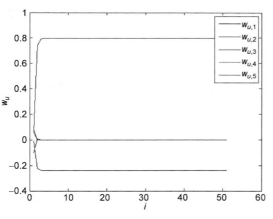

图 9-4 控制网的权值变化曲线(一)

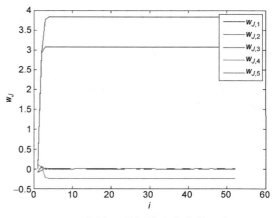

图 9-5 评价网的权值变化曲线(一)

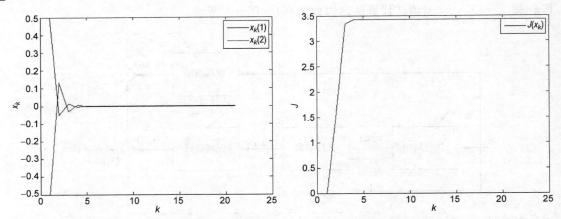

图 9-6 最优控制策略下的系统状态变化曲线(一)　　图 9-7 最优控制策略下的代价函数变化曲线(一)

仿真结果显示,控制网的权值矩阵收敛于

$$W_u = \begin{bmatrix} -0.2379 & 0.7981 & 0 & 0 & 0 \end{bmatrix}^{\mathrm{T}} \tag{9.54}$$

代价函数的权值收敛于

$$W_J = \begin{bmatrix} 0 & 0 & 3.0714 & -0.2394 & 3.8336 \end{bmatrix}^{\mathrm{T}} \tag{9.55}$$

对比式(9.44)和式(9.45),可以看出控制网的权值收敛于期望的最优控制策略,代价函数的权值收敛于代数黎卡提方程的解。

例 9.2 考虑以下仿射型非线性系统

$$x_{k+1} = f(x_k) + g(x_k)u_k \tag{9.56}$$

其中

$$f(x_k) = \begin{bmatrix} 0.2x_k(1)\exp(x_k^2(2)) \\ 0.3x_k^3(2) \end{bmatrix}, \quad g(x_k) = \begin{bmatrix} 0 \\ -0.2 \end{bmatrix}$$

定义代价函数为

$$J(x_k) = \sum_{i=0}^{\infty} \boldsymbol{x}_k^{\mathrm{T}} Q x_k + \boldsymbol{u}_k^{\mathrm{T}} R u_k \tag{9.57}$$

其中,$Q = \begin{bmatrix} 1 & 0 \\ 0 & 1 \end{bmatrix}$,$R=1$,求最优控制策略及最优的代价函数。

控制策略与代价函数的近似仍采用式(9.46)和式(9.50),不同的是激活函数采用的是神经元向量形式

$$\sigma(x) = \begin{bmatrix} x_1 & x_2 & x_1^3 & x_1^2 x_2 & x_1 x_2^2 & x_2^3 & x_1^5 \\ x_1^4 x_2 & x_1^3 x_2^2 & x_1^2 x_2^3 & x_1 x_2^4 & x_2^5 \end{bmatrix}^{\mathrm{T}} \tag{9.58}$$

$$\phi(x) = \begin{bmatrix} x_1^2 & x_1 x_2 & x_2^2 & x_1^4 & x_1^3 x_2 & x_2^4 & x_1^6 \\ x_1^5 x_2 & x_1^4 x_2^2 & x_1^3 x_2^3 & x_1^2 x_2^4 & x_1 x_2^5 & x_2^6 \end{bmatrix}^{\mathrm{T}} \tag{9.59}$$

则对应的权值矩阵分别为

$$W_u = \begin{bmatrix} w_{u,1} & w_{u,2} & w_{u,3} & w_{u,4} & w_{u,5} & w_{u,6} \\ w_{u,7} & w_{u,8} & w_{u,9} & w_{u,10} & w_{u,11} & w_{u,11} \end{bmatrix}^{\mathrm{T}} \tag{9.60}$$

$$W_J = \begin{bmatrix} w_{J,1} & w_{J,2} & w_{J,3} & w_{J,4} & w_{J,5} & w_{J,6} \\ w_{J,7} & w_{J,8} & w_{J,9} & w_{J,10} & w_{J,11} & w_{J,12} & w_{J,13} \end{bmatrix}^T \tag{9.61}$$

控制网和评价网的结构可以类比参考图 9-2 与图 9-3,采用的仍旧是值迭代算法结构,仿真结果如图 9-8～图 9-11 所示。

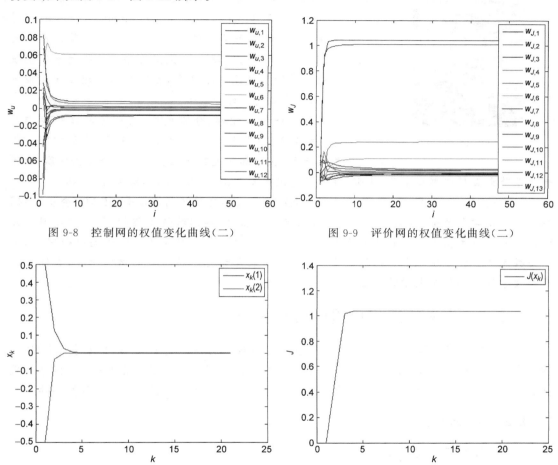

图 9-8　控制网的权值变化曲线(二)　　　　图 9-9　评价网的权值变化曲线(二)

图 9-10　最优控制策略下的系统状态变化曲线(二)　　图 9-11　最优控制策略下的代价函数变化曲线(二)

仿真结果显示,控制网的权值收敛于

$$W_u = \begin{bmatrix} 0.011 & 0 & -0.0073 & 0.0052 & 0 & 0.0604 \\ 0.0074 & -0.0080 & 0.0023 & 0 & -0.0018 & -0.0019 \end{bmatrix}^T \tag{9.62}$$

评价网的权值收敛于

$$W_J = \begin{bmatrix} 1.0422 & -0.0047 & 1.0090 & 0.0173 & 0.0251 & -0.0271 & -0.0191 \\ -0.0106 & 0.0178 & -0.0152 & 0.2428 & 0.0026 & 0.1073 \end{bmatrix}^T \tag{9.63}$$

从图 9-8～图 9-11 可以看出,控制网的权值与评价网的权值在迭代 40 次以后收敛到最优值,系统的状态在时间 $k=6$ 后稳定。

走近学者

弗兰克·L. 路易斯（Frank L. Lewis），现任美国德克萨斯大学阿灵顿分校电气工程系教授，自动化及机器人研究所主任，美国得克萨斯州的注册职业工程师，Chartered Engineer U. K. Eng. Council。1971 年，获得莱斯大学物理与电气工程专业学士学位。1971 年，获得莱斯大学电气工程学硕士学位。1977 年，获得西佛罗里达大学航空航天系统专业理学硕士学位。1981 年，获得乔治亚理工学院控制系统、电气工程专业博士学位。

Frank L. Lewis

研究兴趣包括智能控制、分布式控制、神经网络和模糊系统、无线传感器网络、非线性系统、机器人技术、过程控制。获得 6 项美国专利，在国际一流刊物上发表期刊论文 250 篇，撰写专著章节或百科全书文章共 51 部，在国际会议上发表论文 364 篇，撰写专著 15 部。

现任美国电气和电子工程师协会（IEEE）会士，国际自动控制联合会（IFAC）会士，英国测量与控制学会会士，美国得克萨斯州注册专业工程师，英国特许工程师，得克萨斯州立大学阿灵顿分校杰出学者学会的创办人（2004 年），自动化与机器人研究所的高级研究员，地中海控制协会董事理事会的创始会员。曾担任希腊德谟克利特大学的访问教授，曾任上海交通大学和华南理工大学的客座教授。

9.2.2 广义值迭代自适应动态规划

9.2.1 节中，我们给出了如何利用自适应动态规划方法来迭代求解离散时间 HJB 方程。通过在方程（9.14）和方程（9.15）之间进行值迭代，可以近似地得到最优的代价函数和最优的控制策略，但要求值迭代初始条件 $V_0(x)=0$。在本节中我们将放宽值迭代初始条件。

9.2.2.1 问题描述

考虑以下离散时间非线性系统：

$$x_{k+1}=F(x_k,u_k), \quad k=0,1,2,\cdots \tag{9.64}$$

其中，状态向量 $x_k \in \mathbb{R}^n$，控制向量 $u_k \in \mathbb{R}^m$，x_0 是初始状态，$F(x_k,u_k)$ 是系统函数。

$\underline{u}_k=(u_k,u_{k+1},\cdots)$，$k=0,1,2,\cdots$，是任意的控制序列，状态 x_0 在控制序列 $\underline{u}_0=(u_0,u_1,\cdots)$ 下的代价函数定义如下：

$$J(x_0,\underline{u}_0)=\sum_{k=0}^{\infty}U(x_k,u_k) \tag{9.65}$$

其中对任意的 $x_k,u_k \neq 0$，效用函数 $U(x_k,u_k)>0$。

本节考虑一类系统方程如（9.64）的最优控制问题，目标是求得系统最优控制策略的同时，使代价函数（9.65）最小。为了方便下文收敛性分析，给出如下假设：

假设 9.1 系统（9.64）是可稳定的，并且对任意的 x_k 和 u_k，函数 $F(x_k,u_k)$ 是 Lipschitz 连续的。

假设 9.2　函数 $F(0,0)=0$，即状态 $x_k=0$ 是系统(9.64)的平衡状态。

假设 9.3　当 $x_k=0$ 时，反馈控制序列 $u_k=u(x_k)$ 且满足 $u_k=u(x_k)=0$。

假设 9.4　对任意的 x_k 和 u_k，效用函数 $U(x_k,u_k)$ 是连续且正定的。

定义控制策略集 $\underline{\Pi}_k=\{\underline{u}_k:\underline{u}_k=(u_k,u_{k+1},\cdots),\forall u_{k+i}\in\mathbf{R}^m,i=0,1,\cdots\}$。对任意的控制序列 $\underline{u}_k\in\underline{\Pi}_k$，最优代价函数可以定义如下：

$$J^*(x_k)=\min_{\underline{u}_k}\{J(x_k,\underline{u}_k):\underline{u}_k\in\underline{\Pi}_k\} \tag{9.66}$$

根据 Bellman 最优性原理，$J^*(x_k)$ 满足以下离散时间 Bellman 方程：

$$J^*(x_k)=\min_{u_k}\{U(x_k,u_k)+J^*(F(x_k,u_k))\} \tag{9.67}$$

定义最优控制序列如下：

$$u^*(x_k)=\operatorname*{argmin}_{u_k}\{U(x_k,u_k)+J^*(F(x_k,u_k))\} \tag{9.68}$$

那么，Bellman 方程(9.67)可以重写为

$$J^*(x_k)=U(x_k,u^*(x_k))+J^*(F(x_k,u^*(x_k))) \tag{9.69}$$

9.2.2.2　基于 ADP 的值迭代算法性质

为了获得非线性系统(9.64)的最优控制策略，提出了一种广义值迭代算法，并分析了算法的收敛性、算法的可容许性、值迭代算法的终止条件。

1. 值迭代算法的推导

传统的值迭代算法要求 $V_0(x_0)=0$，随着迭代次数 $i:0\to\infty$，迭代值函数与控制策略逐次更新。假设对于任意状态 $x_k\in\mathbf{R}^n$，初始函数 $\Psi(x_k)\geqslant0$。令初始迭代值函数为

$$V_0(x_k)=\Psi(x_k) \tag{9.70}$$

迭代控制策略

$$\begin{aligned}v_0(x_k)&=\operatorname*{argmin}_{u_k}\{U(x_k,u_k)+V_0(x_{k+1})\}\\&=\operatorname*{argmin}_{u_k}\{U(x_k,u_k)+V_0(F(x_k,u_k))\}\end{aligned} \tag{9.71}$$

其中 $V_0(x_{k+1})=\Psi(x_{k+1})$。迭代值函数可被改写为

$$V_1(x_k)=U(x_k,v_0(x_k))+V_0(F(x_k,v_0(x_k))) \tag{9.72}$$

当 $i=1,2,\cdots$，值迭代算法在下面两个方程之间迭代

$$\begin{aligned}v_i(x_k)&=\operatorname*{argmin}_{u_k}\{U(x_k,u_k)+V_i(x_{k+1})\}\\&=\operatorname*{argmin}_{u_k}\{U(x_k,u_k)+V_i(F(x_k,u_k))\}\end{aligned} \tag{9.73}$$

以及

$$\begin{aligned}V_{i+1}(x_k)&=\min_{u_k}\{U(x_k,u_k)+V_i(x_{k+1})\}\\&=U(x_k,v_i(x_k))+V_i(F(x_k,v_i(x_k)))\end{aligned} \tag{9.74}$$

从迭代方程(9.70)~(9.74)可以看出,迭代值函数 $V_i(x_k)$ 用来近似 $J^*(x_k)$,迭代控制策略 $v_i(x_k)$ 用来近似 $u^*(x_k)$。对于传统值迭代,$V_0(x_0)=0$,随着 $i \to \infty$,可以证明迭代算法收敛,并使 $V_i(x_k)$ 和 $v_i(x_k)$ 收敛到最优值。但对于 $V_0(x_k)=\Psi(x_k)$,传统值迭代方法的分析不再适用。因此,给出广义值迭代算法如算法 9.3 所示。

算法 9.3:广义值迭代算法

初始化:

随机选择一组初始状态 x_k。

选择一个计算精度 ε。

选择初始迭代值函数为半正定函数 $V_0(x_k)=\Psi(x_k) \geqslant 0$。

迭代:

1. 令迭代序列 $i=0$,初始迭代值函数 $V_0(x_k)=\Psi(x_k)$。

2. 根据式(9.71)求解最优控制律 $v_0(x_k)$,根据式(9.72)获取迭代值函数 $V_1(x_k)$。

3. 对于迭代序列 $i=1,2,\cdots$,根据式(9.73)求得最优控制律 $v_i(x_k)$。

4. 根据式(9.74)求得迭代值函数 $V_{i+1}(x_k)$。

5. 若 $|V_{i+1}(x_k)-V_i(x_k)|<\varepsilon$,则进行下一步;否则,令 $i=i+1$,返回步骤 3。

6. 返回 $V_i(x_k)$ 与 $v_i(x_k)$。

---

2. 广义值迭代算法的收敛性

在文献[4]中,对于零初始迭代值函数,证明了迭代值函数是单调非减的,并收敛到最优值。然而,对于任意半正定的初始函数,文献[4]中的分析方法是无效的。在文献[9]中,提出了一个"函数有界"的方法,用零初迭代值函数进行值迭代。受到文献[9]的启发,下面给出了新的值迭代算法的收敛分析方法。

定理 9.2 对 $i=0,1,\cdots$,通过方程(9.70)~(9.74)获得 $V_i(x_k)$ 和 $v_i(x_k)$。常数 $\underline{\gamma}$、$\bar{\gamma}$、$\underline{\delta}$ 和 $\underline{\delta} \leqslant \bar{\delta}$ 满足下面的条件:

$$0 < \underline{\gamma} \leqslant \bar{\gamma} < \infty \tag{9.75}$$

$$0 \leqslant \underline{\delta} \leqslant \bar{\delta} < 1 \tag{9.76}$$

如果对任意的状态 x_k,常数 $\underline{\gamma},\bar{\gamma},\underline{\delta}$ 和 $\bar{\delta}$ 满足下列等式

$$\underline{\gamma}U(x_k,u_k) \leqslant J^*(F(x_k,u_k)) \leqslant \bar{\gamma}U(x_k,u_k) \tag{9.77}$$

$$\underline{\delta}J^*(x_k) \leqslant V_0(x_k) \leqslant \bar{\delta}J^*(x_k) \tag{9.78}$$

那么,对于任意的 $i=0,1,\cdots$,迭代值函数 $V_i(x_k)$ 满足:

$$\left(1+\frac{\underline{\delta}-1}{(1+\bar{\gamma}^{-1})^i}\right)J^*(x_k) \leqslant V_i(x_k) \leqslant \left(1+\frac{\bar{\delta}-1}{(1+\underline{\gamma}^{-1})^i}\right)J^*(x_k) \tag{9.79}$$

证明： 证明分两步，第一步证明不等式(9.79)的左侧，第二步证明不等式右侧。在证明中主要运用数学归纳法。根据不等式(9.78)和式(9.79)在 $i=0$ 时显然成立，现在令 $i=1$，可以得到

$$
\begin{aligned}
V_1(x_k) &= \min_{u_k}\{U(x_k,u_k)+V_0(x_{k+1})\} \\
&\geqslant \min_{u_k}\{U(x_k,u_k)+\underline{\delta}J^*(x_{k+1})\} \\
&\geqslant \min_{u_k}\left\{\left(1+\bar{\gamma}\,\frac{\underline{\delta}-1}{1+\bar{\gamma}}\right)U(x_k,u_k)+\left(\underline{\delta}-\frac{\underline{\delta}-1}{1+\bar{\gamma}}\right)J^*(x_{k+1})\right\} \\
&= \left(1+\frac{\underline{\delta}-1}{1+\bar{\gamma}^{-1}}\right)\min_{u_k}\{U(x_k,u_k)+J^*(x_{k+1})\} \\
&= \left(1+\frac{\underline{\delta}-1}{1+\bar{\gamma}^{-1}}\right)J^*(x_k)
\end{aligned}
\tag{9.80}
$$

假设上述结论对任意的 $i=l-1,l=1,2,\cdots$ 都成立，那么当 $i=l$ 时，

$$
\begin{aligned}
V_{l+1}(x_k) &= \min_{u_k}\{U(x_k,u_k)+V_l(x_{k+1})\} \\
&\geqslant \min_{u_k}\left\{U(x_k,u_k)+\left(1+\frac{\underline{\delta}-1}{(1+\bar{\gamma}^{-1})^{l-1}}\right)J^*(F(x_k,u_k))+\right. \\
&\qquad\left.\frac{\underline{\delta}-1}{(1+\bar{\gamma})(1+\bar{\gamma}^{-1})^{l-1}}(\bar{\gamma}U(x_k,u_k)-J^*(F(x_k,u_k)))\right\} \\
&= \left(1+\frac{\underline{\delta}-1}{(1+\bar{\gamma}^{-1})^l}\right)\min_{u_k}\{U(x_k,u_k)+J^*(F(x_k,u_k))\} \\
&= \left(1+\frac{\underline{\delta}-1}{(1+\bar{\gamma}^{-1})^l}\right)J^*(x_k)
\end{aligned}
\tag{9.81}
$$

不等式(9.79)左边得证。下面证明不等式右边，根据不等式(9.78)和(9.79)在 $i=0$ 时显然成立，现在令 $i=1$，可以得到

$$
\begin{aligned}
V_1(x_k) &= \min_{u_k}\{U(x_k,u_k)+V_0(x_{k+1})\} \\
&\leqslant \min_{u_k}\{U(x_k,u_k)+\bar{\delta}J^*(x_{k+1})\} \\
&\leqslant \min_{u_k}\left\{\left(1+\underline{\gamma}\,\frac{\bar{\delta}-1}{1+\underline{\gamma}}\right)U(x_k,u_k)+\left(\bar{\delta}-\frac{\bar{\delta}-1}{1+\underline{\gamma}}\right)J^*(x_{k+1})\right\} \\
&= \left(1+\frac{\bar{\delta}-1}{1+\underline{\gamma}^{-1}}\right)\min_{u_k}\{U(x_k,u_k)+J^*(x_{k+1})\} \\
&= \left(1+\frac{\bar{\delta}-1}{1+\underline{\gamma}^{-1}}\right)J^*(x_k)
\end{aligned}
\tag{9.82}
$$

假设上述结论对任意的 $i=l-1,l=1,2,\cdots$ 都成立，那么当 $i=l$ 时

$$
\begin{aligned}
V_{l+1}(x_k) &= \min_{u_k}\{U(x_k,u_k)+V_l(x_{k+1})\} \\
&\leqslant \min_{u_k}\left\{U(x_k,u_k)+\left(1+\frac{\bar{\delta}-1}{(1+\underline{\gamma}^{-1})^{l-1}}\right)J^*(x_{k+1})+\right.
\end{aligned}
$$

$$\frac{1-\bar{\delta}}{(1+\underline{\gamma}^{-1})(1+\underline{\gamma}^{-1})^{l-1}}(J^*(x_{k+1})-\gamma U(x_k,u_k))\Big\}$$

$$=\Big(1+\frac{\bar{\delta}-1}{(1+\underline{\gamma}^{-1})^l}\Big)\min_{u_k}\{U(x_k,u_k)+J^*(x_{k+1})\}$$

$$=\Big(1+\frac{\bar{\delta}-1}{(1+\underline{\gamma}^{-1})^l}\Big)J^*(x_k) \tag{9.83}$$

因此定理 9.2 得证。

定理 9.3 对 $i=0,1,2,\cdots$，通过方程(9.70)~(9.74)获得 $V_i(x_k)$ 和 $v_i(x_k)$。常数 $\underline{\gamma}$、$\bar{\gamma}$、$\underline{\delta}$ 和 $\bar{\delta}$ 满足下面的条件：

$$0\leqslant\underline{\delta}\leqslant1\leqslant\bar{\delta}<\infty \tag{9.84}$$

如果对任意状态 x_k，常数 $\underline{\gamma}$、$\bar{\gamma}$、$\underline{\delta}$ 和 $\bar{\delta}$ 满足式(9.77)和式(9.78)，那么迭代值函数 $V_i(x_k)$ 满足下列不等式：

$$\Big(1+\frac{\underline{\delta}-1}{(1+\bar{\gamma}^{-1})^i}\Big)J^*(x_k)\leqslant V_i(x_k)\leqslant\Big(1+\frac{\bar{\delta}-1}{(1+\bar{\gamma}^{-1})^i}\Big)J^*(x_k) \tag{9.85}$$

证明：不等式(9.85)的左边可以通过式(9.81)与式(9.82)证明。在这里我们通过数学归纳法证明不等式的右边。不等式(9.85)对 $i=0$ 显然成立，令 $i=1$，则

$$V_1(x_k)=\min_{u_k}\{U(x_k,u_k)+V_0(F(x_k,u_k))\}$$

$$\leqslant\min_{u_k}\Big\{U(x_k,u_k)+\bar{\delta}J^*(F(x_k,u_k))+$$

$$\frac{\bar{\delta}-1}{1+\bar{\gamma}}(\bar{\gamma}U(x_k,u_k)-J^*(F(x_k,u_k)))\Big\}$$

$$=\Big(1+\frac{\bar{\delta}-1}{1+\bar{\gamma}^{-1}}\Big)J^*(x_k) \tag{9.86}$$

假设上述结论对任意的 $i=l-1,l=1,2,\cdots$ 都成立，那么当 $i=l$ 时，有

$$V_{l+1}(x_k)=\min_{u_k}\{U(x_k,u_k)+V_l(F(x_k,u_k))\}$$

$$\leqslant\min_{u_k}\Big\{U(x_k,u_k)+\Big(1+\frac{\bar{\delta}-1}{(1+\bar{\gamma})^{l-1}}\Big)J^*(x_{k+1})+$$

$$\frac{\bar{\delta}-1}{(1+\bar{\gamma})(1+\bar{\gamma}^{-1})^{l-1}}(\bar{\gamma}U(x_k,u_k)-J^*(x_{k+1}))\Big\}$$

$$=\Big(1+\frac{\bar{\delta}-1}{(1+\bar{\gamma}^{-1})^l}\Big)J^*(x_k) \tag{9.87}$$

因此，不等式(9.85)对 $i=0,1,2,\cdots$ 均成立，定理 9.3 得证。

定理9.4　对 $i=0,1,2,\cdots$，通过方程(9.70)～(9.74)获得 $V_i(x_k)$ 和 $v_i(x_k)$。常数 $\underline{\gamma}$、$\bar{\gamma}$、$\underline{\delta}$ 和 $\bar{\delta}$ 满足下面的条件：

$$1 \leqslant \underline{\delta} \leqslant \bar{\delta} < \infty \tag{9.88}$$

若对任意状态 x_k，常数 $\underline{\gamma}$、$\bar{\gamma}$、$\underline{\delta}$ 和 $\bar{\delta}$ 使式(9.77)和式(9.78)成立，则迭代值函数 $V_i(x_k)$ 满足不等式(9.79)。

证明：证明过程可以通过式(9.80)～式(9.83)获得，在此省略。

定理9.5　对 $i=0,1,2,\cdots$，通过方程(9.70)～(9.74)获得 $V_i(x_k)$ 和 $v_i(x_k)$。常数 $\underline{\gamma}$、$\bar{\gamma}$、$\underline{\delta}$ 和 $\bar{\delta}$ 满足下面的条件：

$$0 \leqslant \underline{\delta} \leqslant \bar{\delta} < \infty \tag{9.89}$$

如果对任意状态 x_k，常数 $\underline{\gamma}$、$\bar{\gamma}$、$\underline{\delta}$ 和 $\bar{\delta}$ 满足式(9.77)和式(9.78)，那么迭代值函数 $V_i(x_k)$ 收敛到最优的代价函数 $J^*(x_k)$，即

$$\lim_{i \to \infty} V_i(x_k) = J^*(x_k) \tag{9.90}$$

证明：由不等式(9.79)和(9.85)的左侧，当 $i \to \infty$ 时，可以得到

$$\lim_{i \to \infty} \left\{ \left(1 + \frac{\underline{\delta} - 1}{(1 + \bar{\gamma}^{-1})^i} \right) J^*(x_k) \right\} = J^*(x_k) \tag{9.91}$$

另一方面，根据不等式(9.79)和(9.85)的右侧，当 $i \to \infty$ 时，可以得到

$$\lim_{i \to \infty} \left\{ \left(1 + \frac{\bar{\delta} - 1}{(1 + \underline{\gamma}^{-1})^i} \right) J^*(x_k) \right\} = \lim_{i \to \infty} \left\{ \left(1 + \frac{\bar{\delta} - 1}{(1 + \bar{\gamma}^{-1})^i} \right) J^*(x_k) \right\} = J^*(x_k) \tag{9.92}$$

根据式(9.79)、式(9.85)、式(9.91)和式(9.92)，不等式(9.90)得证。

注解9.1　从定理9.5可以看出，对于任意的迭代值函数初始值 $\Psi(x_k)$，迭代值函数随着 $i \to \infty$ 收敛到最优值，因此没有必要知道 $\underline{\gamma}$、$\bar{\gamma}$、$\underline{\delta}$ 和 $\bar{\delta}$ 的具体值，这也是广义值迭代算法的优点之一。另一方面，迭代值函数初始值直接影响迭代值函数的迭代过程，这也就意味着对不同的初始值会获得不同的收敛过程。

推论9.1　对 $i=0,1,2,\cdots$，通过方程(9.70)～(9.74)获得 $V_i(x_k)$ 和 $v_i(x_k)$。如果对任意状态 x_k，初始迭代值函数 $\Psi(x_k) \leqslant J^*(x_k)$，那么不等式 $V_i(x_k) \leqslant J^*(x_k)$ 对任意的 $i \geqslant 0$ 恒成立。

推论9.2　对 $i=0,1,2,\cdots$，通过方程(9.70)～(9.74)获得 $V_i(x_k)$ 和 $v_i(x_k)$。如果对任意状态 x_k，初始迭代值函数 $\Psi(x_k) \geqslant J^*(x_k)$，那么不等式 $V_i(x_k) \geqslant J^*(x_k)$ 对任意的 $i \geqslant 0$ 恒成立。

定理 9.6 对 $i=0,1,2,\cdots$，通过方程（9.70）～（9.74）获得 $V_i(x_k)$ 和 $v_i(x_k)$。如果对任意状态 x_k，不等式

$$V_1(x_k) \leqslant V_0(x_k) \tag{9.93}$$

成立，那么迭代值函数 $V_i(x_k)$ 对于任意 $i \geqslant 0$ 都是一个单调的非增序列，即

$$V_{i+1}(x_k) \geqslant V_i(x_k) \tag{9.94}$$

证明： 我们通过数学归纳法证明。首先，令 $i=1$，根据不等式（9.74）和（9.94），得到

$$V_2(x_k) = \min_{u_k}\{U(x_k, u_k) + V_1(x_{k+1})\}$$

$$\leqslant \min_{u_k}\{U(x_k, u_k) + V_0(x_{k+1})\}$$

$$= V_1(x_k) \tag{9.95}$$

假设上述结论对任意的 $i=l-1, l=2,3,\cdots$ 都成立，那么当 $i=l$ 时，

$$V_{l+1}(x_k) = \min_{u_k}\{U(x_k, u_k) + V_l(x_{k+1})\}$$

$$\leqslant \min_{u_k}\{U(x_k, u_k) + V_{l-1}(x_{k+1})\}$$

$$= V_l(x_k) \tag{9.96}$$

定理 9.6 得证。

定理 9.7 对 $i=0,1,2,\cdots$，通过方程（9.70）～（9.74）获得 $V_i(x_k)$ 和 $v_i(x_k)$。如果对任意状态 x_k，不等式

$$V_1(x_k) \geqslant V_0(x_k) \tag{9.97}$$

成立，那么迭代值函数 $V_i(x_k)$ 对于任意 $i \geqslant 0$ 都是一个单调的非增序列，即

$$V_{i+1}(x_k) \geqslant V_i(x_k) \tag{9.98}$$

注解 9.2 如果对任意状态 x_k，令初始迭代值函数 $V_0(x_k) \equiv 0$，则广义值迭代算法就退化成传统的值迭代算法[4,9-13]。在文献[14]中，使用"函数有界"方法，迭代值函数的收敛性用零初值函数证明。本节在文献[14]的启发下，证明了迭代值函数收敛于具有任意正半定初始值函数的最优代价函数。此外，文献[10-13]中的传统值迭代算法的单调性可以很容易地通过我们提出的值迭代算法证明。所以，传统的值迭代是当前值迭代算法的特例。

推论 9.3 对 $i=0,1,2,\cdots$，通过方程（9.70）～（9.74）获得 $V_i(x_k)$ 和 $v_i(x_k)$。如果对任意状态 x_k，不等式（9.93）都成立，其中 $V_i(x_k)$ 表达式是方程（9.70），那么迭代值函数

$$V_i(x_k) \geqslant J^*(x_k) \tag{9.99}$$

对任意的 $i=0,1,2,\cdots$ 都成立。

证明： 根据定理 9.6，对于任意的 $i=0,1,2,\cdots$，都有

$$V_i(x_k) \geqslant V_{i+1}(x_k) \geqslant V_{i+2}(x_k) \geqslant \cdots \tag{9.100}$$

当 $l \geqslant i$ 时，可以得到

$$V_i(x_k) \geqslant V_l(x_k) \tag{9.101}$$

当 $l \to \infty$ 时，根据不等式（9.90），可以得到

$$V_i(x_k) \geqslant \lim_{l \to \infty} V_l(x_k) = J^*(x_k) \tag{9.102}$$

推论 9.4 对 $i = 0, 1, 2, \cdots$，通过方程（9.70）～（9.74）获得 $V_i(x_k)$ 和 $v_i(x_k)$。若对任意状态 x_k，不等式（9.97）都成立，其中 $V_0(x_k)$ 的表达式如式（9.71），那么对任意的 $i = 0, 1, 2, \cdots$ 迭代值函数满足

$$V_i(x_k) \leqslant J^*(x_k) \tag{9.103}$$

注解 9.3 应该指出推论 9.3 的逆命题可能不是正确的。例如，选取初始迭代值函数 $\Psi(x_k) \geqslant J^*(x_k)$，就不能得到对任意 $i = 0, 1, 2, \cdots$，不等式 $V_{i+1}(x_k) \leqslant V_i(x_k)$ 恒成立的结论。若选取 $\Psi(x_k) \leqslant J^*(x_k)$，我们也不能得到对任意 $i = 0, 1, 2, \cdots$，不等式 $V_{i+1}(x_k) \geqslant V_i(x_k)$ 恒成立的结论。因此，如果我们希望迭代值函数是单调不增加（或不降低）且收敛于最优值，那么选择一个任意的初值函数 $\Psi(x_k) \geqslant$（或 $\leqslant$）$J^*(x_k)$ 来保证迭代值函数的单调性是不够的，应提供额外的初始条件。在下文中，提供了两个特殊的初始条件来保证迭代值函数的单调性。

引理 9.3 对 $i = 0, 1, 2, \cdots$，通过方程（9.70）～（9.74）获得 $V_i(x_k)$ 和 $v_i(x_k)$。令初始迭代值函数 $V_0(x_k) \equiv 0$，那么对于任意的 $i = 0, 1, 2, \cdots$，$V_i(x_k)$ 单调非减收敛于 $J^*(x_k)$。

定理 9.8 对 $i = 0, 1, 2, \cdots$，通过方程（9.70）～（9.74）获得 $V_i(x_k)$ 和 $v_i(x_k)$。初始正半定函数 $\Psi(x_k)$ 满足下列条件

$$\Psi(x_k) = U(x_k, \bar{v}(x_k)) + \Psi(x_{k+1}) \tag{9.104}$$

其中 $\bar{v}(x_k)$ 是任意的容许控制策略，则对任意的 $i = 0, 1, 2, \cdots$，$V_i(x_k)$ 是单调非增序列，并收敛到最优值。

证明： 根据式（9.104），可得

$$\begin{aligned}
V_1(x_k) &= U(x_k, v_0(x_k)) + V_0(x_{k+1}) \\
&= \min_{u_k} \{ U(x_k, u_k) + \Psi(x_{k+1}) \} \\
&\leqslant U(x_k, \bar{v}(x_k)) + \Psi(x_{k+1}) \\
&= \Psi(x_k)
\end{aligned} \tag{9.105}$$

因此，可以得到 $V_1(x_k) \leqslant V_0(x_k)$。通过数学归纳法，可以证明不等式（9.94）对任意的 $i = 0, 1, 2, \cdots$ 均成立。

注解 9.4 随着 $i \to \infty$，迭代值函数会收敛到最优值。然而，在实际应用中，该算法无法实现无限次迭代以获得最佳代价函数。算法必须在有限次数的迭代中终止，并使用迭代控制律来控制系统。就传统值迭代算法而言[10-14]，若迭代控制策略 $v_i(x_k)$ 满足不等式 $|V_{i+1}(x_k) - V_i(x_k)| \leqslant \varepsilon$，$\varepsilon$ 是计算精度，那么算法运行终止。我们把"$|V_{i+1}(x_k) - V_i(x_k)| \leqslant \varepsilon$"叫作"收敛终止准则"。我们通常认为迭代控制法则 $v_i(x_k)$ 是最优的。相反，$v_i(x_k)$ 可能不是一个容许控制律，而只是一个最终一致有界的控制律。以下定理将显示此特点。

定义 9.1（最终一致有界） 若存在一个集合 $\wr \subset \mathbb{R}^n$ 使得对所有的 $x_{k_0} = x_0 \in \wr$，存在一个 ε 和数 $T(\varepsilon, x_0)$，使得 $\| x_k \| \leqslant \varepsilon$ 对所有的 $k \geqslant k_0 + T$ 成立，则这个解是最终一致有界的。

定理 9.9 假定假设 9.1～假设 9.4 成立，对 $i = 0, 1, 2, \cdots$，通过方程(9.70)～(9.74)获得 $V_i(x_k)$ 和 $v_i(x_k)$。若存在一个常数 $\varepsilon > 0$ 使得

$$| V_{i+1}(x_k) - V_i(x_k) | \leqslant \varepsilon \tag{9.106}$$

成立，那么非线性系统(9.64)在迭代控制律 $v_i(x_k)$ 下是最终一致有界的。

证明：定理分两步证明。

(1) 证明 $V_i(x_k)$ 是一个正定函数，对任意的 $k = 1, 2, \cdots$ 都成立；

首先根据 $\psi(x_k)$ 的定义，迭代值函数 $V_0(x_k) = \Psi(x_k)$ 是一个半正定函数。然后根据方程(9.72)中 $V_1(x_k)$ 的定义，令 $x_k = 0$，可以得到

$$V_1(0) = U(0, v_0(0)) + V_0(F(0, v_0(0))) \tag{9.107}$$

一方面，根据假设 9.2～假设 9.4，可以得到 $V_0(0) = 0$，$F(0, 0) = 0$ 以及 $U(0, 0) = 0$，则 $V_1(0) = 0$。另一方面，根据假设 9.4，可以得到 $V_1(x_k) > 0$，对任意的 $x_k, u_k \neq 0$ 均成立。因此，$V_1(x_k)$ 是一个正定函数。使用数学归纳法，可以证明 $V_i(x_k)$ 对任意 $i = 1, 2, \cdots$ 都成立。若 $\Psi(x_k)$ 是正定函数，则对任意 $i = 0, 1, \cdots, V_i(x_k)$ 也是正定函数。

(2) 证明非线性系统(9.64)在迭代控制策略 $v_i(x_k)$ 下是最终一致有界的。

根据不等式(9.106)，可以得到

$$-U(x_k, v_i(x_k)) - \varepsilon \leqslant \Delta V_i(x_k) = V_i(F(x_k, v_i(x_k))) - V_i(x_k)$$
$$\leqslant -U(x_k, v_i(x_k)) + \varepsilon \tag{9.108}$$

$$-U(x_k, v_i(x_k)) - \varepsilon \leqslant \Delta V_i(x_k) \leqslant 0 \tag{9.109}$$

成立。因为 $V_i(x_k)$ 是正定的，我们可以证明 $V_i(x_k)$ 是 Lyapunov 函数[15]，并且系统是渐近稳定的。下面分析另一种情况 $\Delta V_i(x_k) \leqslant -U(x_k, v_i(x_k)) + \varepsilon$，因为 $V_i(x_k)$ 是正定函数，存在两个函数 $\alpha(\| x_k \|)$ 和 $\beta(\| x_k \|)$，这两个函数都属于 $\mathcal{K}$[15]，并且满足

$$0 < \alpha(\| x_k \|) \leqslant V_i(x_k) \leqslant \beta(\| x_k \|) \tag{9.110}$$

定义一个新的状态集

$$X_k = \{ x_k \mid x_k \in \mathbb{R}^n, U(x_k, v_i(x_k)) \leqslant \varepsilon \} \tag{9.111}$$

由于 $U(x_k, v_i(x_k))$ 是一个正定函数，对任意的 $x_k \in X_k$，$\| x_k \| > 0$，其中 $\| x_k \|$ 是欧氏范数。我们定义

$$\rho = \sup_{x_k \in X_k} \{\parallel x_k \parallel\} \tag{9.112}$$

因为 ε 是正值，ρ 是正值，那么对任意满足式(9.112)的 ρ，都存在一个 $\parallel \Gamma \parallel \geqslant \parallel \rho \parallel$ 的正数 Γ，满足下列条件：

$$\alpha(\parallel \Gamma \parallel) \geqslant \beta(\parallel \rho \parallel) \tag{9.113}$$

那么对任意满足 $\varepsilon \geqslant \parallel \Gamma \parallel$ 的 ε，都存在一个满足 $\delta(\varepsilon) \geqslant \parallel \rho \parallel$ 与 $\beta(\delta) \leqslant \alpha(\varepsilon)$ 的 $\delta(\varepsilon)$。因此存在一个状态 x_k，如 $\parallel \rho \parallel \leqslant \parallel x_k \parallel \leqslant \delta(\varepsilon)$，满足下列条件：

$$\alpha(\varepsilon) \geqslant \beta(\delta) \geqslant V_i(x_k) \tag{9.114}$$

由于 $\parallel x_k \parallel \geqslant \parallel \rho \parallel$，可以得到

$$V_i(x_{k+1}) - V_i(x_k) \leqslant 0 \tag{9.115}$$

因此对任意满足 $\parallel \rho \parallel \leqslant \parallel x_k \parallel \leqslant \delta(\varepsilon)$ 的 x_k，存在一个 $T>0$，满足

$$\alpha(\varepsilon) \geqslant \beta(\delta) \geqslant V_i(x_k) \geqslant V_i(x_{k+T}) \geqslant \alpha(\parallel x_{k+T} \parallel) \tag{9.116}$$

通过式(9.116)可以得到 $\varepsilon > \parallel x_{k+T} \parallel$。因此，对任意满足 $\parallel x_k \parallel \geqslant \parallel \rho \parallel$ 的 x_k，存在一个 $T=1,2,\cdots$ 使得 $\parallel x_{k+T} \parallel \leqslant \parallel \rho \parallel$ 成立。因为 $\parallel \Gamma \parallel \geqslant \parallel \rho \parallel$，我们可以得到 $\parallel x_{k+T} \parallel \leqslant \parallel \Gamma \parallel$。根据定义9.1，定理9.9得证。

文献[4]已经证明最优的控制策略 $u^*(x_k)$ 是可容许控制。定理9.9表明迭代控制策略 $v_i(x_k)$ 仅是最终一致有界的。因此，严格来讲，$u^*(x_k)$ 是不能用 $v_i(x_k)$ 来替代的，并且上述算法仅根据截止条件(9.104)是不能终止的。为了克服这个缺点，我们要进一步分析迭代控制律 $v_i(x_k)$ 的性质，并且建立值迭代算法的新终止准则。

定理9.10 假定假设9.1～假设9.4都成立。对任意 $i=0,1,2,\cdots$，通过方程(9.70)～(9.74)获得 $V_i(x_k)$ 和 $v_i(x_k)$。若对任意的 $x_k \neq 0$，迭代控制律 $v_i(x_k)$ 使得

$$V_{i+1}(x_k) - V_i(x_k) < U(x_k, v_i(x_k)) \tag{9.117}$$

成立，那么迭代控制策略 $v_i(x_k)$ 是可容许控制。

证明： 根据不等式(9.116)，存在一个常数 $-\infty < \theta < 1$ 满足

$$V_{i+1}(x_k) - V_i(x_k) < \theta U(x_k, v_i(x_k)) \tag{9.118}$$

根据方程(9.74)，不等式(9.118)可以重写为

$$V_i(x_{k+1}) - V_i(x_k) < (\theta - 1)U(x_k, v_i(x_k)) \tag{9.119}$$

因为 $-\infty < \theta < 1$，我们可以得到 $V_i(x_{k+1}) - V_i(x_k) < 0$，这就意味着 $v_i(x_k)$ 是一个稳定的控制策略。另外，根据不等式(9.118)，我们可以得到

$$\begin{cases} V_i(x_{k+1}) - V_i(x_k) < (\theta - 1)U(x_k, v_i(x_k)) \\ V_i(x_{k+2}) - V_i(x_{k+1}) < (\theta - 1)U(x_{k+1}, v_i(x_{k+1})) \\ \vdots \\ V_i(x_{k+N}) - V_i(x_{k+N-1}) < (\theta - 1)U(x_{k+N-1}, v_i(x_{k+N-1})) \end{cases} \tag{9.120}$$

因为 $v_i(x_k)$ 是一个稳定的控制策略，可以得到 $\lim_{N \to \infty} V_i(x_{k+N}) = 0$。令 $N \to \infty$，我们可以得到

$$V_i(x_k) > (1-\theta)\sum_{j=0}^{\infty} U(x_{k+j}, v_i(x_{k+j})) \tag{9.121}$$

因为对任意的有界 x_k 和 $-\infty<\theta<1$，$V_i(x_k)$ 是有界正值，我们可以得到 $\sum_{j=0}^{\infty}U(x_{k+j},v_i(x_{k+j}))$ 是有界正值。定理 9.10 得证。

注解 9.5　根据定理 9.10，可以建立值迭代算法的新终止准则。不等式（9.117）被称为"可接受终止准则"。我们强调可接受终止准则是改进的值迭代算法实际应用的重要终止准则。首先，稳定性是控制系统的基本属性，而系统的稳定性不能使用文献[1]中的收敛准则来保证。其次，文献[4]中需要传统的值迭代算法实现无限次以达到最优，这使得它不可能实现。分析迭代控制律的性质对于给出值迭代算法在有限迭代内终止是必要的。根据式（9.106）和式（9.117），我们说当且仅当"收敛和容许终止准则"都满足时，值迭代算法才能被终止。另外，如果不等式（9.117）永远不能满足，那就意味着该算法可能永远不会停止。幸运的是，这种情况不会发生。下面的定理将给出相应的分析。

定理 9.11　假定假设 9.1～假设 9.4 满足。对任意的 $i=0,1,2,\cdots$，通过方程（9.70）～（9.74）获得 $V_i(x_k)$ 和 $v_i(x_k)$。那么，对于 $x_k\neq0$，存在一个有界值 $N>0$，使得

$$V_{N+1}(x_k)-V_N(x_k)<U(x_k,v_N(x_k)) \tag{9.122}$$

成立。

证明：定理可以通过反证法进行证明。假设（9.122）的反面成立，则对任意的 $N=0,1,2,\cdots$，有

$$V_{N+1}(\bar{x}_k)-V_N(\bar{x}_k)\geqslant U(\bar{x}_k,v_N(\bar{x}_k)) \tag{9.123}$$

成立。令 $N\to\infty$，根据定理 9.5，可以得到 $\lim_{N\to\infty}(V_{N+1}(\bar{x}_k)-V_N(\bar{x}_k))=0$。根据式（9.123）可以得到

$$\lim_{N\to\infty}(U(\bar{x}_k,v_N(\bar{x}_k)))=U(\bar{x}_k,v_\infty(\bar{x}_k))=0 \tag{9.124}$$

对任意的 $\bar{x}_k\in\mathbb{R}^n$ 都成立。这与 $U(x_k,u_k)$ 的正定性相矛盾。所以这个假设是错误的，结论是成立的。

给出广义值迭代 ADP 算法流程如算法 9.4 所示。

算法 9.4：广义值迭代 ADP 算法流程

初始化：

　　随机选择一组初始状态 x_0。

　　选择一个计算精度 ε。

　　给出一个正半定函数 $\Psi(x_k)$。

迭代：

　　1. 令迭代序列 $i=0$，$V_0(x_k)=\Psi(x_k)$。

　　2. 用式（9.71）计算初始迭代控制策略 $v_0(x_k)$，用式（9.72）获取迭代值函数 $V_1(x_k)$。

　　3. 若 $\forall x_k$，$V_1(x_k)\leqslant V_0(x_k)$，则进行步骤 4；否则，进行步骤 6。

区块 1

　　4. 用式（9.73）计算初始迭代控制策略 $v_i(x_k)$，用式（9.74）算迭代值函数 $V_{i+1}(x_k)$。

5. 若 $\forall x_k, |V_{i+1}(x_k) - V_i(x_k)| \leq \varepsilon$ 成立,进行步骤9;否则,令 $i = i+1$,进行步骤4。

区块2

6. 用式(9.73)计算初始迭代控制策略 $v_i(x_k)$,用式(9.74)计算迭代值函数 $V_{i+1}(x_k)$。

7. 若 $\forall x_k, |V_{i+1}(x_k) - V_i(x_k)| \leq \varepsilon$ 成立,那么进行下一步;否则,令 $i = i+1$,进行步骤6。

8. 若 $\forall x_k, V_{i+1}(x_k) - V_i(x_k) < U(x_k, v_i(x_k))$ 成立,那么进行下一步;否则,令 $i = i+1$,进行步骤6。

9. 返回 $v_i(x_k)$ 和 $V_i(x_k)$。

3. 值迭代 ADP 算法总结

注解9.6　我们可以看到,上边提出的广义值迭代算法9.4被分为两个块,其中终止准则是不同的。当 $\forall x_k, V_1(x_k) \leq V_0(x_k)$ 成立时,在区块1中实现值迭代算法,其中仅考虑收敛终止准则。否则,在区块2中实现值迭代算法,其中必须考虑两个终止准则。因此,若 $V_1(x_k) \leq V_0(x_k)$ 成立,算法变得更简单。但是,初始迭代值函数比区块2中的函数更难以确定。

注解9.7　对于传统的值迭代算法,使用零初始条件来实现该算法。根据定理9.7,我们知道该算法在区块2中实现,而在文献[4]与文献[9-15]中,仅在这些算法中考虑了收敛终止标准。在这种情况下,我们说迭代控制律的可接受性不能仅由收敛终止标准来保证。在本节中,基于值迭代算法建立了可接受终止标准,该算法保证了实现的迭代控制的有效性。这使得值迭代算法具有更大的应用潜力。

9.2.2.3　仿真实验

例9.3　考虑以下的离散时间倒立摆系统[16]

$$\begin{bmatrix} x_{1(k+1)} \\ x_{2(k+1)} \end{bmatrix} = \begin{bmatrix} x_{1k} + 0.1x_{2k} \\ 0.1\dfrac{g}{\ell}\sin(x_{1k}) + (1 - 0.1\kappa\ell)x_{2k} \end{bmatrix} + \begin{bmatrix} 0 \\ \dfrac{0.1}{m\ell^2} \end{bmatrix} u_k \tag{9.125}$$

其中,摆杆的质量和长度分别为 $m = 1/2\mathrm{kg}$ 和 $\ell = 1/3$,令摩擦因数与重力加速度分别为 $\kappa = 0.2$ 和 $g = 9.8\mathrm{m/s}^2$。定义代价函数为

$$J(x_0, u_0) = \sum_{k=0}^{\infty} x_k^{\mathrm{T}} Q x_k + u_k^{\mathrm{T}} R u_k \tag{9.126}$$

其中,$Q = I_1, R = I_2, I_1$ 与 I_2 分别是具有合适维数的矩阵。令初始状态 $x_0 = [1 \quad -1]^{\mathrm{T}}$,状态空间集选择 $\Theta = \{x_k \mid -1 \leq x_{1k} \leq 1, -1 \leq x_{2k} \leq 1\}$。3层 BP 神经网络用来近似值迭代中的迭代值函数与控制策略函数,两个神经网络各层神经元个数均采用 2-8-1 的结构,如图9-12与图9-13所示。我们在状态空间集内选择 10 000 个状态样本进行训练,从而获得最优的控制策略。在每次迭代过程中,两个神经网络训练 2000 次,允许误差为 10^{-6},学习律为 0.01。权值更新公式可以参考文献[17]。为了证明算法的有效性,初始选择四个不同的二次型值函数

$$\Psi^j(x_k) = x_k^T P_j x_k, \quad j = 1,2,3,4 \tag{9.127}$$

令 $P_1 = 0$，$P_2 - P_4$ 是任意的正定矩阵。在本例中选择

$$P_2 = \begin{bmatrix} 9.56 & -5.39 \\ -5.39 & 4.31 \end{bmatrix}, \quad P_3 = \begin{bmatrix} 7.09 & -1.14 \\ -1.14 & 21.26 \end{bmatrix}, \quad P_4 = \begin{bmatrix} 28.22 & 12.67 \\ 12.67 & 38.79 \end{bmatrix}$$

以 0.01 的学习律对值迭代算法迭代 25 次，针对不同的初始矩阵 P_i，仿真结果如图 9-14 所示，其中"In"表示初始迭代，"Lm"代表最终的迭代。

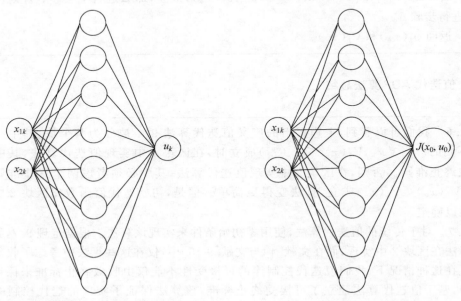

图 9-12　近似控制策略的 2-8-1 结构神经网络　　图 9-13　近似迭代值函数的 2-8-1 结构神经网络

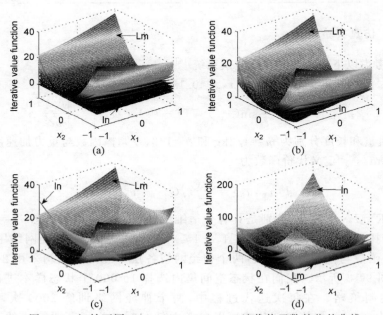

图 9-14　初始不同 $\Psi^j(x_k)$，$j = 1,2,3,4$，迭代值函数的收敛曲线

(a) $\Psi^1(x_k)$；(b) $\Psi^2(x_k)$；(c) $\Psi^3(x_k)$；(d) $\Psi^4(x_k)$

当 $\Psi^1(x_k)\equiv0$ 时,传统的值迭代算法[4]是在式(9.70)～式(9.74)之间进行迭代的。在文献[4]中,已经证明迭代值函数是单调非减的,并收敛于最优值。初始迭代值函数为 $\Psi^1(x_k)$,因为 $V_1(x_k)\geqslant V_0(x_k)$,根据定理 9.7 和推论 9.3 可知,$V_{i+1}(x_k)\geqslant V_i(x_k)$,$i=0$,$1,2,\cdots$,并且 $V_i(x_k)\leqslant J^*(x_k)$,图 9-14 中(a)图验证了这一结论,因此传统值迭代算法性质可通过改进的式(9.70)～式(9.74)算法验证。然而,初始迭代值函数非零的情况在文献[4]中并没有给出。从图 9-14 中可以看出,对任意的初始正半定迭代值函数,迭代值函数收敛到最优值。不仅如此,初始迭代值函数为 $\Psi^4(x_k)$ 时,$V_1(x_k)\leqslant V_0(x_k)$,而迭代值函数是单调非增的,则对任意的 $i=0,1,\cdots$,可以得到 $V_i(x_k)\geqslant J^*(x_k)$。图 9-15 显示了针对不同 $\Psi^j(x_k)$,$j=1,2,\cdots,4$,$U(x_k,v_i(x_k))-(V_{i+1}(x_k)-V_i(x_k))$ 的差值。在图 9-15 中,U_i、V_{i+1} 和 V_i 分别代表 $U(x_k,v_i(x_k))$、$V_{i+1}(x_k)$ 和 $V_i(x_k)$。

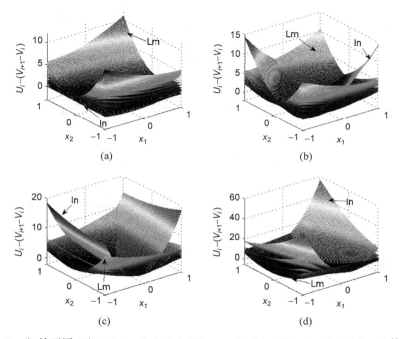

图 9-15　初始不同 $\Psi^j(x_k)$,$j=1,2,3,4$,$U(x_k,v_i(x_k))-(V_{i+1}(x_k)-V_i(x_k))$ 的曲线

(a) $\Psi^1(x_k)$; (b) $\Psi^2(x_k)$; (c) $\Psi^3(x_k)$; (d) $\Psi^4(x_k)$

仿真结果显示,迭代了 25 次后,迭代值函数 $V_i(x_k)$ 满足收敛判据。从图 9-15 看出,函数 $U(x_k,v_i(x_k))-(V_{i+1}(x_k)-V_i(x_k))$ 的差值在迭代 25 次后大于 0,而这恰恰验证了判据(9.122)。根据定理 9.11 可知,迭代控制策略是可容许控制策略。令终止时间 $T_f=60$,图 9-16 和图 9-17 分别显示了系统的状态和控制策略轨迹,从中可以看出系统状态和控制律收敛到最优值,并且控制律是可容许控制。

文献[4]已经证明,当 $i\to\infty$ 时,迭代值函数收敛到最优值,但控制律的可容许性并不能保证,这就使得迭代不能终止,直到 $i\to\infty$,而这是不可能实现的。而图 9-14～图 9-17 显示,若收敛判据和可容许判据满足后,迭代停止,并获得可容许控制律。因此本节提出的带有收敛判据和终止判据的改进算法,相比较传统的算法更具有可实施性。

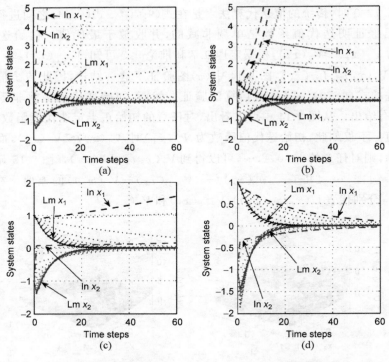

图 9-16　初始不同 $\Psi^j(x_k),j=1,2,3,4,$迭代状态曲线

(a) $\Psi^1(x_k)$；(b) $\Psi^2(x_k)$；(c) $\Psi^3(x_k)$；(d) $\Psi^4(x_k)$

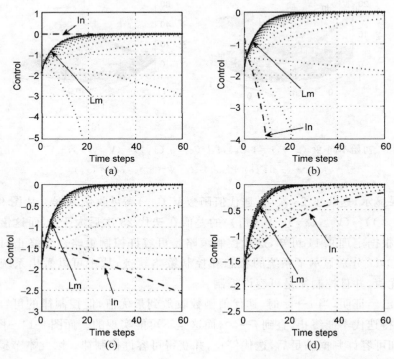

图 9-17　初始不同 $\Psi^j(x_k),j=1,2,3,4,$迭代控制策略曲线

(a) $\Psi^1(x_k)$；(b) $\Psi^2(x_k)$；(c) $\Psi^3(x_k)$；(d) $\Psi^4(x_k)$

策略迭代算法是迭代 ADP 算法的一种,其详细迭代算法过程请参考文献[18]。为了比较改进的值迭代算法与策略迭代的优越性,做出以下仿真实验。

首先我们利用控制网生成一个容许的初始控制策略,令控制网的输出为

$$v(x_k) = W_{a,initial}\sigma(Y_{a,initial}x_k + b_{a,initial}) \tag{9.128}$$

其中,$W_{a,initial}$ 是隐含层与输出层的权值,$Y_{a,initial}$ 是输入层与隐含层之间的权值,$b_{a,initial}$ 是神经网络的阈值。根据文献[18]中的算法 1,获得可容许控制初始权值为

$$Y_{a,initial} = \begin{bmatrix} -4.19 & 0.10 & -5.98 & 2.26 & 0.66 & 1.96 & 0.84 & -1.65 \\ -0.74 & 4.14 & 2.68 & -3.65 & 0.18 & -0.09 & 0.26 & 0.03 \end{bmatrix}^T \tag{9.129}$$

$$W_{a,initial} = \begin{bmatrix} 0.07 & 0.01 & 0 & 0 & -2.77 & -0.04 & -1.59 & 0.11 \end{bmatrix}^T \tag{9.130}$$

$$b_{a,initial} = \begin{bmatrix} 4.36 & 2.9 & 3.01 & -0.64 & -0.48 & -0.33 & 1 & -1.32 \end{bmatrix}^T \tag{9.131}$$

初始化 $v(x_k)$,策略迭代迭代了 6 次达到计算精度 $\varepsilon = 0.01$。图 9-18 显示了迭代值函数的收敛性,对应的系统状态轨迹和控制策略如图 9-19(a)与图 9-19(b)所示。

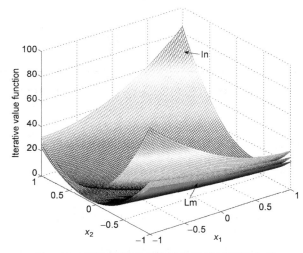

图 9-18　离散时间策略迭代的迭代值函数曲线

与本文中的值迭代类似,图 9-19 的仿真结果显示迭代值函数在迭代 6 次后收敛到最优值,最优状态曲线与控制律曲线如图 9-19(c)与图 9-19(d)所示,改进值迭代算法的性能得到验证。然而,本文的值迭代算法与文献[18]中的策略迭代算法是不同的。首先,策略迭代初始化的是可容许的控制策略,而改进的值迭代算法初始化的是一个正半定函数;其次,策略迭代的每次迭代需要求解一个广义 HJB 方程

$$V_i(x_k) = U(x_k, v_i(x_k)) + V_i(x_{k+1}) \tag{9.132}$$

进而更新迭代值函数。而在改进的值迭代算法中,广义 HJB 方程(9.132)是不需要的。最后,策略迭代中的迭代控制策略是可容许控制,而改进的值迭代算法中,虽然不能保证每次迭代控制策略的可容许性,但若满足可容许判据不等式(9.117),那么改进值迭代中的迭代控制策略的可容许性就可以满足。一般而言,非线性系统的可容许控制策略是难以直接获得的,但初始一个正半定函数是简单的。因此,本节提出的值迭代算法比文献[18]中的策略迭代算法更有效。

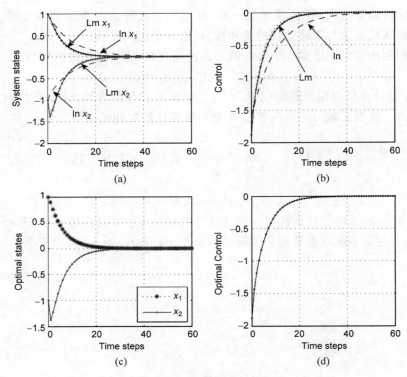

图 9-19　状态和控制轨迹

（a）离散时间策略迭代的迭代状态；（b）离散时间策略迭代的迭代控制；（c）最优状态；（d）最优控制

例 9.4　考虑一个离散时间扭摆系统[17]

$$\begin{bmatrix} x_{1(k+1)} \\ x_{2(k+1)} \end{bmatrix} = \begin{bmatrix} x_{1k} + 0.1 x_{2k} \\ -\dfrac{0.1Mgl}{\mathcal{J}}\sin(x_{1k}) + \left(\dfrac{0.1 - 0.1f_d}{\mathcal{J}}\right)x_{2k} \end{bmatrix} + \begin{bmatrix} 0 \\ \dfrac{0.1}{\mathcal{J}} \end{bmatrix} u_k \qquad (9.133)$$

其中，$M = 1/3\,\mathrm{kg}$，$l = 3/2\,\mathrm{m}$，分别为扭摆的质量与长度。令 $\mathcal{J} = 4/3Ml^2$，$f_d = 0.2$，分别为转动惯量和摩擦因数，$g = 9.8\,\mathrm{m/s^2}$ 是重力加速度，选择系统初始状态 $x_0 = \begin{bmatrix} 1 & -1 \end{bmatrix}^{\mathrm{T}}$，效用函数与例 9.3 类似，其中 $Q = 0.2I_1$，$R = 0.2I_2$。

神经网络结构采用与例 9.3 类似的结构，不同的是在状态集中选取 20 000 个样本进行值迭代算法来获得最优控制律，在每次的迭代中，令学习律为 0.005，神经网络训练 10 000 次。并且选择的初始迭代值函数的形式为

$$\widetilde{\Psi}^j(x_k) = x_k^{\mathrm{T}} \widetilde{P}_j x_k, \quad j = 1,2,3,4 \qquad (9.134)$$

其中 $\widetilde{P}_1 = 0$，$\widetilde{P}_2 - \widetilde{P}_4$ 是正定矩阵，$\widetilde{P}_2 = \begin{bmatrix} 0.52 & -0.26 \\ -0.26 & 0.80 \end{bmatrix}$，$\widetilde{P}_3 = \begin{bmatrix} 10.30 & -7.61 \\ -7.61 & 5.74 \end{bmatrix}$，$\widetilde{P}_4 = \begin{bmatrix} 27.82 & 4.93 \\ 4.93 & 7.53 \end{bmatrix}$。运行值迭代 40 次，初始化迭代值函数 $\widetilde{\Psi}^j(x_k)$，$j = 1,2,3,4$，得到的迭代值函数收敛曲线如图 9-20 所示。

40 次迭代后，迭代值函数收敛到最优值。对 $\widetilde{\Psi}^1(x_k)$ 而言，改进的值迭代算法与文献[4]中的值迭代算法相同。当 $V_1(x_k) \geqslant V_0(x_k)$ 时，可以得到迭代值函数 $V_i(x_k)$ 是单调非

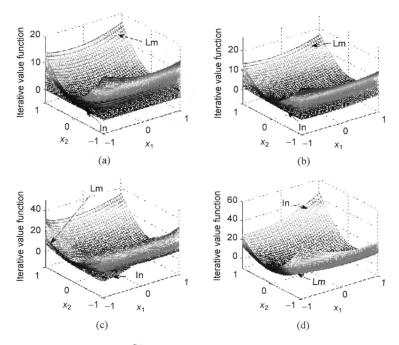

图 9-20 初始不同 $\widetilde{\Psi}^j(x_k), j=1,2,3,4$,迭代值函数的收敛曲线

(a) $\widetilde{\Psi}^1(x_k)$; (b) $\widetilde{\Psi}^2(x_k)$; (c) $\widetilde{\Psi}^3(x_k)$; (d) $\widetilde{\Psi}^4(x_k)$

减的,对任意的 $i=0,1,2,\cdots,V_i(x_k)\leqslant J^*(x_k)$,文献[4]中的值迭代算法得到验证。另外,对 $\widetilde{\Psi}^4(x_k)$ 而言,有 $V_1(x_k)\leqslant V_0(x_k)$,迭代值函数 $V_i(x_k)$ 是单调非增的,对任意的 $i=0,1,2,\cdots,V_i(x_k)\geqslant J^*(x_k)$。初始化迭代值函数 $\widetilde{\Psi}^j(x_k), j=1,2,3,4$,图 9-21 给出了通过值迭代算法得到的迭代控制律。把图中的迭代控制律应用到系统(9.133)中,可以得到系统的状态曲线,如图 9-22 所示。考虑 $\widetilde{\Psi}^4(x_k)$,因为 $V_1(x_k)\leqslant V_0(x_k)$,从图 9-21(d) 和图 9-22(d)中可以看出,对任意的 $i=0,1,2,\cdots,v_i(x_k)$ 是可容许控制。对不同的初始迭代值函数,所有的迭代状态和控制律均收敛到最优值。

走近学者

刘德荣

刘德荣,美国伊利诺伊大学终身职教授,IEEE Fellow。1994 年从美国圣母大学毕业并获电气工程博士学位。曾在美国通用汽车公司研究开发中心工作和斯蒂文斯理工学院电机与计算机工程系任助教授。从 1999 年开始,在芝加哥伊利诺伊大学电机与计算机工程系工作,先后任该校助教授(1999—2002)、终身职副教授(2002—2006)和终身职正教授(自 2006 年起)。2008 年,入选中国科学院"百人计划",在自动化研究所任研究员。曾任中国科学院自动化研究所复杂系统管理与控制国家重点实验室副主任。

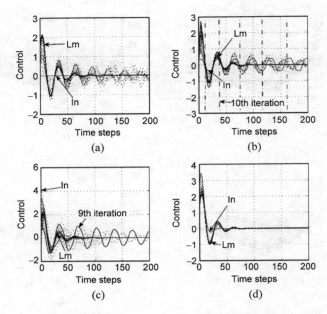

图 9-21 初始不同 $\widetilde{\Psi}^{j}(x_{k}),j=1,2,3,4$,迭代控制策略曲线

(a) $\widetilde{\Psi}^{1}(x_{k})$；(b) $\widetilde{\Psi}^{2}(x_{k})$；(c) $\widetilde{\Psi}^{3}(x_{k})$；(d) $\widetilde{\Psi}^{4}(x_{k})$

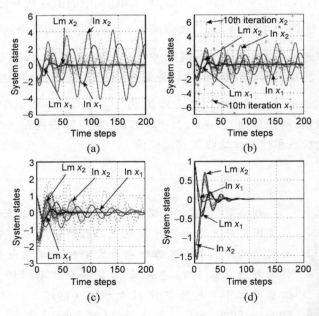

图 9-22 初始不同 $\widetilde{\Psi}^{j}(x_{k}),j=1,2,3,4$,迭代系统状态曲线

(a) $\widetilde{\Psi}^{1}(x_{k})$；(b) $\widetilde{\Psi}^{2}(x_{k})$；(c) $\widetilde{\Psi}^{3}(x_{k})$；(d) $\widetilde{\Psi}^{4}(x_{k})$

自 1992 年以来,共发表了 170 多篇 SCI 论文,230 多篇国际会议论文,同他人合作共出版过 18 本书。曾受邀在 20 多个国际会议上做大会报告。早期从事非线性系统稳定性方面的研究工作,成果被命名为"Liu-Michel"判据。在神经网络方面,开创了递归神经网络的稀疏结构研究工作并将成果应用于联想记忆和细胞神经网络。近年来,主要从事自适应动态规划理论和应用研究工作,在该领域出版了多部专著,100 余篇 SCI 论文。

1999 年获美国国家科学基金会教授早期事业发展奖。2006 年获伊利诺伊大学的大学学者奖。2008 年获中国国家自然科学基金委"海外杰出青年合作研究基金"。2011 年获中组部"国家特聘专家"称号。2014 年获亚太神经网络联合会杰出成就奖。2010—2015 年任《IEEE 神经网络与学习系统汇刊》总主编。现任 IFAC 理事、IEEE 计算智能学会理事、亚太神经网络学会当选主席、中国自动化学会常务理事、Springer 的《人工智能评论》主编。2005 年当选 IEEE Fellow,2013 年当选 INNS Fellow,2016 年当选 IAPR Fellow。

9.3 连续时间值迭代自适应动态规划

在本节中,我们针对线性二次型(Linear Quadratic Regulations,LQR)积分值迭代问题研究其性质。这导致积分值迭代的两种全局单调收敛模式:一个行为像策略迭代,需要一个初始稳定策略;另一个行为像值迭代方法,它不需要初始稳定策略。所有其他的性质,如正定性、稳定性以及积分值迭代和积分策略迭代之间的关系也在这两个框架中阐述。本节内容主要参考文献[19]和文献[20]。

9.3.1 问题描述

考虑以下连续线性系统

$$\dot{x}(t) = Ax(t) + Bu(t), \quad x(0) = x_0(t \geqslant 0) \tag{9.135}$$

其中,$x(t) \in \mathbb{R}^n$,$u(t) \in \mathbb{R}^m$ 分别是系统(9.135)的状态和控制输入,$A \in \mathbb{R}^{n \times n}$,$B \in \mathbb{R}^{n \times m}$ 分别是满足系统和输入耦合的矩阵。

假设 9.5 (A, B) 是可镇定的。

对于给定策略 $u(t) = -Kx(t)$,定义 A_K 为 $A_K = A - BK$。便于讨论和分析,给出以下积分转换引理。

引理 9.4[21] 对于任何矩阵 $X \in \mathbb{R}^{n \times n}$ 和 $Y \in \mathbb{R}^{n \times n}$,以下积分公式对任意 $T > 0$ 成立:

$$e^{X^T T} Y e^{XT} - Y = \int_0^T e^{X^T \tau} (X^T Y + YX) e^{X\tau} d\tau \tag{9.136}$$

在本节中,我们采用了与 ADP 的概念相符的正向时间方法。

1. LQR 和 Riccati 方程

有限时域 LQR 问题的目标是最小化二次型代价函数:

$$J_u^{FH}(x_0;T) = x^{\mathrm{T}}(T)P_0^* x(T) + \int_0^T U(x(\tau),u(\tau))\mathrm{d}\tau \tag{9.137}$$

其中，P_0^* 是最终时间加权矩阵，$U(x(t),u(t))$ 是二次型效用函数，定义为 $U(x(t),u(t)) = x^{\mathrm{T}}(t)Qx(t) + u^{\mathrm{T}}(t)Ru(t)$，$Q \in \mathbb{R}^{n\times n}$ 是已知的正半定矩阵，$R \in \mathbb{R}^{m\times m}$ 是正定矩阵。

考虑正向时间 Riccati 微分方程

$$\dot{P}^*(t) = A^{\mathrm{T}}P^*(t) + P^*(t)A - P^*(t)BR^{-1}B^{\mathrm{T}}P^*(t) + Q \tag{9.138}$$

其中，$P^*(0) = P_0^*$。最优策略 $u_{FH}^*(t)$ 及对应的最优代价函数 $J_u^{FH}(x_0;T)\big|_{u=u_{FH}^*}$ 可写为

$$u_{FH}^*(t;T) = -K^*(T-t)x(t) \tag{9.139}$$

$$J_u^{FH}(x_0;T)\big|_{u=u_{FH}^*} = x_0^{\mathrm{T}}P^*(T)x_0 \tag{9.140}$$

其中，$K^*(t) = R^{-1}B^{\mathrm{T}}P^*(t)$。将式（9.140）和 $u(t) = u_{FH}^*(t;T)$ 代入代价函数（9.137）中，可以得到

$$\boldsymbol{x}^{\mathrm{T}}(t)P^*(T)x(t) = \int_t^{t+T} U(x,u_{FH}^*)\mathrm{d}\tau + x^{\mathrm{T}}(t+T)P_0^* x(t+T) \tag{9.141}$$

这与有限 LQR 的最优性积分原理相对应。为了方便，将 Riccati 算子 $\mathrm{Ric}(P)$ 定义为

$$\mathrm{Ric}(P) := \boldsymbol{A}^{\mathrm{T}}P + PA - PBR^{-1}\boldsymbol{B}^{\mathrm{T}}P + Q$$

把算子 $\mathrm{Ric}(P)$ 代入式（9.138）中，Riccati 方程（9.138）可写成 $\dot{P}^*(t) = \mathrm{Ric}(P^*(t))$。

对于无限时域 LQR 问题（$T \to \infty$），目标是最小化代价函数

$$J_u^{IH}(x_0) = \int_0^\infty U(x(\tau),u(\tau))\mathrm{d}\tau \tag{9.142}$$

在这种情况下，根据假设 9.5，存在最小化解 $(u^*,J^*(x_0))$ 为

$$u^*(x) = -K^* x \tag{9.143}$$

$$J^*(x_0) = x_0^{\mathrm{T}}P^* x_0 \tag{9.144}$$

其中，P^* 是代数 Riccati 方程中 $\mathrm{Ric}(P^*) = 0$ 的解[22]，K^* 是定义为 $K^* := R^{-1}\boldsymbol{B}^{\mathrm{T}}P^*$ 的最优控制增益矩阵。对于正（半）定解 P^* 的唯一性，需要以下假设。

假设 9.6 $(A,Q^{\frac{1}{2}})$ 是可测的。

2. Lyapunov 方程

对于策略 $u = -Kx$，代价函数（9.137）以二次型 $J_u^{FH}(x_0;T)\big|_{u=u_{FH}^*} = \boldsymbol{x}_0^{\mathrm{T}}P(T)x_0$ 表示，其满足

$$x_0^{\mathrm{T}}P(T)x_0 = \int_0^T U(x,u)\mathrm{d}\tau + x^{\mathrm{T}}(T)P_0 x(T) \tag{9.145}$$

其中，$P_0 := P_0^*$。这可以通过将 $J_u^{FH}(x_0;T) = x_0^{\mathrm{T}}P(T)x_0$ 代入式（9.137）来获得。现在考虑正向时间微分 Lyapunov 方程

$$\dot{P}(t) = \boldsymbol{A}_K^{\mathrm{T}}P(t) + P(t)\boldsymbol{A}_K + Q + \boldsymbol{K}^{\mathrm{T}}RK, \quad P(0) = P_0 \tag{9.146}$$

那么，对于任意 $T > 0$，任何最终时刻 $t = T$ 的解 $P(T)$ 由下式给出：

$$P(T) = e^{A_K^T T} P_0 e^{A_K T} + \int_0^T e^{A_K^T \tau}(Q + K^T RK)e^{A_K \tau}d\tau \tag{9.147}$$

这可以很容易地从微分李雅普诺夫方程[22]的解和变量的变化中获得。注意,式(9.145)中给出的$P(T)$实际上与满足式(9.147)的Lyapunov方程(9.146)的解$P(T)$相同。对式(9.147)应用引理9.4得到增量公式

$$P(T) = P_0 + \int_0^T e^{A_K^T \tau}(A_K^T P_0 + P_0 A_K + Q + K^T RK)e^{A_K \tau}d\tau \tag{9.148}$$

若$u = -Kx$是一个稳定策略,A_K就是赫尔维茨(Hurwitz)矩阵,那么当$T \to \infty$时,式(9.146)成为代数Lyapunov方程

$$A_K^T P + PA_K + Q + K^T RK = 0 \tag{9.149}$$

正如下一节将要介绍的那样,所有这些差分/代数Lyapunov式(9.146)~式(9.149)都与积分值迭代(Integral Value Iteration,I-VI)有关,更具体地说,是I-VI的值更新步骤。

3. 积分值迭代

对于无限时域LQR,I-VI的目的是以在线方式找到最小化(9.142)的最优策略$u^*(x) = -K^*x$。推导I-VI的关键思想是最优性积分原理[23],它指出最优代价函数$J^*(x(t))$应该满足以下公式

$$J^*(x(t)) = \min_{u(\tau)}\left\{\int_t^{t+T_s}U(x(\tau), u(\tau))d\tau + J^*(x(t+T_s))\right\} \tag{9.150}$$

其中T_s是采样周期。假设当前的估计代价函数$J_i(x(t+T_s)) = x^T(t+T_s)P_i x(t+T_s)$是式(9.150)中$J^*(x(t+T_s))$的最精确近似值,我们得到下面的I-VI方案,它不依赖于系统矩阵A[23]。

算法9.5:LQR的I-VI[19]

(1)值更新

$$x^T(t)P_{i+1}x(t) = \int_t^{t+T_s}U(x(\tau), u_i(\tau))d\tau + x^T(t+T_s)P_i x(t+T_s) \tag{9.151}$$

(2)策略更新

$$u_{i+1} = -K_{i+1}x \tag{9.152}$$

其中$K_{i+1} = R^{-1}B^T P_{i+1}$。

我们首先看值更新步骤(9.151)。通过比较式(9.151)和式(9.145),可以看到,值更新步骤实际上是查找Lyapunov函数$J_u^{FH}(x(t); T_s) = x^T(t)P(t+T_s)x(t)$的过程。因此,$P_{i+1}$实际上是下面微分Lyapunov方程的解:

$$\dot{P}(t) = A_{K_i}^T P(t) + P(t)A_{K_i} + Q + K_i^T RK_i, \quad 0 \leqslant t \leqslant T_s$$
$$P(0) = P_i \tag{9.153}$$

这与式(9.146)对应。另外,从式(9.147)和式(9.148)可知,对于所有非负整数i(用$i \in \mathbf{Z}_+$表示),有以下等价公式:

$$P_{i+1} = e^{A_{K_i}^T T_s}P_i e^{A_{K_i}T_s} + \int_0^{T_s}e^{A_{K_i}^T \tau}(Q + K_i^T RK_i)e^{A_{K_i}\tau}d\tau \tag{9.154}$$

$$\Delta P_i = \int_0^{T_s} \mathrm{e}^{A_{K_i}^{\mathrm{T}} \tau} Ric(P_i) \mathrm{e}^{A_{K_i} \tau} \mathrm{d}\tau \tag{9.155}$$

其中 $\Delta P_i := P_{i+1} - P_i$。与式(9.154)和式(9.155)一起,下面三个引理将用于 I-VI 的分析。

引理 9.5 由 I-VI 式(9.151)和式(9.155)生成的序列 $\{P_i\}_{i \in \mathbf{Z}_+}$ 满足下面的迭代方程:

$$Ric(P_{i+1}) = \mathrm{e}^{A_{K_i}^{\mathrm{T}} T_s} Ric(P_i) \mathrm{e}^{A_{K_i} T_s} - \Delta P_i BR^{-1} \boldsymbol{B}^{\mathrm{T}} \Delta P_i \tag{9.156}$$

证明:将 $P_{i+1} = P_i + \Delta P_i$ 代入 $Ric(P_{i+1})$ 并重新排列等式可以得到

$$Ric(P_{i+1}) = Ric(P_i) + \boldsymbol{A}_{K_i}^{\mathrm{T}} \Delta P_i + \Delta P_i \boldsymbol{A}_{K_i} - \Delta P_i BR^{-1} \boldsymbol{B}^{\mathrm{T}} \Delta P_i \tag{9.157}$$

然后,将式(9.155)代入方程并应用引理 9.4 完成证明。

引理 9.6 在假设 9.5 和假设 9.6 下,令 ΔP_i^* 为差值 $\Delta P_i^* = P_i - P^*$。那么,可由式(9.151)和式(9.152)生成 $\{P_i\}_{i \in \mathbf{Z}_+}$,且满足

$$P^* = P_i + \int_0^\infty \mathrm{e}^{A_{K^*}^{\mathrm{T}} \tau} (Ric(P_i) + \Delta P_i^* BR^{-1} \boldsymbol{B}^{\mathrm{T}} \Delta P_i^*) \mathrm{e}^{A_{K^*} \tau} \mathrm{d}\tau \tag{9.158}$$

证明:类似于引理 9.5,用 $Ric(P_{i+1})$ 代替 $P_i = P^* - \Delta P_i^*$,可以得到

$$Ric(P_i) = Ric(P^* - \Delta P_i^*)$$
$$= Ric(P^*) + \boldsymbol{A}_{K^*}^{\mathrm{T}} \Delta P_i^* + \Delta P_i^* A_{K^*} - \Delta P_i^* BR^{-1} \boldsymbol{B}^{\mathrm{T}} \Delta P_i^*$$

根据 $Ric(P^*) = 0$ 并重写方程,我们得到以下形式的 Lyapunov 方程:

$$\boldsymbol{A}_{K^*}^{\mathrm{T}} \Delta P_i^* + \Delta P_i^* A_{K^*} = Ric(P_i) + \Delta P_i^* BR^{-1} \boldsymbol{B}^{\mathrm{T}} \Delta P_i^* \tag{9.159}$$

式(9.158)的证明通过将文献[24]的理论应用于 Lyapunov 方程(9.159)来完成。

引理 9.7[23] 令由式(9.151)和式(9.152)生成的 $\{P_i\}_{i \in \mathbf{Z}_+}$ 收敛于 P_∞,也就是 $\lim_{i \to \infty} P_i = P_\infty$。那么在假设 9.6 下,$P_\infty = P^*$。

9.3.2 主要结果

在本节中,主要参考文献[19]与文献[20],分析式(9.151)和式(9.152)的性质,包括其稳定性和单调收敛性。首先,在 $Ric(P_0) \leqslant 0$ 下,我们证明了在 $P_0 > 0$ 下 $P_i (i \in \mathbf{Z}_+)$ 的正定性和 $Ric(P_i)(i \in \mathbf{Z}_+)$ 的负半定性,其中 $\{P_i\}_{i \in \mathbf{Z}_+}$ 由式(9.151)和式(9.152)确定。

命题 9.1 考虑由式(9.151)和式(9.152)生成的序列 $\{P_i\}_{i \in \mathbf{Z}_+}$。在 $P_0 > 0$(或 $P_0 \geqslant 0$)下,对于所有 $i \in \mathbf{N}, P_i > 0$(或 $P_i \geqslant 0$)成立。

证明:假设 $P_i > 0$,可得 $\mathrm{e}^{A_{K_i}^{\mathrm{T}} T_s} P_i \mathrm{e}^{A_{K_i} T_s} > 0$,因为 $\mathrm{e}^{A_{K_i}^{\mathrm{T}} T_s}$ 总是非奇异的。同样,对于所有 $\tau > 0, Q + \boldsymbol{K}_i^{\mathrm{T}} RK_i \geqslant 0$ 意味着 $\mathrm{e}^{A_{K_i}^{\mathrm{T}} \tau} (Q + \boldsymbol{K}_i^{\mathrm{T}} RK_i) \mathrm{e}^{A_{K_i} \tau} \geqslant 0$。因此,有 $P_{i+1} > 0$ 在 $P_i > 0$ 时由

式(9.154)获得，$P_i > 0$ 对于所有 $i \in \mathbf{N}$ 都成立。半正定情形 $P_i \geqslant 0$ 可以用类似的方式证明。

命题 9.2　在初始条件 $Ric(P_0) \leqslant 0$（或 $Ric(P_0) < 0$）下，式(9.151)和式(9.152)生成的序列 $\{P_i\}_{i \in \mathbf{Z}_+}$ 满足 $P_i \leqslant P_{i-1}$，$Ric(P_i) \leqslant 0$（对于所有 $i \in \mathbf{N}$，$P_i < P_{i-1}$，$Ric(P_i) < 0$）。

证明： 假设对于某个 $i \in \mathbf{N}$，$Ric(P_i) \leqslant 0$。对于所有 $\tau > 0$，有 $\mathrm{e}^{\boldsymbol{A}_{K_i}^{\mathrm{T}} \tau} Ric(P_i) \mathrm{e}^{\boldsymbol{A}_{K_i} \tau} \leqslant 0$，可从式(9.155)得到 $P_{i+1} \leqslant P_i$。另外，引理 9.5 中的式(9.156)意味着

$$Ric(P_{i+1}) \leqslant \mathrm{e}^{\boldsymbol{A}_{K_i}^{\mathrm{T}} T_s} Ric(P_i) \mathrm{e}^{\boldsymbol{A}_{K_i} T_s}$$

由于 $Ric(P_i) \leqslant 0$ 意味着 $Ric(P_{i+1}) \leqslant 0$。因此，通过上述论证，P_{i+2} 满足 $P_{i+2} \leqslant P_{i+1}$。假设 $Ric(P_0) \leqslant 0$，可用数学归纳法证明 $P_i \leqslant P_{i-1}$ 且 $Ric(P_i) \leqslant 0$，$\forall i \in \mathbf{N}$。

1. PI 模型的收敛性和稳定性

我们接下来证明式(9.151)和式(9.152)的稳定性和收敛性。首先，在初始稳定策略 $u_0(t) = -R^{-1} \boldsymbol{B}^{\mathrm{T}} P_0 x(t)$ 下讨论类 PI 收敛，其中 $P_0 > 0$，$Ric(P_0) \leqslant 0$。在给出定理前，先给出在 $T_s \to \infty$ 下，式(9.151)和式(9.152)的算法相当于迭代域中的 I-PI。

命题 9.3　假设初始策略 $u_0(t) = -K_0 x(t)$ 稳定。在假设 9.5 和假设 9.6 下，式(9.151)和式(9.152)为 $T_s \to \infty$ 的 I-PI 方法，$u_i(t) = -K_i x(t)$ 在极限 $T_s \to \infty$ 下稳定。

证明： 值更新步骤相当于 Lyapunov 方程(9.153)，其收敛于李雅普诺夫方程

$$\boldsymbol{A}_{K_i}^{\mathrm{T}} P_{i+1} + P_{i+1} \boldsymbol{A}_{K_i} + Q + \boldsymbol{K}_i^{\mathrm{T}} R K_i = 0 \tag{9.160}$$

这与 Kleinman 的 Newton[25] 方法相同，证明通过使用 Kleinman 的 Newton 法[25] 和 I-PI[26] 理论来完成。

Lee 等人也研究了命题 9.3 中 I-PI 的收敛性[21]。在一个广义框架下，我们给出 I-VI 收敛的 PI 模式，这意味着在某些条件下，I-VI 以类似于 I-PI（或 Kleinman 的牛顿法[25]）的方式收敛于 P^*。

定理 9.12　假设 P_0 满足 $P_0 > 0$ 且 $Ric(P_0) \leqslant 0$，则在假设 9.5 和假设 9.6 下，由 I-VI 式(9.151)和式(9.152)生成的序列 $\{P_i\}_{i \in \mathbf{Z}_+}$ 满足

1) $\begin{cases} \lim\limits_{i \to \infty} P_i = P^* \\ 0 \leqslant P^* \leqslant \cdots \leqslant P_{i+1} \leqslant P_i \leqslant \cdots \leqslant P_1 \leqslant P_0 \end{cases}$

2) $\forall i \in \mathbf{Z}_+$，系统 $\dot{x} = \boldsymbol{A}_{K_i} x(t)$ 是稳定的并且 $V_i(x(t)) = \boldsymbol{x}^{\mathrm{T}}(t) P_i x(t)$ 是第 i 个系统的李雅普诺夫函数。若 $Ric(P_i) \leqslant 0$，有

$$\boldsymbol{A}_{K_i}^{\mathrm{T}} P_i + P_i \boldsymbol{A}_{K_i} \leqslant -Q - \boldsymbol{K}_i^{\mathrm{T}} R K_i \tag{9.161}$$

证明：根据命题 9.1 和命题 9.2，当 $P_0 > 0$ 且 $Ric(P_0) \leqslant 0$ 时，对于所有 $i \in \mathbf{Z}_+$，有 $0 < P_{i+1} \leqslant P_i$ 且 $Ric(P_i) \leqslant 0$。由于 $0 < P_{i+1} \leqslant P_i$ 意味着 P_i 单调递减并且下界为 0，所以 P_i 单调收敛到极限点 $P_\infty > 0$，即 $\lim\limits_{i \to \infty} P_i = P_\infty$，且

$$0 \leqslant P_\infty \leqslant \cdots \leqslant P_{i+1} \leqslant P_i \leqslant \cdots \leqslant P_1 \leqslant P_0$$

现在序列 $\{P_i\}_{i \in \mathbf{Z}_+}$ 收敛，由引理 9.7 得到 $P_\infty = P^*$，即第一部分的证明。接下来，$Ric(P_i) \leqslant 0$ 可扩展写为：

$$\boldsymbol{A}_{K_i}^{\mathrm{T}} P_i + P_i \boldsymbol{A}_{K_i} \leqslant -Q - \boldsymbol{K}_i^{\mathrm{T}} R K_i$$

所以，$0 < P_i$ 和 $Ric(P_i) \leqslant 0$ 意味着 $V_i(x(t)) = \boldsymbol{x}^{\mathrm{T}}(t) P_i x(t)$ 是系统 $\dot{x}(t) = \boldsymbol{A}_{K_i} x(t)$ 的 Lyapunov 函数。因此，$\dot{x}(t) = \boldsymbol{A}_{K_i} x(t)$ 通过 Lyapunov 定理证明是稳定的[27]，并且适用于所有 $i \in \mathbf{Z}_+$，因为对于所有 $i \in \mathbf{Z}_+$，$0 < P_i$ 且 $Ric(P_i) \leqslant 0$，证明完成。

注解 9.8　定理 9.12 中 $P_0 > 0$ 且 $Ric(P_0) \leqslant 0$ 意味着初始策略 $u_0(t) = -K_0 x(t)$，其中 $K_0 = R^{-1} \boldsymbol{B}^{\mathrm{T}} P_0$ 在 Lyapunov 定理下稳定[27]，保证稳定性和单调递减收敛于 P^*。这与 I-PI 类似，它保证了稳定性和初始稳定策略下对 P^* 的单调收敛[25-26]。

---

2. VI 模型收敛

假设 $T_s > 0$ 足够小，并且不假设初始稳定策略，我们考虑 I-VI 式（9.151）和式（9.152）。对于离散时间系统的 I-VI，在零初值迭代值函数 $V_0(x) \equiv 0$ 下，单调递增收敛[4]，即：

$$\begin{cases} \lim\limits_{i \to \infty} P_i = P^* \\ 0 = P_0 \leqslant P_1 \leqslant \cdots \leqslant P_{i+1} \leqslant P_i \leqslant \cdots \leqslant P^* \end{cases} \tag{9.162}$$

接下来，我们证明连续时间系统（9.135）的 I-VI 产生一个单调递增序列 $\{P_i\}_{i=0}^l$，在某些条件下可以单调收敛到 P^*。在足够小的 $T_s > 0$ 下将进一步详细讨论 I-VI 的单调递增收敛性。

定理 9.13[19]　在假设 9.6 下，初始值 P_0 满足 $0 \leqslant P_0 \leqslant P^*$，如果 I-VI（9.151）和（9.152）所生成的 P_i 对于所有的 $i \in \{0,1,2,\cdots,l\}$，满足 $Ric(P_i) \geqslant 0$，那么 $\{P_i\}_{i=0}^l$ 具有单调递增性质：

$$0 \leqslant P_0 \leqslant \cdots \leqslant P_{i-1} \leqslant P_i \leqslant \cdots \leqslant P_l \leqslant P_{K^*} \tag{9.163}$$

此外，如果对于所有 $i \in \mathbf{Z}_+$，$Ric(P_i) \geqslant 0$，则 $\{P_i\}_{i=0}^\infty$ 单调收敛于 P^*。

证明：首先，$P_0 \geqslant 0$ 意味着对于命题 9.1 中的所有 $i \in \mathbf{N}$，$P_i \geqslant 0$。那么，对于每个 $i \in \{0,1,2,\cdots,l\}$，$Ric(P_i) \geqslant 0$ 意味着 $0 \leqslant P_i \leqslant P_{i+1}$。在引理 9.6 中应用 $Ric(P_i) \geqslant 0$，同样把 $\Delta P_i^* BR^{-1} \boldsymbol{B}^{\mathrm{T}} \Delta P_i^* \geqslant 0$ 代入式（9.158）得到 $P_i \leqslant P^*$，进而可以得到第一步证明中的

$$0 \leqslant P_{i-1} \leqslant P_i \leqslant P^*, \quad i \in \{0,1,2,\cdots,l\}$$

对于所有 $i \in \mathbf{Z}_+$，$\{P_i\}_{i=0}^\infty$ 单调收敛可以通过 $Ric(P_i) \geqslant 0$ 的假设直接证明。

最后我们总结了连续时间值迭代自适应动态规划方法如算法 9.6 所示。

算法 9.6：连续时间值迭代自适应动态规划算法

1. $i \leftarrow 0$，令 P_0^* 是任何正半定矩阵，且满足 $0 \leqslant P_0^* \leqslant P^*$ 和 $Ric(P^*) \geqslant 0$。

循环

2. 值评估步骤：结合初始条件 $P_i^*(0) = P_i^*$，求解 $\dot{P}^*(t) = Ric(P^*(t)), 0 \leqslant t \leqslant T_s$。

3. 值更新步骤：$P_{i+1}^* \leftarrow P^*(T_s)$。

4. $i \leftarrow i+1$，返回步骤 2，直到 P_i^* 收敛。

本节主要参考了美国纽约大学姜钟平教授的部分成果，了解更多详细内容可参阅姜钟平教授相关论文。

走近学者

姜钟平

姜钟平，1989 年获得巴黎南大统计学硕士学位，1993 年获法国高等矿业大学自动控制与数学博士学位。其后在法国、澳大利亚和美国多所高校和研究所从事研究工作。1999 年，受聘于美国纽约科技大学（现为纽约大学工学院），任助理教授，2002 年被聘为副教授，2007 年被聘为教授。

其主要研究领域为稳定性理论、鲁棒自适应非线性控制及其在通信网络、欠驱动系统、多智能体和系统神经学中的应用。其研究成果在数学与控制领域重要学术刊物上发表 185 篇论文，谷歌学术总引用超过 14900，Google h-index 为 62，合作专著 3 本：《非线性系统的稳定性和镇定》(Springer，2011)、《动态网络的非线性控制》(CRC Press，Taylor & Francis，2014) 和《鲁棒自适应动态规划》(IEEE-Wiley，2017)。

有关复杂非线性系统的最新研究工作获得 2008 年智能控制和自动化世界大会的最佳理论论文奖（与王沅教授合作），获得 2011 年中国控制会议关肇直最佳论文奖（与刘腾飞和David Hill 教授合作）、2013 亚洲控制会议的最佳青年作者奖（博士生姜宇为第一作者）和2016 年国际智能控制与自动化会议的最佳生物医学奖。目前担任多个国际期刊的副主编，是控制与决策国际英文期刊的执行主编和 IEEE Control and Systems Letters 的资深编委。基于他的研究工作，于 1998 年获得澳大利亚伊丽莎白二世杰出研究奖，2001 年获得美国国家科学基金会成就奖（CAREER Award），2005 年获日本科学振兴会研究奖（Invitation JSPS Fellowship），2007 年获得中国自然科学基金会海外杰出华人研究奖（中科院系统科学研究所），2008 年当选为美国电气电子工程师协会会士（IEEE Fellow），2009 年获选教育部"长江学者"讲座教授（北京大学），2013 年当选为国际自动控制联合会会士（IFAC Fellow）。

参考文献

[1] Puterman M，Shin M. Modified policy iteration algorithms for discounted Markov decision problems. Management Science，1978，24(11)：1127-1137.

[2] Bertsekas D. Dynamic Programming and Optimal Control. Belmont，MA：Athena Scientific，1995.

[3] Sutton R，Barto A. Reinforcement learning：An introduction. England，Cambridge：Massachusetts Institute of Technology Press，1998.

[4] Altamimi A，Lewis F，Abukhalaf M. Discrete-time nonlinear HJB solution using approximate dynamic programming：convergence proof. IEEE Transactions on Systems Man & Cybernetics-Part B：Cybernetics，2008，38(4)：943-948.

[5] Wei Q，Liu D，Lin H. Value iteration adaptive dynamic programming for optimal control of discrete-time nonlinear systems. IEEE Transactions on Cybernetics，2017，46(3)：840-853.

[6] Abu-Khalaf M，Lewis F. Nearly optimal control laws for nonlinear systems with saturating actuators using a neural network HJB approach. Automatica，2005，41(5)：779-791.

[7] Al-Tamimi A，Abu-Khalaf M，Lewis F. Adaptive critic designs for discrete-time zero-sum games with application to H-Infinity control. IEEE Transactions on Systems，Man，Cybernetics-Part B：Cybernetics，2007，37(1)：240-247.

[8] Landelius T. Reinforcement Learning and Distributed Local Model Synthesis. PhD Dissertation，Linkoping University，Sweden，1997.

[9] Lincoln B，Rantzer A. Relaxing dynamic programming. IEEE Transactions on Automatic Control，2006，51(8)：1249-1260.

[10] Zhang H，Song R，Wei Q，Zhang T. Optimal tracking control for a class of nonlinear discrete-time systems with delays based on heuristic dynamic programming. IEEE Transactions on Neural Networks，2011，22(12)：1851-1862.

[11] Zhang H，Wei Q，Luo Y. A novel infinite-time optimal tracking control scheme for a class of discrete-time nonlinear systems via the greedy HDP iterationalgorithm. IEEE Transactions on System，Man，and Cybernetics-Part B：Cybernetics，2008，38(4)：937-942.

[12] Liu D，Wang D，Zhao D，Wei Q，Jin N. Neural-network-based optimal control for a class of unknown discrete-time nonlinear systems using globalized dual heuristic programming. IEEE Transactions on Automation Science and Engineering，2012，9(3)：628-634.

[13] Wei Q，Zhang H，Dai J. Model-free multi-objective approximate dynamic programming for discrete-time nonlinear systems with general performance index functions. Neurocomputing，2009，72(7-9)：1839-1848.

[14] Zhang H，Luo Y，Liu D. The RBF neural network-based near-optimal control for a class of discrete-time affine nonlinear systems with control constraint[J]. IEEE Transactions on Neural Networks，2009，20(9)：1490-1503.

[15] Liao X，Wang L，Yu P. Stability of Dynamical Systems. Netherlands，Amsterdam：Elsevier Press，2007.

[16] Beard R. Improving the closed-loop performance of nonlinear systems. PhD Dissertation Rensselaer Polytechnic Institute，1995.

[17] Si J，Wang Y. Online learning control by association and reinforcement. IEEE Transactions on Neural networks，2001，12(3)：264-276.

[18] Liu D，Wei Q. Policy iteration adaptive dynamic programming algorithm for discrete-time nonlinear systems. IEEE Transactions on Neural Networks and Learning Systems，2014，25：621-634.

[19] Lee J，Jin B，Choi Y. On integral value iteration for continuous-time linear systems. in Proceedings of American Control Conference，Washington，USA，2013：4215-4220.

[20] Bian T，Jiang Z P. Value iteration and adaptive optimal control for linear continuous-time systems. in Proceedings of IEEE International Conference on Cybernetics and Intelligent Systems，Angkor Wat，Thailand，2015：53-58.

[21] Lee J，Chun T，Park J，Choi Y. On generalized policy iteration for continuous-time linear systems. in

Proceedings of IEEE Conference on Decision and Control, Orlando, Florida State, USA, 2011: 1722-1728.

[22] Lewis F, Syrmos V. Optimal Control. USA, New York: Wiley, 1995.

[23] Vrabie D, Abu-Khalaf M, Lewis F, Wang Y. Continuous time ADP for linear systems with partially unknown dynamics. In Proceedings of the IEEE International Symposium Approximate Dynamic Programming and Reinforcement Learning, Honolulu, Hawaii, USA, 2007: 247-253.

[24] Lancaster P, Rodman L. Algebraic Riccati Equations. USA, New York: Oxford University Press, 1995.

[25] Kleinman D. On the iterative technique for Riccati equation computations. IEEE Transactions on Automatic Control, 1968, 13: 114-115.

[26] Vrabie D, Pastravanu O, Abu-Khalaf M, Lewis F. Adaptive optimal control for continuous-time linear systems based on policy iteration. Automatica, 2009, 45: 477-484.

[27] Khalil H. Nonlinear Systems. USA, New Jersey, Prentice Hall, 2002.

第 *10* 章

Q-学习方法

本章提要

在前面几章中,我们了解了蒙特卡洛方法和时序差分方法,这些算法都属于无模型方法的基础,而 Q-学习就是从这些基础上发展而来的。在不需要环境模型的情况下,Q-学习可以比较出对于给定状态的可用控制的预期效用。而且不同于普通的无模型方法,Q-学习可以处理随机转换和效用的问题。

本章的内容组织如下:10.1 节介绍无模型方法的基本概念和研究背景,并且给出简要的算法;10.2 节和 10.3 节详细地介绍 Q-学习算法的背景和具体算法;10.4 节介绍最新的Q-学习进展。

10.1 无模型强化学习

在介绍无模型强化学习之前,我们先来介绍一下基于模型的强化学习算法:基于模型的强化学习算法是智能体通过与环境交互获得数据,根据数据学习和拟合模型,智能体根据模型利用强化学习算法优化自身的行为[1]。基于模型的强化学习算法的优点是:由于智能体利用数据进行模型的拟合,因此智能体将数据进行了充分的利用,模型一旦拟合出来,那么智能体就可以根据模型来推断智能体从未访问过的区域。因为数据得到了最高的利用效率,智能体与环境之间的交互次数会急剧减少。基于模型学习控制的典型代表是概率推理(Probabilistic Inference for Learning Control,PILCO)算法[2]。用一个词来概括基于模型的强化学习算法就是数据高效性(Data Efficiency)。

从基于模型强化学习算法的过程我们也可以很容易看到它的缺点:拟合的模型存在偏差,因此基于模型的强化学习算法一般不能保证最优解渐近收敛。我们再看无模型的强化学习算法,无模型的强化学习算法是指智能体从环境中获得的数据并不拟合环境模型,而是直接拿过来优化智能体的控制。

由于没有拟合环境模型,所以智能体对环境的感知和认知只能通过与环境之间不断的交互,因此需要大量地交互。这个交互量多大呢?例如倒立摆模型,要想稳定,无模型的方法需要几万次的交互,对于 Atari 游戏,则需要百万次的交互。如此多的交互次数使得无模型的强化学习算法效率很低,而且难以应用到实际物理世界中。然而,与基于模型的强化学习算法相比,无模型的强化学习算法有一个很好的性质,该性质是渐近收敛。也就是说,无模型的强化学习算法经过无数次与环境的交互可以保证智能体得到最优解。

由于基于模型的强化学习算法和无模型的强化学习算法"半斤八两",它们各自有自己的优缺点。一个很自然的想法是将两者的优点联合起来。那么如何联合呢?强化学习的先锋 Sutton 教授在 1991 年提出了联合两者的一个框架,即 Dyna 框架[3-4]。

图 10-1 为 Dyna 框架,跟一般的强化学习框架相比,Dyna 框架多了仿真这一步。其实这一步就是拟合模型,并根据模型进行模拟。Dyna 结构不是一个具体的算法,而是一个组合模型和无模型的算法框架,其过程如算法 10.1 所示。

算法 10.1:Dyna 结构算法框架

循环

1. 观察环境的状态,根据状态选择控制。

2. 观察环境返回的回报和新的状态。

3. 对新的经验利用强化学习算法。

4. 重复 K 次

(a)选择一个假象的状态和控制。

(b)利用运动模型预测相应的回报和新的状态。

(c)对假象的经验利用强化学习算法。

从算法 10.1 中可以看到,Dyna 的组成包括以下三方面:

(1)运动模型的结构和学习方法的选择;

(2)选择假象状态和控制的方法;

(3)强化学习方法的选择。

这三个方面,每个方面都有很多种方法,因此基于 Dyna 的结构可以有很多种算法。算法 10.1 中步骤 3 和步骤 4(a)都利用强化学习算法对 Q 函数进行评估。因此,Dyna 算法的本质可用图 10-2 所示,其中 $\hat{q}$ 表示 Q 函数的估计。从图 10-2 中可以看到,基于模型的强化学习算法和无模型的强化学习算法是通过同时对 Q 函数评估实现联合的。也就是说,智能体通过控制与环境进行交互得到真实的经验,该经验一方面用来进行强化学习评估 Q 函数,另一方面拟合运动模型。当运动模型拟合后,利用拟合的运动模型进行模拟,智能体利用模拟的经验继续改进 Q 函数。

图 10-1　Dyna 框架(一)

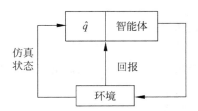

图 10-2　Dyna 框架(二)

Dyna 框架的优势：用来进行 Q 函数训练的数据不仅仅来自于智能体与环境交互的真实经验，而且来自于模型模拟的数据，因此智能体进行强化学习所需要的数据来源变多，与环境之间的交互就不需要那么多了。

2008 年，Silver 和 Sutton 在 Dyna 的基础上发展出 Dyna-2。Dyna 的方法是将实际经验和模拟经验对同一个 Q 函数进行评估，Dyna-2 则进行了细分，即将实际经验估计的 Q 函数用 $\hat{q}_{mf}$ 表示，由模型模拟得到的经验估计的 Q 函数用 $\hat{q}_{mb}$ 表示，在实际中则使用两种方法得到 Q 函数估计的和，如图 10-3 所示。

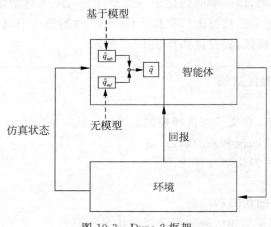

图 10-3　Dyna-2 框架

Dyna-2 的基本思想为：Dyna-2 将记忆分为永久性记忆（Permanent Memory）和瞬时记忆（Transient Memory），其中永久性记忆利用实际的经验来更新，瞬时记忆利用模型模拟经验来更新。真实的经验数据所服从的分布称为学习分布，模拟经验数据所服从的分布称为搜索分布。

Dyna-2 的基本思想是在选择实际的控制前，智能体先执行一遍从当前状态开始的基于模型的模拟，该模拟将仿真完整的轨迹，以便评估当前的 Q 函数。智能体会根据模拟得到的 Q 函数加上实际经验得到的 Q 函数共同选择实际要执行的控制。Dyna-2 算法过程可由算法 10.2 表示[1]。

算法 10.2：Dyna-2 算法

1. 开始学习过程。
2. 初始化运动模型和回报函数。
3. 清除永久性记忆（永久性记忆是实际经验估计的 Q 函数所对应的参数）。
4. 进入学习的循环。
5. 从初始状态开始一次尝试。
6. 每个段都需要清除一次瞬时记忆，因为瞬时记忆只在一个段内有效。
7. 清除资格迹。
8. 对于每个段的初始状态，执行一次模拟（即从初始状态开始利用当前的模型执行模拟，其目的是更新 Q 函数）。

9. 基于模拟更新的 Q 函数和要评估的策略选择一个控制。

10. 如果当前状态不是终止状态,则进入以下循环。

11. 执行控制,并从环境中观测执行控制后环境实际返回的回报和后继状态。

12. 利用后继状态、控制和回报更新模型和回报,该步涉及模型的拟合。

13. 利用新拟合的模型从后继状态开始进行模拟,更新 Q 函数。

14. 利用更新的 Q 函数和策略选择下一步实际要执行的控制。

15. 利用实际经验计算永久性记忆所对应的 Q 函数的 TD 偏差。

16. 利用 TD 偏差更新永久性记忆所对应的 Q 函数的参数。

17. 更新资格迹。

18. 智能体转移到后继状态。

19. 结束一次 episode。

20. 结束循环学习。

21. 结束程序。

一句话概括 Dyna 及 Dyna-2 的基本思想:利用想象轨迹加速无模型的学习。

10.2　Q-学习原理

1989 年,Chris Watkins 在他的博士论文 *Learning From Delayed Rewards*[5]中提出了 Q-学习。这是一种无模型的强化学习技术,在不需要环境模型的情况下,它可以比较出对于给定状态的可用控制的预期效用。此外 Q-学习可以处理随机转换和效用的问题,并且不需要模型。Q-学习相当于动态规划的一种增量方法,强加了有限的计算需求。通过不断改进特定状态下特定的控制质量来优化系统性能。

已经证明,对于任何有限的马尔可夫(Markov Decision Process,MDP)决策过程,Q-学习最终会找到一个最优策略,即从当前状态开始,所有连续步骤总回报的期望值是可达到的最大值[5-6]。

值得一提的是 Q-学习可以为任何给定的有限马尔可夫决策过程确定一个最优的控制选择策略。它的工作原理是学习一个 Q 函数 $Q(x,u)$,它最终会在给定的状态 x 中给出一个给定的控制期望效用,并在此后遵循一个最优策略。

这里给出具体的算法:问题空间由一个智能体、一组状态 X 和每个状态的一组控制 Ω 组成。通过执行一个控制 $u\in\Omega$,智能体可以从一个状态移动到另一个状态。在一个特定的状态下执行一个控制会给智能体提供一个效用(一个数值),智能体的目标是最大化它的未来总回报。它通过学习哪个控制是最优的,对每个状态来说最优的控制是其有最高长期回报的行为。该奖励是从当前状态开始的所有未来步骤的奖励期望值加权总和,其中状态以 Δt 步进入到未来步骤的权重被计算为 $\gamma^{\Delta t}$。这里的 γ 是一个介于 0~1 的折扣因子,有着权衡早期与后期回报的重要性。γ 也可以被解释为在每一个步骤 Δt 中成功(或幸存)的概率。因此,该算法具有一个计算状态-控制组合质量的函数 $Q: X\times\Omega\rightarrow\mathbb{R}$。

在开始学习之前,Q 函数被初始化为一个可能的任意固定值。然后,在每次时间 k 时,智能体选择一个控制 u_k，得到一个效用 R_k，进入一个新的状态 x_{k+1}（这将取决于上一个状态和选择的控制），从而得到更新后的 Q 函数。该算法的核心是一个简单的值迭代更新，使用旧值和新信息的加权平均值

$$Q(x_k, u_k) \leftarrow (1-\alpha)Q(x_k, u_k) + \alpha(R_k + \gamma \min_u Q(x_{k+1}, u_{k+1})) \tag{10.1}$$

其中，R_k 是对当前状态 x_k 观察到的效用，$Q(x_k, u_k)$ 是旧值，γ 是折扣因子，$\min_u Q(x_{k+1}, u_{k+1})$ 是未来最优值的估计，α 是学习律（$0 < \alpha \leqslant 1$），$R_k + \gamma \min_u Q(x_{k+1}, u_{k+1})$ 是学习值。

当状态 x_{k+1} 是最终状态或终端状态时，该算法的段结束。然而，Q-学习也可以在非段性任务中学习。如果折扣因子低于 1，此时问题可能包含无限循环。对于所有最终的状态 x_f，$Q(x_f, u_k)$ 就不能再更新了，但是会被设置成效用值 R 来观测状态 x_f。在大多数情况下，$Q(x_f, u_k)$ 取作 0。

具体算法已经给出，但是还需要知道这些变量对算法有着什么样的影响：

（1）学习律：学习律或步长决定了新获得的信息覆盖旧信息的程度。学习律为 0 使得智能体无须学习，而学习律为 1 使智能体仅考虑最新信息。在完全确定的环境中，$\alpha = 1$ 的学习律最佳。当问题是随机的时候，算法在一些技术条件下收敛，学习律要求它降低到零。在实践中，对于所有 k，通常使用不变的学习律，例如 $\alpha = 0.1$[7]。

（2）折扣因子：折扣因子决定了未来效用的重要性。因子为 0 会使代理人"近视"（或短视）仅考虑当前效用，而接近 1 的因子将使其争取长期的高回报。如果折扣因子满足或超过 1，则控制值可能会发生变化，而且对于无限时间控制问题会导致发散不收敛。对于 $\gamma = 1$，则所有环境历史变得无限长[8]。当 Q 函数用人工神经网络[9]近似时，即使只有略低于 1 的折扣因子，Q-学习也会导致错误和不稳定的传播。在这种情况下，我们应该从较低的折扣因子开始，并将其增加到最终值[10]。

（3）初始状态：由于 Q-学习是一种迭代算法，因此在第一次更新之前，它隐含地假定了初始条件。较高的初始值（也称为"乐观初始条件"）[11]可以鼓励探索：无论选择什么控制，更新规则都会使其值低于其他选项，从而增加了选择的可能性。第一个效用 R 可以用来重置初始条件。根据这个想法，第一次采取行动时，效用用于设置 Q 的值。这使得在固定的确定性效用的情况下可以立即学习[12]。在之后改变上面的变量可以给系统带来影响后，便可以更好地将 Q-学习运用起来。Q-学习使用表来存储数据，这种方法会使系统的状态/控制空间增大。

（4）函数逼近：一种解决方案是使用人工神经网络作为函数逼近器[13]。一般来说，Q-学习可以与函数近似相结合[14]。这使得将算法应用于更大的问题成为可能，即使状态空间是连续的。此外，它可能会加速在有限问题上的学习，因为该算法可以将早期的经验推广到以前看不见的状态。

（5）量化：另一种减少状态/控制空间的技术可以量化可能的值。以学习平衡手指上的一根棍子为例。描述一个状态在某一时刻，涉及手指在空间中的位置，它的速度和杆的角度。这就产生了一个描述一个状态的三元素向量，即一个状态的快照被编码成三个值。问题有无限种可能的状态存在，为了缩小有效操作的可能空间，将多个值分配给一个存储单元，手指到其起始位置（负无穷到正无穷）的确切距离就变成了是否远离（近或远）。

接下来，我们给出传统 Q-学习的实现方法。在文献[5]和文献[15]中，提出了一个传统的 Q-学习算法，该算法在马尔可夫随机域中实现。传统的 Q-学习算法从任意半正定函数

$\Psi(x_k,u_k)$ 开始,即

$$Q_0(x_k,u_k)=\Psi(x_k,u_k) \tag{10.2}$$

对于 $i=0,1,2,\cdots$,传统的 Q-学习算法可以通过以下步骤来实现。

算法 10.3：传统 Q-学习算法

1. 观察当前状态 x_k, $x_k\in X$。
2. 选择和执行任意控制 u_k, $u_k\in\Omega$。
3. 观察随后的状态 x_{k+1}。
4. 获得立即效用 $U(x_k,u_k)$。
5. 使用学习律 α_i 更新迭代 Q 函数

$$Q_{i+1}(x_k,u_k)=\begin{cases}(1-\alpha_i)Q_i(x_k,u_k)+\alpha_i(U(x_k,u_k)+\\ \quad\gamma\min_{u_{k+1}}Q_i(x_{k+1},u_{k+1})), & x_k=x_i,u_k=u_i\\ Q_i(x_k,u_k), & 其他\end{cases} \tag{10.3}$$

因此,文献[15]中的 Q-学习可以表示为“随机 Q-学习”算法。从式(10.3)可知,在随机 Q-学习算法的每次迭代中,迭代 Q 函数由单个状态 x_k 和单个控制 u_k 更新。对于 $x_k\in X$ 和 $u_k\in\Omega$,将 $n_i(x_k,u_k)$ 定义为在状态 x_k 中尝试控制 u_k 的次数。在文献[15]中证明了,如果学习律对于所有的 $x_k\in X$ 和所有的 $u_k\in\Omega$ 满足

$$0\leqslant\alpha_i<1,\quad\sum_{i=0}^{\infty}\alpha_{n(x_k,u_k)}=\infty,\quad\sum_{i=0}^{\infty}\alpha_{n(x_k,u_k)}^2<\infty \tag{10.4}$$

那么当 $i\to\infty$ 时,迭代 Q 函数 $Q_i(x_ku_k)\to Q^*(x_k,u_k)$ 的概率是 1。

注解 10.1　在传统的随机 Q-学习算法中,虽然迭代 Q 函数在每次迭代中由单个状态和单个控制更新,但从式(10.4)中可以看出,为了保证迭代 Q 函数应用在传统随机 Q-学习算法的函数中,要求 X 中的所有状态和 Ω 中的所有控制都被选择为无限次。另外,在式(10.4)中,学习律序列 $\{\alpha_i\}$ 被约束到一些特殊的序列,如 $\alpha_i=(1/(i+1))$,以保证迭代 Q 函数的收敛性,这些使得传统随机 Q-学习算法的收敛性受到限制。

10.3　离散时间确定性 Q-学习

在 10.2 节中,我们介绍了 Q-学习的基本思想,本节将提出一种新的离散时间确定性 Q-学习算法来解决离散时间非线性系统的最优控制问题。在确定性 Q-学习算法中,每个迭代 Q 函数由它们空间中的所有状态和控制更新,这不需要任意选择状态和控制。本节提出了一种新的确定性 Q-学习算法的收敛性分析方法,对于确定性 Q-学习算法,迭代 Q 函数将收敛到最优,并且可以简化文献[15]中的严格约束。首先给出了离散时间非线性系统确定性 Q-学习算法的详细迭代过程。其次,分析了迭代 Q 函数的性质。最后,考虑折扣因子,我们将证明迭代 Q 函数将收敛到最优。引入神经网络(Neural Network,NN)来实现提出

的 Q-学习算法,仿真结果说明所提出算法的有效性。

10.3.1 问题描述

1) 系统描述

在本节中,我们将研究以下离散时间确定性非线性系统:

$$x_{k+1} = F(x_k, u_k), \quad k = 0, 1, 2, \cdots \tag{10.5}$$

其中,$x_k \in \mathbb{R}^n$ 是状态向量,$u_k \in \mathbb{R}^m$ 是控制向量。系统函数 $F(x_k, u_k)$ 在包含原点的紧集 $X \in \mathbb{R}^n$ 上是 Lipschitz 连续的,且 $F(0,0) = 0$。因此系统状态 $x_k = 0$ 在 $u_k = 0$ 下是系统 (10.5) 的平衡点。令 x_0 为初始状态,假设在紧集 $X \in \mathbb{R}^m$ 上存在一个反馈控制 $u(x_k)$,这样 $u(x_k)$ 在 X 上连续,$u(0) = 0$,并且 $\forall x_0 \in X, u(x_k)$ 稳定 (10.5)。

令 $\underline{u}_k = (u_k, u_{k+1}, \cdots)$ 是从 k 到 ∞ 的控制序列,在控制序列 $\underline{u}_0 = (u_0, u_1, \cdots)$ 下的代价函数被定义为

$$J(x_0, \underline{u}_0) = \sum_{k=0}^{\infty} \gamma^k U(x_k, u_k) \tag{10.6}$$

对于 $x_k, u_k \neq 0$,效用函数 $U(x_k, u_k)$ 被选为正定函数,$0 < \gamma \leqslant 1$ 为折扣因子。目标是找到一个稳定系统 (10.5) 并同时使代价函数 (10.6) 最小化的最优控制方案。将控制序列集定义为 $\mathfrak{U}_k = \{\underline{u}_k : \underline{u}_k = (u_k, u_{k+1}, \cdots), \forall u_{k+i} \in \Omega_u, i = 0, 1, \cdots\}$。对于控制序列 $\underline{u}_k \in \mathfrak{U}_k$,最优代价函数定义为 $J^*(x_k) = \min_{\underline{u}_k}\{J(x_k, \underline{u}_k) : \underline{u}_k \in \mathfrak{U}_k\}$。根据文献[5]和文献[15],最优 Q 函数满足以下最优方程

$$Q^*(x_k, u_k) = U(x_k, u_k) + \gamma \min_{u_{k+1}} Q^*(x_{k+1}, u_{k+1}) \tag{10.7}$$

最优代价函数满足

$$J^*(x_k) = \min_{u_k} Q^*(x_k, u_k) \tag{10.8}$$

最优控制律 $u^*(x_k)$ 可表示为

$$u^*(x_k) = \arg\min_{u_k} Q^*(x_k, u_k) \tag{10.9}$$

可以看到,如果我们想获得最优控制律 $u^*(x_k)$,就必须得到最优 Q 函数 $Q^*(x_k, u_k)$。通常,在考虑所有控制 $u_k \in \mathbb{R}^m$ 之前,$Q^*(x_k, u_k)$ 是未知的。如果我们采用传统的动态规划方法来获得时间最优的 Q 函数,那么我们就必须面对"维数灾"[5]。此外,最优控制是在无限的时间范围内讨论的,这意味着控制序列的长度是无限的,这使得通过最优方程 (10.7) 几乎不可能获得最优控制。为了克服这个困难,我们提出了一种新颖的离散时间 Q-学习算法来迭代地获得最优控制。

2) 离散时间确定性 Q-学习算法的推导

在本节中,我们将提出一种新的确定性 Q-学习方法。令 $Q_0(x_k, u_k) = \Psi(x_k, u_k)$,对于所有的 $x_k \in X$ 和 $u_k \in \Omega$,迭代 Q 函数被更新为

$$Q_{i+1}(x_k, u_k) = Q_i(x_k, u_k) + \alpha_i(U(x_k, u_k) + \gamma \min_{u_{k+1}} Q_i(x_{k+1}, u_{k+1}) - Q_i(x_k, u_k))$$

$$= (1 - \alpha_i)Q_i(x_k, u_k) + \alpha_i(U(x_k, u_k) + \gamma \min_{u_{k+1}} Q_i(x_{k+1}, u_{k+1}))$$

$$= (1 - \alpha_i)Q_i(x_k, u_k) + \alpha_i(U(x_k, u_k) + \gamma Q_i(x_{k+1}, v_i(x_{k+1}))) \tag{10.10}$$

其中相应的迭代控制律被计算为

$$v_i(x_{k+1}) = \underset{u_{k+1}}{\arg\min} Q_i(x_{k+1}, u_{k+1}) \tag{10.11}$$

从式(10.10)和式(10.11)可以看出,对任何 $i = 0, 1, \cdots$,迭代 Q 函数 $Q_i(x_k, u_k)$ 对所有的 $x_k \in X$ 和 $u_k \in \Omega$ 更新,而不是更新单个状态和单个控制律。在这种情况下,我们说在确定性 Q-学习算法的每次迭代中需要状态和控制空间的所有数据。因此,改进的 Q-学习算法可以称为"确定性 Q-学习"算法。

算法 10.4:确定性 Q-学习算法

初始化

　　随机选择一组初始状态 x_k。

　　选择一个计算精度 ϵ。

　　选择初始迭代 Q 函数为半正定函数 $Q_0(x_k, u_k) = \Psi(x_k, u_k)$。

迭代

　　1. 对于 $i = 0, 1, \cdots$,根据式(10.10)对于所有的 $x_k \in X$ 和 $u_k \in \Omega$ 更新迭代 Q 函数 $Q_{i+1}(x_{k+1})$。

　　2. 对于所有的 $x_k \in X$ 和 $u_k \in \Omega$,根据式(10.11)更新迭代控制律 $v_i(x_k, u_k)$。

　　3. 若 $|Q_{i+1}(x_k) - Q_i(x_k)| < \epsilon$,则进行下一步;否则,令 $i = i+1$,返回步骤 1。

　　4. 返回 $Q_i(x_k)$ 与 $v_i(x_k, u_k)$。

10.3.2　离散时间确定性 Q-学习算法的性质

在本节中,提出离散时间确定性 Q-学习算法的性质。为了保证当 $i \to \infty$ 时迭代 Q 函数 $Q_i(x_k, u_k)$ 能够收敛到最优值,将建立一个新的学习律 α_i 收敛准则。

在式(10.10)中有两个参数,包括学习律 α_i 和折扣因子 γ,这使得分析离散时间确定性 Q-学习算法(10.10)的收敛性变得困难。为了便于我们的分析,我们首先讨论 $\gamma = 1$ 时无折扣情况下 Q-学习算法的收敛性质,其他情况将在本节后面讨论。定义初始迭代 Q 函数 $Q_0(x_k, u_k)$ 为

$$\mathcal{Q}_0(x_k, u_k) = \Psi(x_k, u_k) \tag{10.12}$$

对于所有的 $x_k \in X$ 和 $u_k \in \Omega$,迭代 Q 函数 $\mathcal{Q}_{i+1}(x_k, u_k), i = 0, 1, 2, \cdots$,更新为

$$\mathcal{Q}_{i+1}(x_k, u_k) = (1 - \alpha_i) \mathcal{Q}_i(x_k, u_k) + \alpha_i (U(x_k, u_k) + \min_{u_{k+1}} \mathcal{Q}_i(x_{k+1}, u_{k+1}))$$

$$\tag{10.13}$$

设 $\mathcal{Q}^*(x_k, u_k)$ 为无折扣因子最优 Q 函数,满足

$$\mathcal{Q}^*(x_k, u_k) = U(x_k, u_k) + \min_{u_{k+1}} \mathcal{Q}^*(x_{k+1}, u_{k+1}) \tag{10.14}$$

即可分析迭代 Q 函数的收敛性质。首先给出以下引理。

引理 10.1　设 $0 < \Psi < \infty$ 是一个任意的半正定函数。对于 $i = 0, 1, 2, \cdots$,令 $\mathcal{Q}_i(x_k, u_k)$ 由式(10.13)更新,其中 $\mathcal{Q}_0(x_k, u_k)$ 式(10.12)定义。那么对于 $i = 0, 1, 2, \cdots$,迭代 Q 函数 $\mathcal{Q}_{i+1}(x_k, u_k)$ 是正定的。

证明：证明省略（详情请见参考文献[17]）。

引理 10.2 设 $0<\psi<\infty$ 为有限正数，令 $\{\alpha_i\}$ 为正学习律序列，其中 $0\leqslant\alpha_i\leqslant1$，$i=0,1$，$2,\cdots$。定义正序列 $\{1-(\alpha_i/\psi+1)\}$，如果 $\sum\limits_{i=0}^{\infty}\alpha_i\to\infty$，则有

$$\prod_{i=0}^{\infty}\left(1-\frac{\alpha_i}{\psi+1}\right)=0 \tag{10.15}$$

证明：考虑 $\{\alpha_i\}$ 有三种情况。

首先，考虑 $\lim\limits_{i\to\infty}\alpha_i=\rho>0$ 的情况。在这种情况下，对于任何 $\bar{\varepsilon}>0$，满足 $\rho-\bar{\varepsilon}>0$，存在一个常数 $\bar{\mathcal{N}}>0$，使得对于任何 $i>\bar{\mathcal{N}}$，有 $\alpha_i>\rho-\bar{\varepsilon}$。那么，有

$$0\leqslant\prod_{i=0}^{\infty}\left(1-\frac{\alpha_i}{\psi+1}\right)=\prod_{i=0}^{\bar{N}-1}\left(1-\frac{\alpha_i}{\psi+1}\right)\prod_{i=\bar{N}}^{\infty}\left(1-\frac{\alpha_i}{\psi+1}\right)$$

$$\leqslant\prod_{i=0}^{\bar{N}-1}\left(1-\frac{\alpha_i}{\psi+1}\right)\lim_{i\to\infty}\left(1-\frac{\rho-\bar{\varepsilon}}{\psi+1}\right)^i=0 \tag{10.16}$$

这证明了结论 (10.15)。

其次，考虑 $\lim\limits_{i\to\infty}\alpha_i=0$ 的情况。当 $0<\alpha_i\leqslant1$，$i=0,1,2,\cdots$，可以得到

$$\ln\left(\prod_{i=0}^{\infty}\left(1-\frac{\alpha_i}{\psi+1}\right)\right)=\sum_{i=0}^{\infty}\left(1-\frac{\alpha_i}{\psi+1}\right)\leqslant0 \tag{10.17}$$

根据比较原理，则有

$$\lim_{i\to\infty}\frac{-\ln\left(1-\dfrac{\alpha_i}{\psi+1}\right)}{\alpha_i}=\frac{1}{\psi+1} \tag{10.18}$$

由于 $(1/(\psi+1))$ 是一个常数，我们知道 $\prod\limits_{i=0}^{\infty}(1-(\alpha_i/\psi+1))$ 和 $\sum\limits_{i=0}^{\infty}\alpha_i$ 同时收敛和不收敛。如果 $\sum\limits_{i=0}^{\infty}\alpha_i\to\infty$，则有 $-\sum\limits_{i=0}^{\infty}\ln(1-(\alpha_i/(\psi+1)))\to\infty$，这意味着 $\prod\limits_{i=0}^{\infty}(1-(\alpha_i/(\psi+1)))=e^{-\infty}=0$。

最后，考虑当 $i\to\infty$ 时，序列 $\{\alpha_i\}$ 的极限不存在的情况。令 $0<\underline{\alpha}<1$ 为正数，定义 Ω_a 为 $\Omega_a=\{\alpha_i\,|\,\underline{\alpha}<\alpha_i\leqslant1\}$。由于当 $i\to\infty$ 时，序列 $\{\alpha_i\}$ 的极限不存在，所以存在一个下界 $\underline{\alpha}$，使得 Ω_a 中有无限元素。假设 $\prod\limits_{i=0,\alpha_i\in\Omega_a}^{\infty}(1-(\alpha_i/(\psi+1)))$ 是 $\alpha_i\in\Omega_a$ 的乘积。由于 Ω_a 中的元素是无限的，则有

$$0\leqslant\prod_{i=0,\alpha_i\in\Omega_a}^{\infty}\left(1-\frac{\alpha_i}{\psi+1}\right)\leqslant\lim_{i\to\infty}\left(1-\frac{\underline{\alpha}}{\psi+1}\right)^i=0 \tag{10.19}$$

这意味着 $\prod\limits_{i=0,\alpha_i\in\Omega_a}^{\infty}(1-(\alpha_i/(\psi+1)))=0$。另一方面，则有

$$\prod_{i=0}^{\infty}\left(1-\frac{\alpha_i}{\psi+1}\right)=\prod_{i=0,\alpha_i\in\Omega_a}^{\infty}\left(1-\frac{\alpha_i}{\psi+1}\right)\prod_{i=0,\alpha_i\notin\Omega_a}^{\infty}\left(1-\frac{\alpha_i}{\psi+1}\right)=0 \tag{10.20}$$

因为 $\displaystyle\prod_{i=0,a_i\notin\Omega_a}^{\infty}(1-(\alpha_i/(\psi+1)))$ 是有界的,则式(10.15)成立。证明完成。

在文献[18]中,针对 Q-学习算法提出了一种有效的收敛性证明,其中考虑了迭代 Q 函数的上界。本节在文献[18]的启发下,推导 Q-学习算法的收敛性,如定理10.1所示。

定理 10.1　对于 $i=0,1,2,\cdots$,令 $\mathcal{Q}_i(x_{k+1},u_{k+1})$ 由(10.13)更新,其中 $\mathcal{Q}_0(x_{k+1},u_{k+1})$ 如式(10.12)中定义。如果对于 $i=0,1,2,\cdots$,学习律 α_i 满足

$$0\leqslant\alpha_i\leqslant1,\quad\sum_{i=0}^{\infty}\alpha_i=\infty\tag{10.21}$$

那么当 $i\to\infty$ 时,迭代 Q 函数 $\mathcal{Q}_i(x_k,u_k)$ 收敛于 $\mathcal{Q}^*(x_k,u_k)$,即

$$\lim_{i\to\infty}\mathcal{Q}_i(x_k,u_k)=\mathcal{Q}^*(x_k,u_k)\tag{10.22}$$

证明：该证明可以通过三个步骤进行验证。

首先,令 $\varepsilon>0$ 是一个任意小的正数,定义一个新的集合 Ω_ε 满足 $\Omega_\varepsilon=\{(x_k,u_k)\mid x_k\in\Omega_x,u_k\in\Omega_u,\|x_k\|+\|u_k\|\leqslant\varepsilon\}$。设 (x_k,u_k) 是满足 $(x_k,u_k)\in\Omega_\varepsilon$ 的任意状态和控制。根据引理10.1,对于 $i=0,1,2,\cdots$,当 $\varepsilon\to0$ 时,$\mathcal{Q}_i(x_k,u_k)\to0$。根据式(10.14)中 $\mathcal{Q}^*(x_k,u_k)$ 的定义,可以得到

$$\mathcal{Q}^*(x_k,u_k)=U(x_k,u_k)+\min_{u_{k+1}}\sum_{j=0}^{\infty}U(x_{k+j},u_{k+j})\tag{10.23}$$

根据引理10.1,则有 $\mathcal{Q}^*(x_k,u_k)$ 对于 x_k,u_k 是正定的。那么,对于 $i=0,1,2,\cdots$,有当 $\varepsilon=0$ 时,$\mathcal{Q}^*(x_k,u_k)=\mathcal{Q}_i(x_k,u_k)$。因此,结论(10.22)适用于 $\varepsilon=0$。

其次,对于任何 $\varepsilon>0$ 和 $(x_k,u_k)\notin\Omega_\varepsilon$,受到文献[18]的启发,存在三个常数 $\underline{\delta},\bar{\delta}$ 和 λ,使得 $0\leqslant\underline{\delta}\leqslant1\leqslant\bar{\delta}<\infty$ 且 $0<\lambda<\infty$,这使得不等式 $\underline{\delta}\mathcal{Q}^*(x_k,u_k)\leqslant\mathcal{Q}_0(x_k,u_k)\leqslant\bar{\delta}\mathcal{Q}^*(x_k,u_k)$ 和 $\lambda U(x_k,u_k)\geqslant\min_{u_{k+1}}\mathcal{Q}^*(x_{k+1},u_{k+1})$ 同时成立。那么,我们将证明对于 $i=0,1,2,\cdots$,迭代 Q 函数 $\mathcal{Q}_i(x_k,u_k)$ 满足

$$\left(1+\prod_{l=0}^{i-1}\left(1-\frac{\alpha_l}{\lambda+1}\right)(\underline{\delta}-1)\right)\mathcal{Q}^*(x_k,u_k)$$

$$\leqslant\mathcal{Q}_i(x_k,u_k)\leqslant\left(1+\prod_{l=0}^{i-1}\left(1-\frac{\alpha_l}{\lambda+1}\right)(\bar{\delta}-1)\right)\mathcal{Q}^*(x_k,u_k)\tag{10.24}$$

其中当 $j>i$ 时,$\prod_j^i(\cdot)=1$。不等式(10.24)可以通过数学归纳证明。显然,不等式(10.24)对于 $i=0$ 成立。对于 $i=1$,则有

$$\mathcal{Q}_1(x_k,u_k)=(1-\alpha_0)\mathcal{Q}_0(x_k,u_k)+\alpha_0(U(x_k,u_k)+\min_{u_{k+1}}\mathcal{Q}_0(x_{k+1},u_{k+1}))$$

$$\leqslant\bar{\delta}(1-\alpha_0)\mathcal{Q}^*(x_k,u_k)+\alpha_0\pi\left(1+\frac{\lambda(\bar{\delta}-1)}{\lambda+1}\right)\times$$

$$(U(x_k,u_k)+\min_{u_{k+1}}\mathcal{Q}^*(x_{k+1},u_{k+1}))$$

$$=\left(1+(\bar{\delta}-1)\left(1-\frac{\alpha_0}{\lambda+1}\right)\right)\mathcal{Q}^*(x_k,u_k)\tag{10.25}$$

因此，不等式(10.24)的右边适用于 $i=1$。另外，可以得到

$$Q_1(x_k,u_k) \geqslant (1-\alpha_0)\,Q_0(x_k,u_k) + \alpha_0\left(\left(1+\frac{\lambda(\underline{\delta}-1)}{\lambda+1}\right)U(x_k,u_k)+\right.$$

$$\left(\underline{\delta}-\frac{(\underline{\delta}-1)}{\lambda+1}\right)\min_{u_{k+1}}Q^*(x_{k+1},u_{k+1})\right)$$

$$=\left(1+(\underline{\delta}-1)\left(1-\frac{\alpha_0}{\lambda+1}\right)\right)Q^*(x_k,u_k) \qquad (10.26)$$

因此，不等式(10.24)的左边对于 $i=1$ 成立。假设不等式(10.24)的左边对于 $i=l, l=0,1,2,\cdots$ 成立，那么对于 $i=l+1$，则有(10.27)。我们可以得到式(10.24)的右边对于 $i=l+1$ 成立。因此，对于任何 $i=0,1,2,\cdots$，都有式(10.24)的右边成立。

$$Q_{l+1}(x_k,u_k)=(1-a_l)\,Q_l(x_k,u_k)+\alpha_l(U(x_k,u_k)+\min_{u_{k+1}}Q_l(x_{k+1},u_{k+1}))$$

$$\leqslant (1-\alpha_l)\,Q_l(x_k,u_k)+\alpha_l\Big(U(x_k,u_k)+$$

$$\left(1+\prod_{\tau=0}^{i-1}\left(1-\frac{\alpha_\tau}{\lambda+1}\right)(\bar{\delta}-1)\right)\min_{u_{k+1}}Q^*(x_{k+1},u_{k+1})\Big)$$

$$\leqslant (1-\alpha_l)\left(1+\prod_{\tau=0}^{l-1}\left(1-\frac{\alpha_\tau}{\lambda+1}\right)(\bar{\delta}-1)\right)Q^*(x_k,u_k)+$$

$$\alpha_l\Big(\Big(1+\frac{\lambda}{\lambda+1}\prod_{\tau=0}^{l-1}\left(1-\frac{\alpha_\tau}{\lambda+1}\right)(\bar{\delta}-1)\Big)U(x_k,u_k)+$$

$$\left(1+\prod_{\tau=0}^{l-1}\left(1-\frac{\alpha_\tau}{\lambda+1}\right)(\bar{\delta}-1)-\frac{1}{\lambda+1}\prod_{\tau=0}^{l-1}\left(1-\frac{\alpha_\tau}{\lambda+1}\right)(\bar{\delta}-1)\right)\Big)\times$$

$$\min_{u_{k+1}}Q^*(x_{k+1},u_{k+1})=\left(1+\prod_{\tau=0}^{l-1}\left(1-\frac{\alpha_\tau}{\lambda+1}\right)(\bar{\delta}-1)\right)Q^*(x_k,u_k)$$

$$(10.27)$$

另外，假设不等式(10.24)的右边对于 $i=l, l=0,1,2,\cdots$ 成立，那么对于 $i=l+1$，可以得到

$$Q_{l+1}(x_k,u_k)\geqslant (1-\alpha_l)\,Q_l(x_k,u_k)+$$

$$\alpha_l\Big(U(x_k,u_k)+\left(1+\prod_{\tau=0}^{l-1}\left(1-\frac{\alpha_\tau}{\lambda+1}\right)(\underline{\delta}-1)\right)\times$$

$$\min_{u_{k+1}}Q^*(x_{k+1},u_{k+1})\Big)$$

$$\geqslant \left(1+\left(1+\prod_{\tau=0}^{l}\left(1-\frac{\alpha_\tau}{\lambda+1}\right)(\underline{\delta}-1)\right)\right)Q^*(x_k,u_k) \qquad (10.28)$$

不等式(10.24)的左边对于 $i=l+1$ 成立。因此，我们可以得到(10.24)的左边对于任何 $i=0,1,2,\cdots$ 都成立。从式(10.27)和式(10.28)中，有(10.24)对于 $i=0,1,2,\cdots$ 成立，数学归纳完成。

最后，根据引理 10.2，因为 $\sum_{i=0}^{\infty}\alpha_i \to \infty$，可以得到 $\prod_{l=0}^{i}(1-(\alpha_l/(\lambda+1)))=0$。令 $i\to\infty$，则可以得到

$$\lim_{i \to \infty}\left(1 + \prod_{l=0}^{i}\left(1 - \frac{\alpha_l}{\lambda + 1}\right)(\underline{\delta} - 1)\right)Q^*(x_k, u_k)$$

$$= \lim_{i \to \infty}\left(1 + \prod_{l=0}^{i}\left(1 - \frac{\alpha_l}{\lambda + 1}\right)(\bar{\delta} - 1)\right)Q^*(x_k, u_k)$$

$$= \lim_{i \to \infty}Q_i(x_k, u_k)$$

$$= Q^*(x_k, u_k) \tag{10.29}$$

结合第一步和第三步,则式(10.22)成立,证明完成。

注解 10.2 从式(10.4)和式(10.21)可以看出,随机和确定性 Q-学习算法收敛准则中学习律的表达式是不同的。在随机 Q-学习算法[5,15]中,关于 $x_k \in X$ 和 $u_k \in \Omega$ 的序列 $n_i(x_k, u_k)$ 的学习律必须被记录并满足准则(10.4)达到收敛。然而,对于确定性 Q-学习算法,对于任何 $i = 0, 1, \cdots$,迭代 Q 函数更新所有 $x_k \in X$ 和 $u_k \in \Omega$。因此,我们认为随机和确定性 Q-学习算法之间的收敛准则的学习律表达式是不同的,并且确定性 Q-学习算法的收敛准则要简单得多。

注解 10.3 随机和确定性 Q-学习算法之间的收敛性证明是完全不同的。传统随机 Q-学习算法收敛证明的关键是一个人工控制的马尔可夫过程,称为控制回放过程,该过程由段序列和学习速率序列构成[15]。在确定性 Q-学习算法中,提出了一种新的收敛性分析方法,其中考虑了迭代 Q 函数的上下界,而不是分析迭代 Q 函数本身,证明了迭代 Q 函数的上下界均收敛于最优 Q 函数,使得迭代 Q 函数收敛到最优。

在定理 10.1 中,不带折扣因子的确定性 Q-学习算法的收敛性已被证明。接下来,我们将证明迭代 Q 函数 $Q_i(x_k, u_k)$ 将在折扣因子 $0 < \gamma \leqslant 1$ 下收敛到式(10.6)中的最优 Q 函数 $Q^*(x_k, u_k)$。

定理 10.2 对于 $i = 0, 1, \cdots$,令 $Q_i(x_k, u_k)$ 由式(10.10)更新,其中 $Q_0(x_k, u_k)$ 由式(10.2)定义。如果 α_i 和 γ 分别满足式(10.21)和 $0 < \gamma \leqslant 1$,则当 $i \to \infty$ 时,迭代 Q 函数 $Q_i(x_k, u_k)$ 收敛于其最优 Q 函数,即

$$\lim_{i \to \infty}Q_i(x_k, u_k) = Q^*(x_k, u_k) \tag{10.30}$$

证明:这个定理可以分四步来证明。

首先,将证明对于 $i = 0, 1, \cdots$,式(10.10)中的迭代 Q 函数 $Q_i(x_k, u_k)$ 满足

$$Q_i(x_k, u_k) \leqslant \mathcal{Q}_i(x_k, u_k) \tag{10.31}$$

定理可以通过数学归纳证明。首先,当 $Q_0(x_k, u_k) = \mathcal{Q}_0(x_k, u_k) = \Psi(x_k, u_k)$ 时,我们有式(10.31)对于 $i = 0$ 成立。接下来,对于 $i = 1$,可以得到

$$Q_1(x_k, u_k) \leqslant (1 - \alpha_0)Q_0(x_k, u_k) + \alpha_0(U(x_k, u_k) + \min_{u_{k+1}}Q_0(x_{k+1}, u_{k+1}))$$

$$= (1 - \alpha_0)\mathcal{Q}_0(x_k, u_k) + \alpha_0(U(x_k, u_k) + \min_{u_{k+1}}\mathcal{Q}_0(x_{k+1}, u_{k+1}))$$

$$= \mathcal{Q}_1(x_k, u_k) \tag{10.32}$$

这表明式(10.31)对于 $i=1$ 成立。假设结论(10.31)对于 $i=l,l=0,1,\cdots$ 成立,则对于 $i=l+1$,我们可以得到

$$Q_{l+1}(x_k,u_k) = (1-\alpha_l)Q_l(x_k,u_k) + \alpha_l(U(x_k,u_k) + \gamma\min_{u_{k+1}}Q_l(x_{k+1},u_{k+1}))$$

$$\leqslant (1-\alpha_l)\mathcal{Q}_l(x_k,u_k) + \alpha_l(U(x_k,u_k) + \min_{u_{k+1}}\mathcal{Q}_l(x_{k+1},u_{k+1}))$$

$$= \mathcal{Q}_{l+1}(x_k,u_k) \tag{10.33}$$

可知式(10.31)对于 $i=l+1$ 成立。因此,式(10.31)对于 $i=0,1,\cdots$ 成立。证明完成。

其次,我们将证明当 $i\to\infty$ 时,迭代 Q 函数 $Q_i(x_k,u_k)$ 是收敛的。对于 $i=0,1,\cdots$,令 $\mathfrak{A}_{i+1}(x_k,u_k) = (1-\alpha_i)Q_i(x_k,u_k) + \alpha_i U(x_k,u_k)$。然后,我们可以得到

$$Q_{i+1}(x_k,u_k) = (1-\alpha_i)Q_i(x_k,u_k) + \alpha_i(U(x_k,u_k) + \gamma\min_{u_{k+1}}Q_i(x_{k+1},u_{k+1}))$$

$$= \mathfrak{A}_{i+1}(x_k,u_k) + \gamma_i\min_{u_{k+1}}Q_i(x_{k+1},u_{k+1}) \tag{10.34}$$

其中 $\gamma_i=\alpha_i\gamma$。根据式(10.34),使用 Bellman 最优性原则[15],可以得到

$$Q_{i+1}(x_k,u_k) = \mathfrak{A}_{i+1}(x_k,u_k) + \gamma_i\min_{u_{k+1}}\{\mathfrak{A}_i(x_{k+1},u_{k+1}) +$$

$$\gamma_{i-1}\min_{u_{k+2}}\{\mathfrak{A}_{i-1}(x_{k+2},u_{k+2}) + \cdots +$$

$$\gamma_0\min_{u_{k+i+1}}\{\mathfrak{A}_0(x_{k+i+1},u_{k+i+1})\}\}\} \tag{10.35}$$

$$= \mathfrak{A}_{i+1}(x_k,u_k) + \min_{\underline{u}_{t+1}^{k+i+1}}\left(\sum_{j=0}^{i}\left(\prod_{l=0}^{j}\gamma_{i-l}\right)\mathfrak{A}_{i-l}(x_{k+j+1},u_{k+j+1})\right)$$

令 $\mathfrak{A}_0(x_k,u_k)=Q_0(x_k,u_k)$。从式(10.35)中,可以看到,对于 $i=0,1,\cdots$,迭代 Q 函数 $Q_{i+1}(x_k,u_k)$ 是正序列的和。当 $i\to\infty$ 时,$Q_{i+1}(x_k,u_k)$ 的极限存在,我们可以得到 $\lim_{i\to\infty}Q_{i+1}(x_k,u_k)$ 存在。定义 $Q_\infty(x_k,u_k)=\lim_{i\to\infty}Q_i(x_k,u_k)$,根据式(10.9),对于 $\lim_{i\to\infty}\alpha_i\neq 0$ 且 $\{\alpha_i\}$ 的极限不存在的情况,可以得到

$$Q_\infty(x_k,u_k) = U(x_k,u_k) + \gamma\lim_{u_{k+1}}Q_\infty(x_{k+1},u_{k+1}) \tag{10.36}$$

接下来,将证明式(10.36)对于 $\lim_{i\to\infty}\alpha_i=0$ 成立,可以通过反证法来证明。假设(10.36)对于 $\lim_{i\to\infty}\alpha_i=0$ 不成立。当 $\lim_{i\to\infty}Q_i(x_k,u_k)$ 存在时,则取

$$\vartheta(x_k,u_k) = U(x_k,u_k) + \gamma\lim_{u_{k+1}}Q_\infty(x_{k+1},u_{k+1}) - Q_\infty(x_k,u_k) \tag{10.37}$$

其中,$x_k,u_k\neq 0,\vartheta(x_k,u_k)\neq 0$。令 $\bar{x}_k,\bar{u}_k\neq 0$ 为 X 和 Ω 上的任意状态量和控制量。

设 $\bar{\varepsilon}$ 为一个小的正数,它使 $\vartheta(\bar{x}_k,\bar{u}_k)+\bar{\varepsilon},\vartheta(\bar{x}_k,\bar{u}_k)-\bar{\varepsilon}$ 与 $\vartheta(\bar{x}_k,\bar{u}_k)$ 形式一致。那么,对于任何 $\bar{\varepsilon}>0$,存在一个正整数 $\mathcal{N}>0$,对于任何 $i\geqslant\mathcal{N}$,都有以下不等式

$$\vartheta(\bar{x}_k,\bar{u}_k)-\bar{\varepsilon} \leqslant U(\bar{x}_k,\bar{u}_k) + \gamma\lim_{u_{k+1}}Q_i(\bar{x}_{k+1},\bar{u}_{k+1}) - Q_i(\bar{x}_k,\bar{u}_k)$$

$$\leqslant \vartheta(\bar{x}_k,\bar{u}_k)+\bar{\varepsilon} \tag{10.38}$$

成立。另外,根据式(10.10),我们有

$$Q_{i+1}(x_k,u_k)-Q_i(x_k,u_k) = \alpha_i(U(x_k,u_k) + \gamma\min_{u_{k+1}}Q_i(x_{k+1},u_{k+1}) - Q_i(x_k,u_k))$$

$$Q_i(x_k,u_k)-Q_{i-1}(x_k,u_k) = \alpha_{i-1}(U(x_k,u_k) + \gamma\min_{u_{k+1}}Q_{i-1}(x_{k+1},u_{k+1}) - Q_{i-1}(x_k,u_k))$$

$$\vdots$$

$$\tag{10.39}$$

$$Q_1(x_k,u_k)-Q_0(x_k,u_k)=\alpha_0(U(x_k,u_k)+\gamma\min_{u_{k+1}}Q_0(x_{k+1},u_{k+1})-Q_0(x_k,u_k))$$

因此，可以获得

$$Q_{i+1}(x_k,u_k)=Q_0(x_k,u_k)+\sum_{j=0}^{i}\alpha_i(U(x_k,u_k)+$$

$$\gamma\min_{u_{k+1}}Q_j(x_{k+1},u_{k+1})-Q_j(x_k,u_k)) \tag{10.40}$$

对于状态 $\bar{x}_k$ 和控制 $\bar{u}_k$，令 $i\rightarrow\infty$，可以得到

$$Q_\infty(\bar{x}_k,\bar{u}_k)=Q_0(\bar{x}_k,\bar{u}_k)+$$

$$\sum_{j=0}^{N-1}\alpha_j(U(\bar{x}_k,\bar{u}_k)+\gamma\min_{u_{k+1}}Q_j(\bar{x}_{k+1},u_{k+1})-Q_j(\bar{x}_k,\bar{u}_k))+$$

$$\sum_{j=N}^{\infty}\alpha_j(U(\bar{x}_k,\bar{u}_k)+\gamma\min_{u_{k+1}}Q_j(\bar{x}_{k+1},u_{k+1})-Q_j(\bar{x}_k,\bar{u}_k)) \tag{10.41}$$

根据式(10.38)，有

$$Q_0(\bar{x}_k,\bar{u}_k)+(\vartheta(\bar{x}_k,\bar{u}_k)-\bar{\varepsilon})\sum_{j=N}^{\infty}\alpha_j+$$

$$\sum_{j=0}^{N-1}\alpha_j(U(\bar{x}_k,\bar{u}_k)+\gamma\min_{u_{k+1}}Q_j(\bar{x}_{k+1},u_{k+1})-Q_j(\bar{x}_k,\bar{u}_k))$$

$$\leqslant Q_\infty(\bar{x}_k,\bar{u}_k)\leqslant Q_0(\bar{x}_k,\bar{u}_k)+(\vartheta(\bar{x}_k,\bar{u}_k)+\bar{\varepsilon})\sum_{j=N}^{\infty}\alpha_j+$$

$$\sum_{j=0}^{N-1}\alpha_j(U(\bar{x}_k,\bar{u}_k)+\gamma\min_{u_{k+1}}Q_j(\bar{x}_{k+1},u_{k+1})-Q_j(\bar{x}_k,\bar{u}_k)) \tag{10.42}$$

如果 $\vartheta(\bar{x}_k,\bar{u}_k)>0$，则有 $\vartheta(\bar{x}_k,\bar{u}_k)-\bar{\varepsilon}>0$。当 $\sum_{j=N}^{\infty}\alpha_j\rightarrow\infty$ 时，可以得到 $Q_\infty(\bar{x}_k,\bar{u}_k)>\infty$。如果 $\vartheta(\bar{x}_k,\bar{u}_k)<0$，则有 $\vartheta(\bar{x}_k,\bar{u}_k)+\bar{\varepsilon}<0$。那么，可以得到 $Q_\infty(\bar{x}_k,\bar{u}_k)<-\infty$。这与 $Q_\infty(x_k,u_k)$ 是有界相矛盾。因此，假设是错误的，结论(10.36)成立。

最后，我们将证明收敛 Q 函数等于式(10.7)中的最优 Q 函数，即 $Q_\infty(x_k,u_k)=Q^*(x_k,u_k)$。设 $N>0$ 是一个正整数。根据式(10.36)，可以得到

$$\min_{u_k}Q_\infty(x_k,u_k)=\min_{u_k}(U(x_k,u_k)+\gamma\min_{u_{k+1}}(U(x_{k+1},u_{k+1})+\cdots+$$

$$\gamma\min_{u_{k+N-1}}(U(x_{k+N-1},u_{k+N-1})+ \tag{10.43}$$

$$\gamma\min_{u_{k+N}}Q_\infty(x_{k+N},u_{k+N}))))$$

根据贝尔曼最优性原则[15]，可以得到

$$\min_{u_k}Q_\infty(x_k,u_k)=\min_{u_k^{K+N-1}}(\sum_{j=0}^{N-1}\gamma_jU(x_{k+j},u_{k+j})+$$

$$\gamma_N\min_{u_{k+N}}Q_\infty(x_{k+N},u_{k+N})) \tag{10.44}$$

因为 $\min_{u_k}Q_\infty(x_k,u_k)$ 是有界的，所以 $\forall x_k\in X$ 和 $\forall u_k\in\Omega$，则有

$$\lim_{N\rightarrow\infty}\gamma_N\min_{u_{k+N}}Q_\infty(x_{k+N},u_{k+N})=0 \tag{10.45}$$

从式(10.7)中最优 Q 函数的定义，可以得到

$$Q^*(x_k, u^*(x_k)) \leqslant \min_{u_k} Q_\infty(x_k, u_k) \tag{10.46}$$

其中 $u^*(x_k)$ 是式（10.9）中的最优控制律。另外，定义一组控制律 $\mathcal{A}_u$ 如下：

$$\mathcal{A}_u = \left\{ u(x_k) \mid u(x_k) \in \Omega_u, k=0,1,\cdots, \sum_{j=0}^{\infty} \gamma_j U(x_{k+j}, u(x_{k+j})) < \infty \right\} \tag{10.47}$$

设 $\mu(x_k)$ 是满足 $\mu(x_k) \in \mathcal{A}_u$ 的任意控制律，$\mathcal{P}(x_k, \mu(x_k))$ 为代价函数，满足

$$\mathcal{P}(x_k, \mu(x_k)) = \sum_{j=0}^{\infty} \gamma_j U(x_{k+j}, \mu(x_{k+j})) \tag{10.48}$$

对于任何 $N>0$，有

$$\mathcal{P}(x_k, \mu(x_k)) = \sum_{j=0}^{N-1} \gamma_j U_\infty(x_{k+j}, \mu(x_{k+j})) + \gamma_N \mathcal{P}(x_{k+N}, \mu(x_{k+N})) \tag{10.49}$$

根据式（10.49），对于 $N \to \infty$，有

$$\mathcal{P}(x_k, \mu(x_k)) = \lim_{N \to \infty} \left(\sum_{j=0}^{N-1} \gamma_j U_\infty(x_{k+j}, \mu(x_{k+j})) \right) + \\ \lim_{N \to \infty} (\gamma_N \mathcal{P}(x_{k+N}, \mu(x_{k+N}))) \tag{10.50}$$

可以得到 $\lim\limits_{N \to \infty} (\gamma_N \mathcal{P}(x_{k+N}, \mu(x_{k+N}))) = 0$。然后，用数学归纳证明不等式

$$\min_{u_k} Q_\infty(x_k, u_k) \leqslant \mathcal{P}(x_k, \mu(x_k)) \tag{10.51}$$

对任意的 $k=0,1,\cdots$ 成立。首先，对于任何 $k=l+N, l=0,1,\cdots$，有

$$\min_{u_{l+N}} \gamma_N Q_\infty(x_{l+N}, u_{l+N}) = \gamma_N \mathcal{P}(x_{l+N}, \mu(x_{l+N})) = 0 \tag{10.52}$$

对于 $N \to \infty$ 都成立。对于 $k=l+N-1$，有

$$\begin{aligned} &\min_{u_{l+N-1}} \gamma_{N-1} Q_\infty(x_{l+N-1}, u_{l+N-1}) \\ &= \min_{u_{l+N-1}} \{\gamma_{N-1} U(x_{l+N-1}, u_{l+N-1}) + \min_{u_{l+N}} \gamma_N Q_\infty(x_{l+N}, u_{l+N})\} \\ &\leqslant \min_{u_{l+N-1}} \{\gamma_{N-1} U(x_{l+N-1}, u_{l+N-1}) + \gamma_N \mathcal{P}(x_{l+N}, \mu(x_{l+N}))\} \\ &\leqslant \gamma_{N-1} \mathcal{P}(x_{l+N-1}, \mu(x_{l+N-1})) \end{aligned} \tag{10.53}$$

因此，有式（10.51）对 $k=l+N-1$ 成立。假设式（10.51）对 $k=l+1, l=0,1,\cdots$ 成立

$$\min_{u_{l+1}} \gamma Q_\infty(x_{l+1}, u_{l+1}) \leqslant \gamma \mathcal{P}(x_{l+1}, \mu(x_{l+1})) \tag{10.54}$$

那么，对于 $k=l$，可以得到

$$\begin{aligned} \min_{u_l} Q_\infty(x_l, u_l) &= \min_{u_l} \{U(x_l, u_{l+N-1}) + \min_{u_{l+1}} \gamma Q_\infty(x_{l+1}, u_{l+1})\} \\ &\leqslant \min_{u_l} \{U(x_l, u_l) + \gamma \mathcal{P}(x_{l+1}, \mu(x_{l+1}))\} \\ &\leqslant U(x_l, \mu(x_l)) + \gamma \mathcal{P}(x_{l+1}, \mu(x_{l+1})) = \mathcal{P}(x_l, u_l) \end{aligned} \tag{10.55}$$

对于 $k=l, l=0,1,\cdots$，我们有式（10.51）成立。因此，不等式（10.51）对任意 $k=0,1,\cdots$ 成立。数学归纳法证明完成。由于 $\mu(x_k) \in \Omega_u$ 是任意的，令 $\mu(x_k) = u^*(x_k)$，可以得到 $\mathcal{P}(x_k, u^*(x_k)) = \sum\limits_{j=0}^{\infty} \gamma_j U(x_{k+j}, u^*(x_{k+j})) = Q^*(x_k, u^*(x_k))$，如下式所示：

$$\min_{u_k} Q_\infty(x_k, u_k) \leqslant Q^*(x_k, u^*(x_k)) \tag{10.56}$$

从式（10.46）和式（10.56）可知，我们有 $\min\limits_{u_k} Q_\infty(x_k, u_k) = Q^*(x_k, u^*(x_k))$。根据式（10.7）和式（10.36），可以得到

$$Q_\infty(x_k, u_k) = U(x_k, u_k) + \gamma \min_{u_{k+1}} Q_\infty(x_{k+1}, u_{k+1})$$

$$= U(x_k, u_k) + \gamma \min_{u_{k+1}} Q^*(x_{k+1}, u_{k+1})$$

$$= Q^*(x_k, u_k) \tag{10.57}$$

证明完成。

> **推论 10.1** 令 $\Psi(x_k, u_k) \geqslant 0$ 是一个任意的半正定函数。对于 $i = 0, 1, \cdots$,令 $Q_i(x_k, u_k)$ 由式(10.10)更新,其中 $Q_0(x_k, u_k)$ 如式(10.2)中定义。对于 $i = 0, 1, \cdots$,定义迭代控制律 $v_i(x_k)$ 为 $v_i(x_k) = \arg\min_{u_k} Q_i(x_k, u_k)$。对于 $i \to \infty$,迭代控制律将收敛到最优值,即 $v_i(x_k) \to u^*(x_k)$,其中 $u^*(x_k)$ 定义如式(10.9)所示。

10.3.3 离散时间确定性 Q-学习算法的神经网络实现

近似结构,如神经网络[19-22],广泛应用于 ADP 实现。在本节中,反向传播(Back Propagation,BP)神经网络分别用于近似 $v_i(x_k)$ 和 $Q_i(x_k, u_k)$。隐含层神经元的数量用 l 表示。输入层和隐含层之间的权重矩阵用 Y 表示。隐含层和输出层之间的权重矩阵用 W 表示。然后,三层 NN 的输出表示为

$$\hat{F}(X, Y, W) = W^\mathrm{T} \sigma(Y^\mathrm{T} X + b) \tag{10.58}$$

其中,$\sigma(Y^\mathrm{T} X) \in R^l$,$[\sigma(z)]_i = ((\mathrm{e}^{z_i} - \mathrm{e}^{-z_i})/(\mathrm{e}^{z_i} + \mathrm{e}^{-z_i}))$,$i = 1, \cdots, l$,是激活函数,$b$ 是阈值。为了便于分析,在神经网络训练期间只有输出隐藏权重 W 更新,而输入隐藏权重是固定的[23]。因此,下文通过表达式 $\hat{F}_N(X, W) = W^\mathrm{T} \sigma_N(X)$ 来简化 NN 函数,其中 $\sigma_N(X) = \sigma(Y^\mathrm{T} X + b)$。整个结构图如图 10-4 所示。

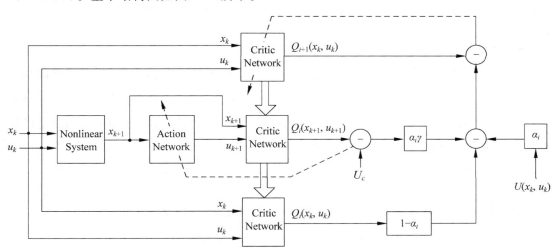

图 10-4 离散时间确定性 Q-学习算法结构图

1) 执行网

执行网络的目标是近似迭代控制律 $v_i(x_{k+1})$。适应执行网络的原则是间接地反向传播用

U_c 表示的期望最终目标与迭代 Q 函数之间的误差。根据式(10.6)中 Q 函数的定义,我们知道 $U_c \equiv 0$。由于迭代 Q 函数 $Q_i(x_k, u_k), i = 0, 1, \cdots$,包含状态和控制信息,执行网络可以根据状态和控制数据进行训练。首先,令 $\mathcal{M}$ 是一个正整数。我们分别在 X 和 Ω 上收集状态和控制的数组,例如 $\mathcal{X}_k = (x_k^{(1)}, x_k^{(2)}, \cdots, x_k^{(\mathcal{M})})$ 和 $\mathcal{U}_k = (u_k^{(1)}, u_k^{(2)}, \cdots, u_k^{(\mathcal{M})})$,其中 $x_k^{(p)} \in X$ 和 $u_k^{(p)} \in \Omega, \forall p = 0, 1, \cdots, \mathcal{M}$。根据状态阵列 $\mathcal{X}_k$ 和控制 $\mathcal{U}_k$,可以观察到随后的状态阵列,即 $\mathcal{X}_{k+1} = (x_{k+1}^{(1)}, x_{k+1}^{(2)}, \cdots, x_{k+1}^{(\mathcal{M})})$。那么,对于任何 $x_{k+1} \in \mathcal{X}_{k+1}$,迭代控制律 $v_i(x_{k+1})$ 的目标可以定义为

$$v_i(x_{k+1}) = \arg\min_{u_{k+1}} \hat{Q}_i(x_{k+1}, u_{k+1}) \tag{10.59}$$

其中,$\hat{Q}_i(x_{k+1}, u_{k+1})$ 是一个已知函数,它是通过评价网络的先前近似获得的。在执行网络中,状态 x_{k+1} 被用作输入来创建作为网络输出的迭代控制律。输出可表示为:

$$\hat{v}_i^j(x_{k+1}) = (W_{ai}^j)^{\mathrm{T}} \sigma_a(x_{k+1}) \tag{10.60}$$

其中,$\sigma_a(x_{k+1}) = \sigma(Z_a(k+1)), Z_a(k+1) = Y_a^{\mathrm{T}} x_{k+1} + b_a$。$j = 0, 1, \cdots$ 是神经网络的训练次数。设 Y_a 和 b_a 是给定的权重矩阵和阈值,定义执行网络的输出误差为

$$e_{ai}^j(k+1) = \hat{v}_i^j(x_{k+1}) - v_i(x_{k+1}) \tag{10.61}$$

执行网络的权重以最小化以下性能误差度量来进行更新

$$E_{ai}^j(k+1) = \frac{1}{2}(e_{ai}^j(k+1))^{\mathrm{T}}(e_{ai}^j(k+1)) \tag{10.62}$$

通过基于梯度下降的权重更新规则,我们可以获得

$$\begin{aligned}
W_{ai}^{j+1} &= W_{ai}^j + \Delta W_{ai}^j \\
&= W_{ai}^j - \beta_a \left[\frac{\partial e_{ai}^j(k+1)}{\partial e_{ai}^j(k+1)} \frac{\partial e_{ai}^j(k+1)}{\partial \hat{v}_i^j(x_{k+1})} \frac{\partial \hat{v}_i^j(x_{k+1})}{\partial W_{ai}^j} \right] \\
&= W_{ai}^j - \beta_a \sigma_a(x_{k+1})(e_{ai}^j(k+1))^{\mathrm{T}}
\end{aligned} \tag{10.63}$$

其中,β_a 是执行网络的学习律。如果达到训练精度,那么我们说迭代控制法则 $v_i(x_{k+1})$ 可以通过执行网络来近似。

2)评价网

对于 $i = 0, 1, \cdots$,评价网络的目标是近似迭代 Q 函数 $Q_{i+1}(x_k, u_k)$。根据任意的状态控制对 (x_k, u_k),其中 $x_k \in \mathcal{X}_k$ 和控制 $u_k \in \mathcal{U}_k$,我们可以通过执行网络获得 $\hat{v}_i(x_{k+1})$ 并且通过效用函数 $U(x_k, u_k)$ 获得直接奖励。根据评价网络的先前近似,函数 $\hat{Q}_i(x_k, u_k)$ 是已知的。对于任何 (x_k, u_k),评价网络的目标可以定义为

$$Q_{i+1}(x_k, u_k) = (1 - \alpha_i)\hat{Q}_i(x_k, u_k) + \alpha_i(U(x_k, u_k) + \gamma \hat{Q}_i(x_{k+1}, \hat{v}_i(x_{k+1}))) \tag{10.64}$$

在评价网络中,状态 x_k 和控制 u_k 被用作输入和输出,可以被表述为

$$\hat{Q}_{i+1}(x_k, u_k) = (W_{ci}^j)^{\mathrm{T}} \sigma_c(x_k, u_k) \tag{10.65}$$

其中,$\sigma_c(x_k, u_k) = \sigma(Z_c(k)), Z_c(k) = Y_c^{\mathrm{T}} \mathcal{Z}(k) + b_c, \mathcal{Z}(k) = \begin{bmatrix} x_k^{\mathrm{T}} & u_k^{\mathrm{T}} \end{bmatrix}^{\mathrm{T}}$。设 Y_c 和 b_c 是给定的权重矩阵和阈值。将评价网的误差函数定义为

$$e_{ci}^j(k) = \hat{Q}_{i+1}^j(x_k, u_k) - Q_{i+1}(x_k, u_k) \tag{10.66}$$

评价网的训练中最小化的目标函数是

$$E_{ci}^{j}(k) = \frac{1}{2}(e_{ci}^{j}(k))^2 \tag{10.67}$$

因此基于梯度的评价网权重更新规则由式(10.68)给出

$$W_{ci}^{j+1} = W_{ci}^{j} + \Delta W_{ci}^{j}$$

$$= W_{ci}^{j} - \alpha_c \left[\frac{\partial E_{ci}^{j}(k)}{\partial e_{ci}^{j}(k)} \frac{\partial e_{ci}^{j}(k)}{\partial \hat{Q}_{i+1}^{j}(x_k, u_k)} \frac{\partial \hat{Q}_{i}^{j+1}(x_k, u_k)}{\partial W_{ci}^{j}} \right]$$

$$= W_{ci}^{j} - \alpha_c e_{ci}^{j}(k)\sigma_c(x_k, u_k) \tag{10.68}$$

其中, $\alpha_c > 0$ 是评价网的学习律。根据任意一对 $(x_k^{(p)}, u_k^{(p)})$, $p = 0, 1, \cdots, \mathcal{M}$, 可以得到目标值 $Q_{i+1}(x_k^{(p)}, u_k^{(p)})$。根据 $\mathcal{X}_k$ 和 $\mathcal{U}_k$ 的数据, 可以得到一组目标迭代 Q 函数, 即 $Q_{i+1}(x_k^{(1)}, u_k^{(1)}), \cdots, Q_{i+1}(x_k^{(\mathcal{M})}, u_k^{(\mathcal{M})})$。如果训练精度达到了, 那么评价网络可以近似为 $Q_{i+1}(x_k, u_k)$。

10.3.4　仿真实验

为了验证上述离散时间确定性 Q-学习算法的性能, 下面给出两个示例。

例 10.1 RLC 电路系统[24] 如图 10-5 所示。
系统方程如下

$$\dot{x}_1 = -\frac{1}{C}x_2 + \frac{1}{C}u \tag{10.69}$$

$$\dot{x}_2 = \frac{1}{L}x_1 - \frac{R}{L}x_2$$

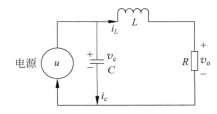

图 10-5　RLC 电路系统

其中, x_1 和 x_2 分别代表电容电压和电感电流, u 代表电路电源。参数 C、L 和 R 的取值分别为 $C = 0.1\mathrm{F}, L = 1\mathrm{H}, R = 3\Omega$。对系统进行离散化, 其中采样时间 $\Delta t = 0.2\mathrm{s}$, 系统可以表示为

$$\begin{bmatrix} x_{1(k+1)} \\ x_{2(k+1)} \end{bmatrix} = \begin{bmatrix} 1 & -\dfrac{\Delta t}{C} \\ \dfrac{\Delta t}{L} & 1 - \dfrac{R \cdot \Delta t}{L} \end{bmatrix} \begin{bmatrix} x_{1(k)} \\ x_{2(k)} \end{bmatrix} + \begin{bmatrix} \dfrac{\Delta t}{C} \\ 0 \end{bmatrix} u_k \tag{10.70}$$

选择初始状态 $x_0 = [1 \quad 1]^{\mathrm{T}}$, Q 函数如式(10.6), 效用函数为 $U(x_k, u_k) = x_k^{\mathrm{T}}Qx_k + u_k^{\mathrm{T}}Ru_k$, 其中 Q 和 R 是维数合适的矩阵。

选择状态和控制策略的集合分别为 $X = \{x \mid -1 \leqslant x_1 \leqslant 1, -1 \leqslant x_2 \leqslant 1\}$, $\Omega = \{u \mid -1 \leqslant u \leqslant 1\}$。使用神经网络来实现 Q-学习算法, 执行网与评价网的结构均选 3 层的 BP 神经网络, 结构为 2-8-1 与 3-8-1。选择状态和控制样本分别为 1000 组, 用来训练执行网与评价网。为了对改进的算法进行比较, 选取两个不同的 Q 函数和四个不同的神经网络学习步长。初始化迭代 Q 函数为 $\Psi^{\zeta}(x_k, u_k) = Z^{\mathrm{T}}(k)P^{\zeta}Z(k)$, 其中 $\zeta = 1, 2$, $Z(k) = [x_k^{\mathrm{T}} \quad u_k^{\mathrm{T}}]^{\mathrm{T}}$, 矩阵 P^i 为

$$P^1 = \begin{bmatrix} 4.46 & 0.37 & 2.71 \\ 0.37 & 1.32 & 1.25 \\ 2.71 & 1.25 & 3.17 \end{bmatrix} \tag{10.71}$$

$$\boldsymbol{P}^2 = \begin{bmatrix} 6.34 & 1.61 & -2.99 \\ 1.61 & 8.42 & -1.90 \\ -2.99 & -1.89 & 5.70 \end{bmatrix} \tag{10.72}$$

选择四个不同的学习步长 $\{\alpha_i^\zeta\}, \zeta=1,2,3,4, i=0,1,2,\cdots$，分别为 $\alpha_i^1 = \dfrac{0.96}{i+1}, \alpha_i^2 = 0.5$，$\alpha_i^3 = 1 - \dfrac{0.96}{i+1}$ 和 $\alpha_i^4 = 0.45(\cos(i+1)+1)$。图 10-6 给出了四个学习步长迭代 20 次的曲线。

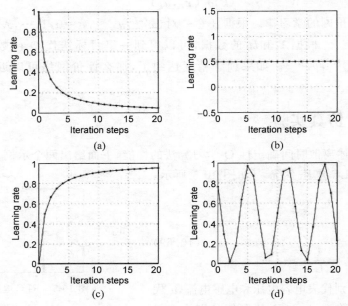

图 10-6　四个不同学习步长迭代 20 次的曲线
(a) $\{\alpha_i^1\}$；(b) $\{\alpha_i^2\}$；(c) $\{\alpha_i^3\}$；(d) $\{\alpha_i^4\}$

初始化 Q 函数，并定义折扣因子 $\gamma=0.95$。改进的离散时间确定性 Q-学习算法迭代了 20 次，在学习步长 0.01 和神经网络训练误差 10^{-6} 的条件下训练执行网与评价网。定义迭代 Q 函数 $Q_i(x_k, v_i(k))$ 如下

$$Q_i(x_k, v_i(k)) = \min_{u_k} Q_i(x_k, u_k) \tag{10.73}$$

在学习律 $\alpha_i^\zeta, \zeta=1,2,3,4$ 的条件下，对 Q-学习进行初始化 $\Psi^1(x_k, u_k)$。图 10-7 显示了迭代 Q 函数 $Q_i(x_k, v_i(k))$ 的曲线，其中用"In"表示"初始迭代"，"Lm"代表"极限迭代"。

从图 10-7 可以看出，在四个不同学习律 $\{\alpha_i^\zeta\}$ 条件下，迭代 Q 函数在迭代 20 次以后均收敛到最优值。图 10-8 给出了在不同学习律 $\alpha_i^\zeta, \zeta=1,2,3,4$ 下系统状态的迭代轨迹。对应的控制律轨迹在图 10-9 中给出。从图 10-8 与图 10-9 可以看出，迭代状态与控制律轨迹均收敛到最优值，验证了本文理论的正确性。

本节中，我们已经证明，若学习律 α 满足条件(10.21)，则对迭代 Q 函数初始化任意一个半正定函数，迭代 Q 函数均收敛到最优值。为了进一步验证结论，初始化 Q 函数为 $\Psi^2(x_k, u_k)$，折扣因子 $\gamma=0.95$。改进的离散时间确定性 Q-学习算法迭代了 20 次，在学习

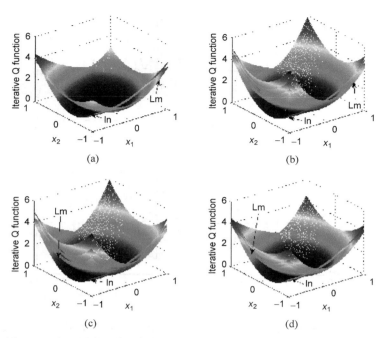

图 10-7　在不同学习律 $\{\alpha_i^\zeta\}$ 条件下，初始化 $\Psi^1(x_k, u_k)$ 下的迭代 Q 函数

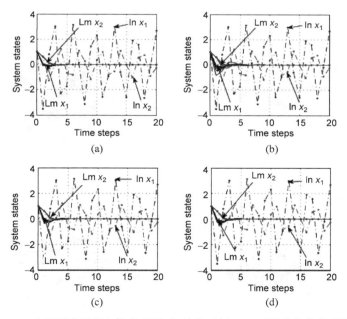

图 10-8　在不同学习律 $\{\alpha_i^\zeta\}$ 条件下，初始化 $\Psi^1(x_k, u_k)$ 下的迭代状态函数

(a) $\{\alpha_i^1\}$；(b) $\{\alpha_i^2\}$；(c) $\{\alpha_i^3\}$；(d) $\{\alpha_i^4\}$

步长 0.01 和神经网络训练误差 10^{-6} 的条件下训练执行网与评价网。针对不同的学习律 $\alpha_i^\zeta, \zeta = 1, 2, 3, 4$，图 10-10 给出了迭代 Q 函数在初始化 $\Psi^2(x_k, u_k)$ 条件下的曲线。

从图 10-10 可以看出，在四个不同学习律 $\{\alpha_i^\zeta\}$ 下，尽管初始函数 $\Psi^1(x_k, u_k)$ 与 $\Psi^2(x_k, u_k)$

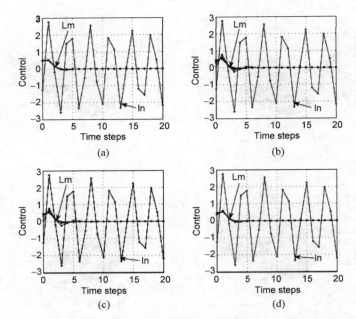

图 10-9   在不同学习律 $\{\alpha_i^\zeta\}$ 条件下，初始化 $\Psi^1(x_k,u_k)$ 下的迭代控制函数

(a) $\{\alpha_i^1\}$；(b) $\{\alpha_i^2\}$；(c) $\{\alpha_i^3\}$；(d) $\{\alpha_i^4\}$

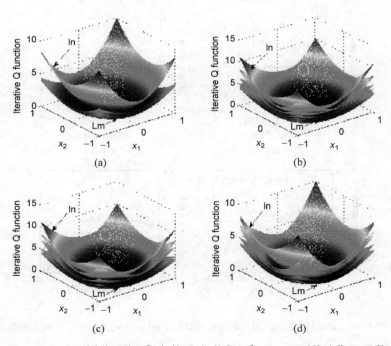

图 10-10   在不同学习律 $\{\alpha_i^\zeta\}$ 条件下，初始化 $\Psi^2(x_k,u_k)$ 下的迭代 Q 函数

不同，但是迭代 Q 函数在迭代 20 次以后均收敛到最优值。把迭代控制律 $v_i(x_k)$ 运用到系统(10.70)中，运行 20 个时间步。图 10-11 给出了在不同学习律 $\alpha_i^\zeta, \zeta=1,2,3,4$ 下状态的迭代轨迹，对应的控制律轨迹在图 10-12 给出。

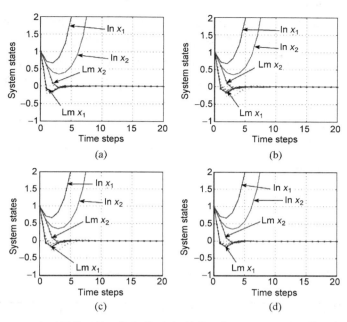

图 10-11　在不同学习律 $\{\alpha_i^\zeta\}$ 条件下，初始化 $\Psi^2(x_k,u_k)$ 下的迭代状态函数

(a) $\{\alpha_i^1\}$；(b) $\{\alpha_i^2\}$；(c) $\{\alpha_i^3\}$；(d) $\{\alpha_i^4\}$

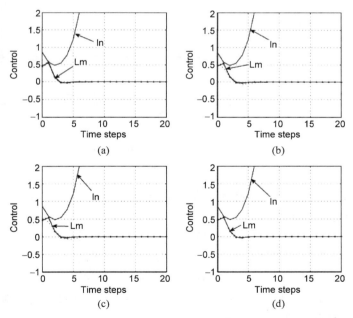

图 10-12　在不同学习律 $\{\alpha_i^\zeta\}$ 条件下，初始化 $\Psi^2(x_k,u_k)$ 下的迭代控制函数

(a) $\{\alpha_i^1\}$；(b) $\{\alpha_i^2\}$；(c) $\{\alpha_i^3\}$；(d) $\{\alpha_i^4\}$

学习律 $\{\alpha_i^1\}$ 满足文献[15]中的判据(10.9)，而学习律 $\{\alpha_i^2\}\sim\{\alpha_i^4\}$ 不满足文献[15]中的判据(10.9)，但从图中可以看出仍旧收敛到最优值，这恰恰验证了本节理论的正确性。把获得的控制律应用到系统(10.70)中，图 10-9 中的(a)~(d)分别给出了最优控制曲线。图 10-8

中的(c)与(d)给出了在学习律 $\overline{\alpha}_i$ 的条件下,收敛的状态与控制律曲线。可以看出在收敛性条件(10.21)不满足的条件下,迭代 Q 函数不一定收敛到最优值。

从图 10-7 与图 10-10 可以看出,在四个不同学习律 $\{\alpha_i^s\}$ 下,迭代 Q 函数在迭代 20 次以后均收敛到最优值。学习律 $\{\alpha_i^1\}$ 满足文献[15]中的判据(10.4),而学习律 $\{\alpha_i^2\}\sim\{\alpha_i^4\}$ 不满足文献[15]中的判据(10.9),但从图中可以看出仍旧收敛到最优值,这恰恰验证了本节理论的正确性。把获得的控制律应用到系统(10.70)中,图 10-13 中的(a)和(b)分别给出了收敛的最优状态与最优控制律曲线。可以看出在收敛性条件(10.21)不满足的条件下,迭代 Q 函数不一定收敛到最优值。

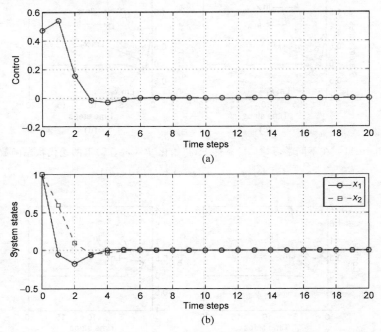

图 10-13　最优状态与控制律曲线
—— (a) 最优状态;(b) 最优控制律

针对线性系统(10.70),我们知道最优 Q 函数可以表示为 $Q^*(x_k,u_k)=\boldsymbol{Z}^{\mathrm{T}}(k)P^*Z(k)$。根据离散代数黎卡提方程得到

$$P^*=\begin{bmatrix} 2.47 & -2.48 & 2.57 \\ -2.48 & 6.84 & -5.67 \\ 2.57 & -5.67 & 6.56 \end{bmatrix} \tag{10.74}$$

最优控制策略为 $u^*(x_k)=Kx_k$,其中 $K=[-0.39\quad 0.86]$。因此,通过对线性系统仿真,改进算法的有效性得到了验证。

例 10-2　考虑一个倒立摆系统[25],倒立摆的系统方程如下:

$$\begin{bmatrix} \dot{x}_1 \\ \dot{x}_2 \end{bmatrix} = \begin{bmatrix} x_2 \\ \dfrac{g}{l}\sin(x_1)-klx_2 \end{bmatrix} + \begin{bmatrix} 0 \\ \dfrac{1}{ml^2} \end{bmatrix} u \tag{10.75}$$

其中摆杆质量和长度分别为 $m=0.5\mathrm{kg}, l=1/3\mathrm{m}$。摩擦因子和重力加速度分别为 $k=0.2, g=9.8\mathrm{m/s}^2$。选择采样时间 $\Delta t=0.1\mathrm{s}$，离散化系统可以得到

$$\begin{bmatrix} x_{1(k+1)} \\ x_{2(k+1)} \end{bmatrix} = \begin{bmatrix} x_{1(k)} + \Delta x_{2(k)} \\ \dfrac{g}{l}\Delta t \sin(x_{1(k)}) + (1-kl\Delta t)x_{2(k)} \end{bmatrix} + \begin{bmatrix} 0 \\ \dfrac{\Delta t}{ml^2} \end{bmatrix} u \tag{10.76}$$

选择初始状态 $x_0 = \begin{bmatrix} 1 & -1 \end{bmatrix}^{\mathrm{T}}$，评价网与执行网的结构分别选取为 3-12-1 和 2-12-1。我们选取 2000 个状态与控制律样本来训练神经网络。为了验证算法的可行性，仍旧选取两个不同的初始迭代 Q 函数 $\overline{\Psi}^{\zeta}(x_k, u_k) = \mathbf{Z}^{\mathrm{T}}(k)\overline{\mathbf{P}}^{\zeta}\mathbf{Z}(k)$，$\zeta=1,2$。初始化正定矩阵 $\overline{\mathbf{P}}^1, \overline{\mathbf{P}}^2$ 分别为

$$\overline{\mathbf{P}}^1 = \begin{bmatrix} 10.15 & 4.66 & -7.52 \\ 4.66 & 6.15 & -3.61 \\ -7.52 & -3.62 & 6.16 \end{bmatrix} \tag{10.77}$$

$$\overline{\mathbf{P}}^2 = \begin{bmatrix} 11.80 & 2.05 & 12.96 \\ 2.05 & 2.06 & 2.30 \\ 12.94 & 2.31 & 14.25 \end{bmatrix} \tag{10.78}$$

四个不同的学习律与例 10-1 相同。

在学习律 0.01 和神经网络训练误差 10^{-6} 下，对评价网和执行网进行训练。选择折扣因子为 $\gamma=0.95$。初始化 $\overline{\Psi}^1(x_k, u_k)$，改进的离散时间 Q-学习算法在迭代了 40 次后达到计算精度。迭代 Q 函数 $Q_i(x_k, v_i(k))$ 的定义如式（10.73）所示。图 10-14 显示了迭代 Q 函数 $Q_i(x_k, v_i(k))$ 的变化曲线。从图 10-14 可以看出，采用四个不同的学习律序列 $\{\alpha_i^{\zeta}\}$，$\zeta=1,2,3,4$，迭代 Q 函数均收敛到最优值，这验证了本节针对非线性系统的结论。把获得的迭代控制律 $v_i(x_k)$ 应用在系统（10.70）中，运行 150 个时间步。图 10-15 和图 10-16 分别给出了迭代状态和控制律的轨迹。

从图 10-14～图 10-16 可以看出，在学习律 $\{\alpha_1\}$～$\{\alpha_4\}$ 下，迭代 Q 函数、迭代控制律和系统状态均收敛到最优值。另外，针对不同的学习律序列，在迭代控制律 $v_i(x_k)$ 下，系统特性也许会有差异，但是迭代控制律和迭代 Q 函数最终均收敛到最优值。为实现计算精度，我们把 Q-学习算法在初始化 $\overline{\Psi}^2(x_k, u_k)$ 下迭代 40 次。图 10-17 给出了迭代 Q 函数 $Q_i(x_k, v_i(k))$ 的变化曲线。

把迭代控制律 $v_i(x_k)$ 在系统（10.76）中运行 150 个时间步，图 10-18 和图 10-19 分别给出了迭代状态和控制律的变化曲线。从图 10-17～图 10-19 可以看出，在学习律 $\{\alpha_1\}$～$\{\alpha_4\}$ 下，迭代 Q 函数、迭代控制律和系统状态均收敛到最优值。在学习律 $\{\alpha_2\}$～$\{\alpha_4\}$ 条件下，非线性系统（10.76）对每一个迭代控制律 $v_i(x_k)$，$i=0,1,\cdots$，都是稳定的。然而，在学习律序列 $\{\alpha_1\}$ 条件下，非线性系统（10.76）在某些迭代控制律下是不稳定的。因此，适当地选取学习律可以使确定性 Q-学习算法收敛得更快。

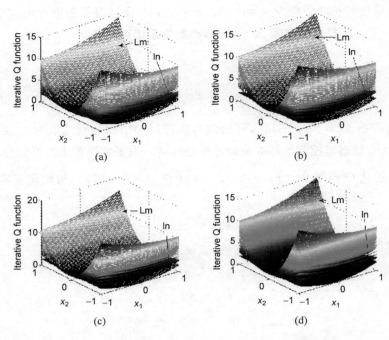

图 10-14 初始化 $\overline{\varPsi}^1(x_k, u_k)$ 下，迭代 Q 函数的变化曲线

(a) $\{\alpha_i^1\}$；(b) $\{\alpha_i^2\}$；(c) $\{\alpha_i^3\}$；(d) $\{\alpha_i^4\}$

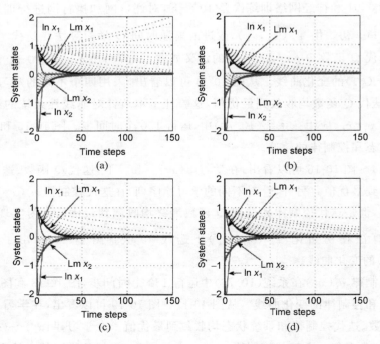

图 10-15 初始化 $\overline{\varPsi}^1(x_k, u_k)$ 下，迭代状态的变化曲线

(a) $\{\alpha_i^1\}$；(b) $\{\alpha_i^2\}$；(c) $\{\alpha_i^3\}$；(d) $\{\alpha_i^4\}$

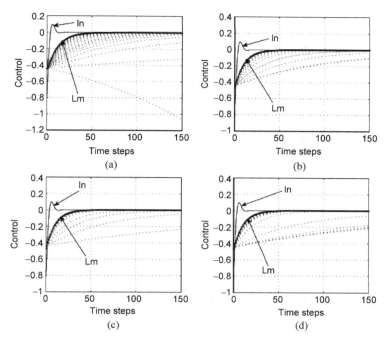

图 10-16 初始化 $\overline{\Psi}^{1}(x_{k},u_{k})$ 下，迭代控制律的变化曲线

(a) $\{\alpha_{i}^{1}\}$; (b) $\{\alpha_{i}^{2}\}$; (c) $\{\alpha_{i}^{3}\}$; (d) $\{\alpha_{i}^{4}\}$

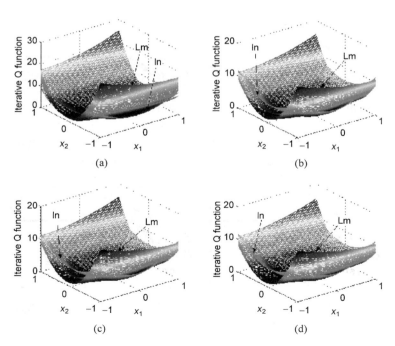

图 10-17 初始化 $\overline{\Psi}^{2}(x_{k},u_{k})$ 下，迭代 Q 函数的变化曲线

(a) $\{\alpha_{i}^{1}\}$; (b) $\{\alpha_{i}^{2}\}$; (c) $\{\alpha_{i}^{3}\}$; (d) $\{\alpha_{i}^{4}\}$

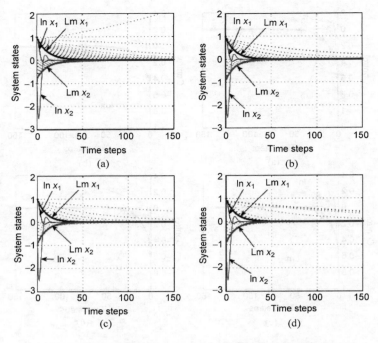

图 10-18　初始化 $\overline{\Psi}^2(x_k,u_k)$ 下，迭代状态的变化曲线

(a) $\{\alpha_i^1\}$；(b) $\{\alpha_i^2\}$；(c) $\{\alpha_i^3\}$；(d) $\{\alpha_i^4\}$

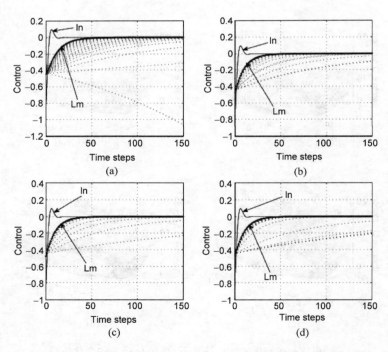

图 10-19　初始化 $\overline{\Psi}^2(x_k,u_k)$ 下，迭代控制律的变化曲线

(a) $\{\alpha_i^1\}$；(b) $\{\alpha_i^2\}$；(c) $\{\alpha_i^3\}$；(d) $\{\alpha_i^4\}$

10.4　Q-学习进展

在 Q-学习的基础上,陆续出现了深度 Q-学习(Deep Q-Learning)和双 Q-学(Double Q-Learning)等算法。

在深度 Q-学习上,Google DeepMind 将题为"深度强化学习"或"深度 Q-学习"的 Q-学习应用于深度学习,在以人类专家级别玩 Atari 2600 游戏方面取得了成功。初步结果在 2014 年提出,该系统使用了深度卷积神经网络,该网络使用分层卷积滤波器来模拟感受野的影响。当使用诸如神经网络的非线性函数逼近器来表示 Q 函数时,强化学习不稳定或发散。这种不稳定性来自于观测序列中存在的相关性,即对 Q 函数的小更新可能会显著改变策略和数据分布,以及 Q 函数与目标值之间的相关性。这种 Q-学习的变体使用了一种被称为体验重放的生物启发机制,该机制在数据上随机化,从而消除了观察序列中的相关性并平滑数据分布的变化。它还使用迭代更新,将 Q-学习调整为仅定期更新的目标值,从而进一步减少了与目标的相关性[26]。

由于在 Q-学习中使用最大逼近控制值,Q-学习有时会高估控制值,从而减慢学习速度。文献[27]提出了一种称为双 Q-学习的变体来纠正这种情况。该算法随后与深度学习相结合,产生双 DQN 算法,其优于原始的 DQN 算法[28]。

文献[29]提出了一种新型的离散时间确定性 Q-学习算法(Discrete-Time Deterministic Q-Learning),这是在 10.2 节 Q-学习原理中详细介绍的一种方法。在确定性 Q-学习算法的每次迭代中,针对所有状态和控制空间更新迭代 Q 函数,而不是针对传统 Q-学习算法中的单个状态和单个控制进行更新。为了保证迭代 Q 函数收敛到最优,建立了一个新的收敛准则,简化了传统 Q-学习算法学习速率的收敛准则。在收敛性分析中,分析迭代 Q 函数的上下界,得到收敛准则,而不是分析迭代 Q 函数本身。为了便于分析,首先开发了确定性 Q-学习算法未折叠情况下的收敛性。然后,考虑折扣因子,建立折现案例的收敛标准。神经网络络分别用于逼近迭代 Q 函数和计算迭代控制律,便于实现确定性 Q-学习算法。

离散时间确定性 Q-学习算法可以由任意半正定函数初始化,已经证明,如果学习律满足收敛准则,传统约束随机 Q-学习算法的学习律可以被简化。当 i 趋于无穷时,迭代 Q 函数和迭代控制律将收敛到其最优值。

走近学者

Chris Watkins

Chris Watkins,伦敦大学皇家霍洛威分校计算机科学系人工智能专业高级讲师。

最近研究了人工认知系统编写学习(Composing Learning for Artificial Cognitive Systems,CompLACS)项目。CompLACS 项目从 2011 年开始,周期四年。CompLACS 项目目标是通过交互学习组件构建多模块化认知系统,试图创造新的学习模式、代表多种技能、探索学习多种技能,并寻求新的方法来抽象出更高级别的表现形式。

他的研究兴趣包括:强化学习,内核方法和字符串内核,进化的信息理论分析，流行病学和通信技术对流行病的反应，可视化和投资组合风险的估计。

参考文献

[1] 强化学习专题系列：第一讲 联合模型和无模型的强化学习算法. Available online：https://zhuanlan.zhihu.com/p/28563483.

[2] 强化学习前沿 第三讲 基于模型的强化学习方法 PILCO 及其扩展（一）. Available online：https://zhuanlan.zhihu.com/p/27537744.

[3] Sutton R S. Dyna, an integrated architecture for learning, planning, and reacting. ACM SIGART Bulletin,1991,2(4)：160-163.

[4] Silver D, Sutton R S, Müller M. Sample-based learning and search with permanent and transient memories. in Proceedings of International Conference on Machine Learning,2008：968-975.

[5] Watkins C J C H. Learning from Delayed Rewards. Robotics & Autonomous Systems,1989,15(4)：233-235.

[6] Melo F S. Convergence of Q-learning：A simple proof. Institute Of Systems and Robotics,Tech. Rep,2001：1-4.

[7] Sutton R S, Barto A G. Reinforcement Learning：An Introduction. USA,Cambridge：MIT Press,1998.

[8] Russell S J, Norvig P. Artificial Intelligence：A Modern Approach. Malaysia：Pearson Education Limited,2016.

[9] Baird L. Residual algorithms：Reinforcement learning with function approximation. Machine Learning Proceedings. 1995：30-37.

[10] François-Lavet V, Fonteneau R, Ernst D. How to discount deep reinforcement learning：Towards new dynamic strategies. arXiv preprint arXiv：1512. 02011,2015. Available online：https://arxiv.org/pdf/1512. 02011v1. pdf.

[11] 强化学习调研. Available online：https://blog. csdn. net/jyj1100/article/details/80845949.

[12] Shteingart H, Neiman T, Loewenstein Y. The role of first impression in operant learning. Journal of Experimental Psychology：General,2013,142(2)：476-488.

[13] Tesauro G. Temporal difference learning and TD-Gammon. Communications of the ACM,1995,38(3)：58-68.

[14] Van Hasselt H. Reinforcement learning in continuous state and action spaces. InReinforcement Learning Chapter 7. Germany,Berlin：Springer,2012.

[15] Watkins C J C H, Dayan P. Q-learning. Machine learning,1992,8(3-4)：279-292.

[16] Bellman R. Dynamic Programming. Princeton,NJ：Princeton University Press,1957.

[17] Wei Q, Liu D. A Novel Iterative θ-Adaptive Dynamic Programming for Discrete-Time Nonlinear Systems. IEEE Transactions on Automation Science and Engineering,2014,11(4)：1176-1190.

[18] Lincoln B, Rantzer A. Relaxing dynamic programming. IEEE Transactions on Automatic Control,2006,51(8)：1249-1260.

[19] Liu Y J, Tong S. Adaptive NN tracking control of uncertain nonlinear discrete-time systems withnonaffine dead-zone input. IEEE Transactions on Cybernetics,2015,45(3)：497-505.

[20] Liu Y J, Gao Y, Tong S, et al. A unified approach to adaptive neural control for nonlinear discrete-time systems with nonlinear dead-zone input. IEEE transactions on neural networks and learning systems,2016,27(1)：139-150.

[21] Liu Y J, Tang L, Tong S, et al. Reinforcement learning design-based adaptive tracking control with

less learning parameters for nonlinear discrete-time MIMO systems. IEEE Transactions on Neural Networks and Learning Systems,2015,26(1):165-176.

[22] Yu J,Tan M,Chen J,et al. A survey on CPG-inspired control models and system implementation. IEEE transactions on neural networks and learning systems,2014,25(3):441-456.

[23] Dierks T,Jagannathan S. Online optimal control of affine nonlinear discrete-time systems with unknown internal dynamics by using time-based policy update. IEEE Transactions on Neural Networks and Learning Systems,2012,23(7):1118-1129.

[24] Dorf R C,Bishop R H. Modern Control Systems (12th Edition). USA,NY:Prentice Hall,2011.

[25] Beard R. Improving the Closed-Loop Performance of Nonlinear Systems, PhD. Dissertation, Rensselaer Polytechnic Institute,Troy,NY,1995.

[26] Mnih V,Kavukcuoglu K,Silver D,et al. Human-level control through deep reinforcement learning. Nature,2015,518(7540):529-533.

[27] Hasselt H V. Double Q-learning. Advances in Neural Information Processing Systems. 2010,23: 2613-2621.

[28] Van Hasselt H,Guez A,Silver D. Deep Reinforcement Learning with Double Q-Learning. in Proceedings of AAAI Conference on Artificial Intelligence. 2016,16: 2094-2100.

[29] Wei Q,Lewis F L,Sun Q,et al. Discrete-time deterministic Q-learning: A novel convergence analysis. IEEE Transactions on Cybernetics,2017,47(5):1224-1237.

第11章

脱 策 学 习

本章提要

带有扰动的系统最优控制问题,可以通过 H_∞ 控制求解最优控制策略,部分方法需要系统的确切模型信息,然而许多系统的精确模型是难以获得的。强化学习方法的出现,为这类问题提供了解决思路,但这些在线学习方法具有使用带有"近似误差"数据、扰动信号不可操作、算法结构复杂等缺点。脱策学习方法为这类问题提供了新的解决思路。

本章内容组织如下:11.2 节对脱策学习方法的基本思想进行简单介绍;11.3 节给出脱策学习的具体方法;11.4 节讨论脱策学习的收敛性;11.5 节针对线性系统进行分析。

11.1 脱策学习的兴盛

值迭代自适应动态规划、策略迭代自适应动态规划和 Q-学习均属于强化学习[1]的方法。在过去的几年里,出现了许多强化学习方法,这些方法均可求解非线性系统的最优控制问题。特别是针对离散时间系统的最优控制问题,出现了一些代表性的方法[2-7]。例如,刘德荣提出了一种基于有限近似误差的迭代自适应动态规划方法[5]和一种针对离散时间非线性系统的新策略迭代方法[7]。对于连续时间系统,Murray[8]等提出了两种策略算法,避免了解系统内部动态信息。Vrabie[9-11]等介绍了策略迭代的思想,并提出了积分强化学习的一个重要框架。Modares[12]等人针对非线性未知约束输入系统提出了一种基于经验回放的积分强化学习算法。在文献[13]中,基于神经网络(Neural Network,NN)的分散控制策略被用于稳定一类连续时间非线性互连的大规模系统。此外,强化学习方法的思想也被引入求解偏微分方程系统的最优控制问题[14-18]。但是,对于大多数实际系统而言,外部干扰的存在通常是不可避免的。

为了减少干扰的影响,需要鲁棒控制器来抑制干扰。一个有效的解决方案是 H_∞ 控制方法,该方法在 L_2 增益设置中实现干扰衰减[19-21],即设计控制器使目标输出能量与干扰能量的比率小于规定的水平。在过去的几十年中，已经有大量关于非线性 H_∞ 控制的理论结果[22-24]，其中 H_∞ 控制问题可以转化为如何求解所谓的 Hamilton-Jacobi-Isaac（HJI）方程。然而，HJI 方程本身是非线性偏微分方程，很难或不可能解决，即使在某些简单情况下也有可能没有全局解析解。

针对求解 HJI 方程，已有相关研究，并提出了一些有效的方法[22,25-30]。在文献[22]中，已经表明在控制输入上存在一系列策略迭代，使得 HJI 方程依次用一系列类 HJB 方程近似。在文献[31]中，HJI 方程先后被一系列线性偏微分方程所近似，这些线性偏微分方程用 Galerkin 逼近解决[25,32-33]。在文献[34]中，逐次逼近方法被扩展以求解离散时间 HJI 方程。与文献[25]类似，文献[26]针对受约束的控制输入系统提出了一个策略迭代方案。为了实现这个方案，在文献[35]中介绍了一个神经动态规划方法，文献[36]中给出了一个在线自适应方法。这种方法适用于存在鞍点的情况，而在文献[37]中考虑了光滑鞍点不存在的情况。在文献[27]中，同步策略迭代方法被提出，这是文献[38]工作的延伸。为了提高计算 HJI 方程解的效率，文献[39]提出了一种计算高效的同时策略更新算法。另外，在文献[40]中，通过泰勒级数展开式近似 HJI 方程的解，并提供了一个有效的算法来生成泰勒级数的系数。据观察，大多数这些方法，如文献[22,25-28,30,35,39,40]都是基于模型的，需要完整的系统模型。但是，对于许多实际系统来说，准确的系统模型通常无法获得或获得的代价比较大。目前已经提出了一些强化学习方法用于线性系统[41-42]和非线性系统[43]的未知内部系统模型下 H_∞ 控制的设计。但是文献[27,36,41-44]中的方法是在线策略学习方法，其中代价函数应通过评估策略生成的系统数据进行评估。上述这些缺点在后面会通过脱策学习方法来解决。

本章针对内部系统模型未知的非线性系统，考虑 H_∞ 控制设计问题。已知非线性 H_∞ 控制问题可以转化为求解所谓的 HJI 方程，该方程一般是不可能通过解析方法求解的非线性偏微分方程。更困难的是，当准确的系统模型不可用时，基于模型的方法不能用于近似求解 HJI 方程。为了克服这些困难，引入脱策强化学习方法，以实际系统数据解出 HJI 方程而不是系统数学模型，并证明了它的收敛性。为实现目标，采用基于神经网络的执行-评价结构，并基于加权残差法推导出最小二乘 NN 权值更新算法。

11.2　脱策学习的基本思想

11.2.1　问题描述

考虑下面的仿射非线性连续时间动力系统

$$\dot{x}(t) = f(x(t)) + g(x(t))u(t) + k(x(t))w(t) \tag{11.1}$$

$$z(t) = h(t) \tag{11.2}$$

其中，$[x_1 \quad x_2 \quad \cdots \quad x_n]^T \in \mathcal{X} \subset \mathbb{R}^n$ 是状态，$u = [u_1 \quad u_2 \quad \cdots \quad u_m]^T \in \mathcal{U} \subset \mathbb{R}^m$ 是控制输入，$u(t) \in L_2[0, \infty)$，$w = [w_1 \quad w_2 \quad \cdots \quad w_q]^T \in \mathcal{W} \subset \mathbb{R}^q$ 是外部干扰，$w(t) \in L_2[0, \infty)$，$z = [z_1 \quad z_2 \quad \cdots \quad z_p]^T \in \mathbb{R}^p$ 是目标输出。$f(x)$ 在包含原点的集合 $\mathcal{X}$ 上是 Lipschitz 连续的，$f(0) = 0$。$f(x)$ 在本节中表示未知的内部系统模型，$g(x)$、$k(x)$ 和 $h(x)$ 是已知的具有适当维数的连续矢量或矩阵函数。

所考虑的 H_∞ 控制问题是寻找一个状态反馈控制律 $u(x)$，使系统(11.1)渐近稳定，且 L_2 增益小于或等于 γ，即

$$\int_0^\infty (\|z(t)\|^2 + \|u(t)\|_R^2)\mathrm{d}t \leqslant \gamma^2 \int_0^\infty \|w(t)\|^2\mathrm{d}t \tag{11.3}$$

对于所有的 $w(t) \in L_2[0,\infty)$，$R>0$ 和 $\gamma>0$ 是规定的干扰衰减水平。我们希望的是能够求解 H_∞ 最优控制律使得代价函数获得最优，其中最优的代价函数 $J^*(x)$ 可以定义为

$$J^*(x) = \min_u \max_w \int_k^\infty (\boldsymbol{x}^\mathrm{T}\boldsymbol{x} + \boldsymbol{u}^\mathrm{T}R\boldsymbol{u} - \gamma^2\boldsymbol{w}^\mathrm{T}\boldsymbol{w})\mathrm{d}\tau$$
$$= \max_w \min_u \int_k^\infty (\boldsymbol{x}^\mathrm{T}\boldsymbol{x} + \boldsymbol{u}^\mathrm{T}R\boldsymbol{u} - \gamma^2\boldsymbol{w}^\mathrm{T}\boldsymbol{w})\mathrm{d}\tau \tag{11.4}$$

可以看出，上式中的系统扰动 w 使得系统性能达到最大(即系统性能最差)而系统控制 u 使得系统性能达到最小(即系统性能最优)。因此，H_∞ 最优控制的物理意义可以解释为在系统扰动使得系统性能达到最差的条件下找到系统控制律使得系统性能达到最优。在文献[22]中，该问题转化为解决所谓的 HJI 方程，如引理 11.1 所示。

引理 11.1 假设系统(11.1)和(11.2)是零状态可观测的。对于 $\gamma>0$，假设存在 HJI 方程的解 $J^*(x)$，满足

$$(\nabla J^*(x))^\mathrm{T} f(x) + h^\mathrm{T}(x)h(x) - \frac{1}{4}(\nabla J^*(x))^\mathrm{T}g(x)R^{-1}g^\mathrm{T}(x)\nabla J^*(x) +$$

$$\frac{1}{4\gamma^2}(\nabla J^*(x))^\mathrm{T}k(x)k^\mathrm{T}(x)\nabla J^*(x) = 0 \tag{11.5}$$

其中，$J^*(x) \in C^1(\mathcal{X})$，$J^*(x) \geqslant 0$ 和 $J^*(0)=0$，那么带有状态反馈控制

$$u(t) = u^*(x(t)) = -\frac{1}{2}R^{-1}g^\mathrm{T}(x)\nabla J^*(x) \tag{11.6}$$

的闭环系统存在小于或等于 γ 的 L_2 增益，并且闭环系统(11.1)、(11.2)和(11.6)是局部渐近稳定的(当 $w(t) \equiv 0$ 时)。

11.2.2 相关研究工作

从引理 11.1 中可见，H_∞ 控制(11.6)基于 HJI 方程的解(11.5)。文献[25]提出了一种基于模型的迭代法，HJI 方程由一系列连续的近似线性偏微分方程近似：

$$(\nabla V_{i,j+1})^\mathrm{T}(f + gu_i + kw_{i,j}) + h^\mathrm{T}h + \|u_i\|_R^2 - \gamma^2\|w_{i,j}\|^2 = 0 \tag{11.7}$$

更新控制和干扰策略

$$w_{i,j+1} \overset{\text{def}}{=} \frac{1}{2}\gamma^{-2}k^\mathrm{T}\nabla V_{i,j+1} \tag{11.8}$$

$$u_{i+1} \overset{\text{def}}{=} -\frac{1}{2}R^{-1}g^\mathrm{T}\nabla V_{i+1} \tag{11.9}$$

其中 $V_{i+1} \overset{\text{def}}{=} \lim_{j\to\infty} V_{i,j}$。从文献[22,25]可以看出，$\lim_{i,j\to\infty} V_{i,j} = J^*$。

算法 11.1：基于模型的 SPUA

1. 给出一个初始函数 $V_0 \in \mathbf{V}_0 (\mathbf{V}_0 \subset \mathbf{V}$ 由文献[39]确定)，令 $i = 0$。

2. 更新控制律和干扰策略：

$$u_i \overset{\text{def}}{=\!=} -\frac{1}{2} R^{-1} g^{\mathrm{T}} \nabla V_i \tag{11.10}$$

$$w_i \overset{\text{def}}{=\!=} \frac{1}{2} \gamma^{-2} k^{\mathrm{T}} \nabla V_i \tag{11.11}$$

3. 通过求解下式获得 $V_{i+1}(x)$：

$$(\nabla V_{i+1})^{\mathrm{T}}(f + g u_i + k w_i) + h^{\mathrm{T}} h + \| u_i \|_R^2 - \gamma^2 \| w_i \|^2 = 0 \tag{11.12}$$

其中 $V_{i+1}(x) \in C^1(\mathcal{X})$，$V_{i+1}(x) \geqslant 0$，$V_{i+1}(0) = 0$。

4. 令 $i = i + 1$，返回步骤 2 并继续。

算法 11.1 给出了基于模型的同步策略更新算法（Simultaneous policy update algorithm，SPUA）。值得注意的是，算法 11.1 是一个无限迭代过程，用于理论分析而不是实现目标。也就是说，当迭代达到无穷大时，算法 11.1 将收敛到 HJI 方程(11.5)的解。通过构造一个不动点方程，算法 11.1 的收敛性[39]通过证明它是用于找到不动点的牛顿迭代方法来建立。随着指标 i 的增加，由 SPUA 得到的序列 V_i 可以收敛于 HJI 方程(11.5)的解，即 $\lim\limits_{i \to \infty} V_i = J^*$。

注意，迭代方程(11.7)和(11.12)都需要完整的系统模型。对于内部系统动态 $f(x)$ 未知的 H_∞ 控制问题，建议使用基于数据的方法[42-43]来在线求解 HJI 方程。然而，现有的大多数在线方法都是策略迭代学习方法[27,36,42,44]。根据策略迭代学习的定义[1]，迭代值函数应根据策略产生的数据进行评估。例如，式(11.7)中的 $V_{i,j+1}$ 是策略 $W_{i,j}$ 和 u_i 的迭代值函数，这意味着 $V_{i,j+1}$ 应该用系统数据使用策略 $W_{i,j}$ 和 u_i 评估。据观察，这些用于解决 H_∞ 控制问题的策略学习方法具有若干缺点：

（1）为了实际实施策略迭代学习方法[27,36,43,44]，用近似评估控制和干扰策略（而不是实际策略）产生学习其迭代值函数的数据。换句话说，在线策略学习方法使用"不准确"的数据来学习它们的代价，这会增加累积误差。例如，为了学习式(11.7)中的迭代值函数 $V_{i,j+1}$，一些近似策略 $\hat{w}_{i,j}$ 和 $\hat{u}_i$ 被用来生成数据，而不是它的实际策略 $w_{i,j}$ 和 u_i。

（2）评价控制和干扰策略需要干扰信号是可调的，这对大多数实际系统通常是不切实际的。

（3）众所周知[1,45]，强化学习在学习最优控制策略方面的"探索"问题极其重要，而在学习过程中缺乏探索可能导致分歧。尽管如此，对于在线策略学习，由于只有评估策略可用于生成数据，所以探索受到限制。从文献调查中发现，在现有的使用强化学习技术进行控制设计的工作中很少讨论"探索"问题。

（4）实施结构复杂，如在文献[27]和文献[36]中，需要三个神经网络分别用于近似迭代值函数、控制和干扰策略。

（5）现有的大多数方法都是在线实现的[27,36,42-44]，它们很难实时控制，因为学习过程往往非常耗时。此外，在线控制设计方法仅使用当前数据，而丢弃过去的数据，这意味着所测量的系统数据仅使用一次，从而导致利用率低。

为了克服上述缺点,我们提出了一种解决 H_∞ 控制问题的脱策强化学习方法,该方法不需要内部系统动态 $f(x)$。

11.3　脱策学习过程

在本节中,推导了 H_∞ 控制设计的脱策强化学习方法,并证明了其收敛性。然后,采用基于神经网络的评判-执行结构对算法进行了实现。

11.3.1　脱策强化学习

为了推导脱策强化学习方法,我们将系统(11.1)重写为

$$\dot{x} = f + gu_i + kw_i + g(u - u_i) + k(w - w_i) \tag{11.13}$$

其中 $\forall u \in \mathcal{U}, w \in \mathcal{W}$。设 $V_{i+1}(x)$ 为式(11.12)的解,对系统(11.13)求导数

$$\frac{\mathrm{d}V_{i+1}(x)}{\mathrm{d}t} = (\nabla V_{i+1})^{\mathrm{T}}(f + gu_i + kw_i) + \tag{11.14}$$

$$(\nabla V_{i+1})^{\mathrm{T}}g(u - u_i) + (\nabla V_{i+1})^{\mathrm{T}}k(w - w_i)$$

利用线性偏微分方程(11.12),在时间间隔 $[t, t+\Delta t]$ 上对式(11.14)的两侧进行积分并重构可以得到

$$
\begin{aligned}
&\int_t^{t+\Delta t} (\nabla V_{i+1}x(\tau))^{\mathrm{T}}g(x(\tau))(u(\tau) - u_i(x(\tau)))\mathrm{d}\tau + \\
&\int_t^{t+\Delta t} (\nabla V_{i+1}x(\tau))^{\mathrm{T}}k(x(\tau))(w(\tau) - w_i(x(\tau)))\mathrm{d}\tau + \\
&V_{i+1}(x(\tau)) - V_{i+1}(x(t+\Delta t)) \\
&= \int_t^{t+\Delta t} (h^{\mathrm{T}}(x(\tau))h(x(\tau)) + \| u_i(x(\tau)) \|_R^2 - \gamma^2 \| w_i(x(\tau)) \|^2)\mathrm{d}\tau
\end{aligned}
\tag{11.15}
$$

从式(11.15)可以看出,通过使用任意的输入信号 u 和 w,而不是评估策略 u_i 和 w_i,可以学习迭代值函数 V_{i+1}。然后,用式(11.15)替换算法 11.1 中的线性偏微分方程(11.12)得到脱策强化学习方法。为了证明其收敛性,在定理 11.1 中建立了迭代方程(11.12)和(11.15)之间的等价关系。

> **定理 11.1**　令 $V_{i+1}(x) \in C^1(\mathcal{X})$,$V_{i+1}(x) \geqslant 0$,$V_{i+1}(0) = 0$。式(11.15)是式(11.12)的解,即式(11.15)等价于式(11.12)。

证明:从式(11.15)的推导得出结论:如果 $V_{i+1}(x)$ 是式(11.12)的解,则 $V_{i+1}(x)$ 也满足式(11.15)。为了完成证明,则必须证明 $V_{i+1}(x)$ 是式(11.15)的唯一解。

在开始证明之前,首先推导出一个简单的事实。考虑

$$
\begin{aligned}
\lim_{\Delta t \to 0} \frac{1}{\Delta t} \int_t^{t+\Delta t} \hbar(\tau)\mathrm{d}\tau &= \lim_{\Delta t \to 0} \frac{1}{\Delta t} \left(\int_0^{t+\Delta t} \hbar(\tau)\mathrm{d}\tau - \int_0^t \hbar(\tau)\mathrm{d}\tau \right) \\
&= \frac{\mathrm{d}}{\mathrm{d}t} \int_0^t \hbar(\tau)\mathrm{d}\tau \\
&= \hbar(t)
\end{aligned}
\tag{11.16}
$$

根据式(11.15),则有

$$
\begin{aligned}
\frac{\mathrm{d}V_{i+1}(x)}{\mathrm{d}t} =& \lim_{\Delta t \to 0} \frac{1}{\Delta t}(V_{i+1}(x(t+\Delta t))-V_{i+1}(x(t))) \\
=& \lim_{\Delta t \to 0} \frac{1}{\Delta t} \int_t^{t+\Delta t} (\nabla V_{i+1}(x(\tau)))^{\mathrm{T}} g(x(\tau)) \times (u(\tau)-u_i(x(\tau)))\mathrm{d}\tau + \\
& \lim_{\Delta t \to 0} \frac{1}{\Delta t} \int_t^{t+\Delta t} (\nabla V_{i+1}(x(\tau)))^{\mathrm{T}} k(x(\tau)) \times (w(\tau)-w_i(x(\tau)))\mathrm{d}\tau - \\
& \lim_{\Delta t \to 0} \frac{1}{\Delta t} \int_t^{t+\Delta t} (h^{\mathrm{T}}(x(\tau))h(x(\tau))+\|u_i(x(\tau))\|_R^2 - \\
& \gamma^2 \|w_i(x(\tau))\|^2)\mathrm{d}\tau
\end{aligned}
\tag{11.17}
$$

根据式(11.16),式(11.17)被重写为

$$
\begin{aligned}
\frac{\mathrm{d}V_{i+1}(x)}{\mathrm{d}t} =& (\nabla V_{i+1}(x))^{\mathrm{T}} g(x)(u(t)-u_i(x)) + \\
& (\nabla V_{i+1}(x))^{\mathrm{T}} k(x)(w(t)-w_i(x)) - \\
& (h^{\mathrm{T}}(x)h(x)+\|u_i(x)\|_R^2 - \gamma^2 \|w_i(x)\|^2)
\end{aligned}
\tag{11.18}
$$

假设 $W(x) \in C^1(\mathcal{X})$,是边界条件 $W(0)=0$ 下式(11.15)的另一个解。因此,$W(x)$ 也满足式(11.18),即

$$
\begin{aligned}
\frac{\mathrm{d}W(x)}{\mathrm{d}t} =& (\nabla W(x))^{\mathrm{T}} g(x)(u(t)-u_i(x)) + \\
& (\nabla W(x))^{\mathrm{T}} k(x)(w(t)-w_i(x)) - \\
& (h^{\mathrm{T}}(x)h(x)+\|u_i(x)\|_R^2 - \gamma^2 \|w_i(x)\|^2)
\end{aligned}
\tag{11.19}
$$

把式(11.18)代入式(11.19)得到

$$
\begin{aligned}
\frac{\mathrm{d}}{\mathrm{d}t}(V_{i+1}(x)-W(x)) =& (\nabla(V_{i+1}(x)-W(x)))^{\mathrm{T}} g(x)(u-u_i(x)) + \\
& (\nabla(V_{i+1}(x)-W(x)))^{\mathrm{T}} k(x)(w-w_i(x))
\end{aligned}
\tag{11.20}
$$

这意味着式(11.20)适用于 $\forall u \in \mathcal{U}, w \in \mathcal{W}$。如果让 $u=u_i, w=w_i$,则有

$$
\frac{\mathrm{d}}{\mathrm{d}t}(V_{i+1}(x)-W(x))=0
\tag{11.21}
$$

那么,对于 $x \in \mathcal{X}$,有 $V_{i+1}(x)-W(x)=c$,其中 c 是实常数。因此,对于 $\forall x \in \mathcal{X}$,$V_{i+1}(0)-W(0)=0$,即 $V_{i+1}(x)=W(x)$。证明完成。

11.3.2 基于神经网络的实现

为了根据系统数据求解(11.15)的未知函数 $V_{i+1}(x)$,我们提出了一个基于神经网络的执行-评判结构。设 $\varphi(x) \stackrel{\text{def}}{=} [\varphi_1(x)\varphi_2(x)\cdots\varphi_L(x)]^{\mathrm{T}}$ 是评价 NN 的线性无关激活函数向量,其中 $\varphi_l(x):\mathcal{X} \to \mathbb{R}, l=1,2,\cdots,L,L$ 是评价网隐藏层神经元的数量。那么,评价网 NN 的输出由下式给出:

$$
\hat{V}_i(x) = \sum_{l=1}^{L} \theta_{i,l}\varphi_l(x) = \boldsymbol{\varphi}^{\mathrm{T}}(x)\theta_i
\tag{11.22}
$$

对于 $\forall i=0,1,2,\cdots$,其中 $\theta_i \stackrel{\text{def}}{=} [\theta_{i,1} \quad \theta_{i,2} \quad \cdots \quad \theta_{i,L}]$ 是评价网神经网络权值向量。从

式(11.10)、式(11.11)和式(11.22)可以看出,干扰和控制策略由下式给出:

$$\hat{u}_i(x) = -\frac{1}{2}R^{-1}g^{\mathrm{T}}(x)\,\nabla\varphi^{\mathrm{T}}(x)\theta_i \tag{11.23}$$

$$\hat{w}_i(x) = \frac{1}{2}\gamma^{-2}k^{\mathrm{T}}(x)\,\nabla\varphi^{\mathrm{T}}(x)\theta_i \tag{11.24}$$

$\nabla\varphi(x) \stackrel{\text{def}}{=} [\partial\varphi_1/\partial x \quad \cdots \quad \partial\varphi_L/\partial x]^{\mathrm{T}}$ 是 $\varphi(x)$ 的 Jacobian 矩阵。式(11.23)和式(11.24)可以分别用于控制策略和扰动,其中 $-(R^{-1}\boldsymbol{g}^{\mathrm{T}}(x)\nabla\boldsymbol{\varphi}^{\mathrm{T}}(x))/2$ 和 $(\gamma^{-2}\boldsymbol{k}^{\mathrm{T}}(x)\nabla\boldsymbol{\varphi}^{\mathrm{T}}(x))/2$ 是激活函数向量,θ_i 是神经网络权值向量。

由于评价网和执行网式(11.22)～式(11.24)的估计误差,用 $\hat{V}_{i+1}$、$\hat{w}_i$ 和 $\hat{u}_i$ 分别代替迭代方程(11.15)中的 V_{i+1}、w_i 和 u_i,产生以下残差:

$$\sigma_i(x(t),u(t),w(t)) \stackrel{\text{def}}{=} \int_t^{t+\Delta t} (u(\tau)-\hat{u}_i(x(\tau)))^{\mathrm{T}}\boldsymbol{g}^{\mathrm{T}}(x(\tau))\,\nabla\boldsymbol{\varphi}^{\mathrm{T}}(x(\tau))\theta_{i+1}\mathrm{d}\tau +$$
$$\int_t^{t+\Delta t} (w(\tau)-\hat{w}_i(x(\tau)))^{\mathrm{T}}\boldsymbol{k}^{\mathrm{T}}(x(\tau))\,\nabla\boldsymbol{\varphi}^{\mathrm{T}}(x(\tau))\theta_{i+1}\mathrm{d}\tau +$$
$$(\varphi(x(t))-\varphi(x(t+\Delta t)))^{\mathrm{T}}\theta_{i+1} -$$
$$\int_t^{t+\Delta t} (\boldsymbol{h}^{\mathrm{T}}(x(\tau))h(x(\tau)) + \|\hat{u}_i(x(\tau))\|_R^2 - \gamma^2\|\hat{w}_i(x(\tau))\|^2)\mathrm{d}\tau$$
$$= \int_t^{t+\Delta t} \boldsymbol{u}^{\mathrm{T}}(\tau)\boldsymbol{g}^{\mathrm{T}}(x(\tau))\,\nabla\boldsymbol{\varphi}^{\mathrm{T}}(x(\tau))\theta_{i+1}\mathrm{d}\tau +$$
$$\frac{1}{2}\int_t^{t+\Delta t} (\theta_i)^{\mathrm{T}}\,\nabla\varphi^{\mathrm{T}}(x(\tau))g(x(\tau))R^{-1}\boldsymbol{g}^{\mathrm{T}}(x(\tau))\,\nabla\boldsymbol{\varphi}^{\mathrm{T}}(x(\tau))\theta_{i+1}\mathrm{d}\tau +$$
$$\int_t^{t+\Delta t} w^{\mathrm{T}}(\tau)k^{\mathrm{T}}(x(\tau))\,\nabla\varphi^{\mathrm{T}}(x(\tau))\theta_{i+1}\mathrm{d}\tau -$$
$$\frac{1}{2}\gamma^{-2}\int_t^{t+\Delta t} (\theta_i)^{\mathrm{T}}\,\nabla\varphi^{\mathrm{T}}(x(\tau))k(x(\tau))\boldsymbol{k}^{\mathrm{T}}(x(\tau))\,\nabla\boldsymbol{\varphi}^{\mathrm{T}}(x(\tau))\theta_{i+1}\mathrm{d}\tau +$$
$$(\varphi(x(t))-\varphi(x(t+\Delta t)))^{\mathrm{T}}\theta_{i+1} -$$
$$\frac{1}{4}\int_t^{t+\Delta t} (\theta_i)^{\mathrm{T}}\,\nabla\varphi^{\mathrm{T}}(x(\tau))g(x(\tau))R^{-1}g^{\mathrm{T}}(x(\tau))\,\nabla\varphi^{\mathrm{T}}(x(\tau))\theta_i\mathrm{d}\tau +$$
$$\frac{1}{4}\gamma^{-2}\int_t^{t+\Delta t} (\theta_i)^{\mathrm{T}}\,\nabla\varphi^{\mathrm{T}}(x(\tau))k(x(\tau))k^{\mathrm{T}}(x(\tau))\,\nabla\varphi^{\mathrm{T}}(x(\tau))\theta_i\mathrm{d}\tau -$$
$$\int_t^{t+\Delta t} h^{\mathrm{T}}(x(\tau))h(x(\tau))\mathrm{d}\tau \tag{11.25}$$

为了简化方程,定义

$$\rho_{\Delta\varphi}(x(t)) \stackrel{\text{def}}{=} (\varphi(x(t))-\varphi(x(t+\Delta t)))^{\mathrm{T}}$$

$$\rho_{g\varphi}(x(t)) \stackrel{\text{def}}{=} \int_t^{t+\Delta t} \nabla\varphi^{\mathrm{T}}(x(\tau))g(x(\tau))R^{-1}g^{\mathrm{T}}(x(\tau))\,\nabla\varphi^{\mathrm{T}}(x(\tau))\mathrm{d}\tau$$

$$\rho_{k\varphi}(x(t)) \stackrel{\text{def}}{=} \int_t^{t+\Delta t} \nabla\varphi(x(\tau))k(x(\tau))\boldsymbol{k}^{\mathrm{T}}(x(\tau))\,\nabla\varphi^{\mathrm{T}}(x(\tau))\mathrm{d}\tau$$

$$\rho_{u\varphi}(x(t),u(t)) \stackrel{\text{def}}{=} \int_t^{t+\Delta t} u^{\mathrm{T}}(\tau)\boldsymbol{g}^{\mathrm{T}}(x(\tau))\,\nabla\varphi^{\mathrm{T}}(x(\tau))\mathrm{d}\tau$$

$$\rho_{w\varphi}(x(t),u(t)) \stackrel{\text{def}}{=} \int_t^{t+\Delta t} u^{\mathrm{T}}(\tau)\boldsymbol{g}^{\mathrm{T}}(x(\tau))\,\nabla\varphi^{\mathrm{T}}(x(\tau))\mathrm{d}\tau$$

$$\rho_h(x(t)) \stackrel{\text{def}}{=} \int_t^{t+\Delta t} h^{\mathrm{T}}(x(\tau)) h(x(\tau)) \mathrm{d}\tau$$

方程(11.25)被重写为

$$\sigma_i(x(t),u(t),w(t)) = \rho_{u\varphi}(x(t),u(t))\theta_{i+1} + \frac{1}{2}(\theta_i)^{\mathrm{T}}\rho_{g\varphi}(x(t))\theta_{i+1} +$$

$$\rho_{w\varphi}(x(t),u(t))\theta_{i+1} - \frac{1}{2}\gamma^{-2}(\theta_i)^{\mathrm{T}}\rho_{k\varphi}(x(t))\theta_{i+1} +$$

$$\rho_{\Delta\varphi}(x(t))\theta_{i+1} - \frac{1}{4}(\theta_i)^{\mathrm{T}}\rho_{g\varphi}(x(t))\theta_i +$$

$$\frac{1}{4}\gamma^{-2}(\theta_i)^{\mathrm{T}}\rho_{k\varphi}(x(t))\theta_i - \rho_h(x(t)) \tag{11.26}$$

为了便于描述，方程(11.26)可表示为

$$\sigma_i(x(t),u(t),w(t)) = \bar{\rho}_i(x(t),u(t),w(t))\theta_{i+1} - \pi_i(x(t)) \tag{11.27}$$

其中

$$\bar{\rho}_i(x(t),u(t),w(t)) \stackrel{\text{def}}{=} \rho_{u\varphi}(x(t),u(t)) + \frac{1}{2}(\theta_i)^{\mathrm{T}}\rho_{g\varphi}(x(t)) +$$

$$\rho_{w\varphi}(x(t),w(t)) - \frac{1}{2}\gamma^{-2}(\theta_i)^{\mathrm{T}}\rho_{k\varphi}(x(t)) + \rho_{\Delta\varphi}$$

$$\pi_i(x(t)) \stackrel{\text{def}}{=} \frac{1}{4}(\theta_i)^{\mathrm{T}}\rho_{g\varphi}(x(t))\theta_i - \frac{1}{4}\gamma^{-2}(\theta_i)^{\mathrm{T}}\rho_{k\varphi}(x(t))\theta_i + \rho_h(x(t))$$

为了描述简单，定义 $\bar{\rho}_i = \begin{bmatrix} \bar{\rho}_{i,1} & \bar{\rho}_{i,2} & \cdots & \bar{\rho}_{i,L} \end{bmatrix}^{\mathrm{T}}$。基于加权残差的方法[46]，可以计算未知评价网权值向量 θ_{i+1}，使得式(11.27)的残余误差 $\sigma_i(x,u,w)$ 对 $\forall t \geqslant 0$ 均收敛到零。因此，将残余误差 $\sigma_i(x,u,w)$ 投影到 $\mathrm{d}\sigma_i/\mathrm{d}\theta_{i+1}$ 上，使用内积在域 $\mathcal{D}$ 上将结果设置为零，即有

$$\langle \mathrm{d}\sigma_i/\mathrm{d}\theta_{i+1}, \sigma_i(x,u,w) \rangle_{\mathcal{D}} = 0 \tag{11.28}$$

然后，将式(11.27)代入式(11.28)可得

$$\langle \bar{\rho}_i(x,u,w), \bar{\rho}_i(x,u,w) \rangle_{\mathcal{D}} \theta_{i+1} - \langle \bar{\rho}_i(x,u,w), \pi_i(x) \rangle_{\mathcal{D}} = 0$$

其中符号 $\langle \bar{\rho}_i, \bar{\rho}_i \rangle_{\mathcal{D}}$ 和 $\langle \bar{\rho}_i, \pi_i \rangle_{\mathcal{D}}$ 定义如下：

$$\langle \bar{\rho}_i, \bar{\rho}_i \rangle_{\mathcal{D}} \stackrel{\text{def}}{=} \begin{bmatrix} \langle \bar{\rho}_{i,1}, \bar{\rho}_{i,1} \rangle_{\mathcal{D}} & \cdots & \langle \bar{\rho}_{i,1}, \bar{\rho}_{i,L} \rangle_{\mathcal{D}} \\ \vdots & \vdots & \vdots \\ \langle \bar{\rho}_{i,L}, \bar{\rho}_{i,1} \rangle_{\mathcal{D}} & \cdots & \langle \bar{\rho}_{i,L}, \bar{\rho}_{i,L} \rangle_{\mathcal{D}} \end{bmatrix}$$

$$\langle \bar{\rho}_i, \pi_i \rangle_{\mathcal{D}} \stackrel{\text{def}}{=} \begin{bmatrix} \langle \bar{\rho}_{i,1}, \pi_i \rangle_{\mathcal{D}} & \cdots & \langle \bar{\rho}_{i,L}, \pi_i \rangle_{\mathcal{D}} \end{bmatrix}^{\mathrm{T}}$$

因此，可以得到如下 θ_{i+1}：

$$\theta_{i+1} = \langle \bar{\rho}_i(x,u,w), \bar{\rho}_i(x,u,w) \rangle_{\mathcal{D}}^{-1} \langle \bar{\rho}_i(x,u,w), \pi_i(x) \rangle_{\mathcal{D}} \tag{11.29}$$

计算内积 $\langle \bar{\rho}_i(x,u,w), \bar{\rho}_i(x,u,w) \rangle_{\mathcal{D}}$ 和 $\langle \bar{\rho}_i(x,u,w), \pi_i(x) \rangle_{\mathcal{D}}$ 涉及域 $\mathcal{D}$ 上的许多数值积分，这在计算上是复杂的。因此，引入了蒙特卡洛积分方法[47]，这在多维域上被广泛使用。我们推导蒙特卡洛积分 $\langle \bar{\rho}_i(x,u,w), \bar{\rho}_i(x,u,w) \rangle_{\mathcal{D}}$：令 $I_{\mathcal{D}} \stackrel{\triangle}{=} \int_{\mathcal{D}} \mathrm{d}(x,u,w)$ 和 $S_M \stackrel{\triangle}{=} \{(x_m,u_m,w_m) \mid (x_m,u_m,w_m) \in \mathcal{D}, m=1,2,\cdots,M\}$ 为域 $\mathcal{D}$ 上的采样集合，其中 M 为样本集 S_M 的大小，$\langle \bar{\rho}_i(x,u,w), \bar{\rho}_i(x,u,w) \rangle_{\mathcal{D}}$ 被近似计算为

$$\langle \bar{\rho}_i(x,u,w), \bar{\rho}_i(x,u,w) \rangle_{\mathcal{D}} = \int_{\mathcal{D}} (\bar{\rho}_i(x,u,w))^{\mathrm{T}} \bar{\rho}_i(x,u,w) \mathrm{d}(x,u,w)$$

$$= \frac{I_{\mathcal{D}}}{M} \sum_{m=1}^{M} (\bar{\rho}_i(x_m,u_m,w_m))^{\mathrm{T}} \bar{\rho}_i(x_m,u_m,w_m) \quad (11.30)$$

$$= \frac{I_{\mathcal{D}}}{M} (Z_i)^{\mathrm{T}} Z_i$$

其中 $Z_i \stackrel{\mathrm{def}}{=} [(\bar{\rho}_i(x_1,u_1,w_1))^{\mathrm{T}} \cdots (\bar{\rho}_i(x_M,u_M,w_M))^{\mathrm{T}}]^{\mathrm{T}}$。同理,有

$$\langle \bar{\rho}_i(x,u,w), \pi_i(x) \rangle_{\mathcal{D}} = \frac{I_{\mathcal{D}}}{M} \sum_{m=1}^{M} (\bar{\rho}_i(x_m,u_m,w_m))^{\mathrm{T}} \pi_i(x_m)$$

$$\quad (11.31)$$

$$= \frac{I_{\mathcal{D}}}{M} (Z_i)^{\mathrm{T}} \eta_i$$

其中 $\eta_i \triangleq [\pi_i(x_1) \quad \pi_i(x_2) \quad \cdots \quad \pi_i(x_M)]^{\mathrm{T}}$。然后,将式(11.30)和式(11.31)代入式(11.29)得

$$\theta_{i+1} = ((Z_i)^{\mathrm{T}} Z_i)^{-1} (Z_i)^{\mathrm{T}} \eta_i \quad (11.32)$$

注意评价网 NN 权值更新规则式(11.32)是最小二乘方案。根据更新规则式(11.32),在算法 11.2 中给出了基于 NN 的脱策强化学习 H_∞ 控制设计过程。

算法 11.2:基于 NN 的脱策强化学习 H_∞ 控制设计

1. 收集样本集 S_M 的实际系统数据 (x_m, u_m, w_m),然后计算 $\rho_{\Delta\varphi}(x_m)$、$\rho_{g\varphi}(x_m)$、$\rho_{k\varphi}(x_m)$、$\rho_{u\varphi}(x_m, u_m)$、$\rho_{w\varphi}(x_m, w_m)$ 和 $\rho_h(x_m)$。

2. 令 $i=0$,选择初始评价 NN 权值向量 θ_0,使得 $\hat{V}_0 \in \mathbf{V}_0$。

3. 计算 Z_i 和 η_i,并用式(11.32)更新 θ_{i+1}。

4. 令 $i=i+1$,如果 $\| \theta_i - \theta_{i-1} \| \leqslant \xi$($\xi$ 是一个小的正数),停止迭代,用 θ_i 获得式(11.23)的 H_∞ 控制策略,否则返回步骤 3 并继续。

注解 11.1 在最小二乘方案式(11.32)中,需要计算矩阵的逆 $(Z_i)^{\mathrm{T}} Z_i$。这意味着矩阵 Z_i 应该是列满秩,这取决于采样数据集 S_M 的丰富性和它的大小 M。通过增加 M 的大小,并使用丰富的输入信号,借以在实际中达到这个目标。如果可能,使用持续激发的输入信号会很好,但它仍然是一个棘手的问题[48-49],需要进一步研究。总之,丰富的输入信号和 M 的选择通常是基于经验的。

注意,算法 11.2 有两部分:第一部分是数据处理的第一步,即测量系统数据 (x,u,w),用于计算 $\rho_{\Delta\varphi}$、$\rho_{g\varphi}$、$\rho_{k\varphi}$、$\rho_{u\varphi}$、$\rho_{w\varphi}$ 和 ρ_h;第二部分是离线迭代学习 HJI 方程(11.5)解的步骤 2~步骤 4。算法 11.2 可以被视为根据文献[1]和文献[50-51]的脱策学习方法,其克服了前面提到的缺点:

(1) 在算法 11.2 中,控制律 u 和扰动策略 w 在 $\mathcal{U}$ 和 $\mathcal{W}$ 上任意,其中在产生数据的过程中没有发生误差,因此累积误差可以减少。

(2) 在算法 11.2 中,控制律 u 和扰动策略 w 可以任意地在 $\mathcal{U}$ 和 $\mathcal{W}$ 上进行,因此扰动 $\mathcal{W}$

不需要可调。

（3）在算法 11.2 中,控制和干扰策略(u_i, w_i)的迭代值函数 V_{i+1} 可以使用其他不同的控制和干扰信号(u, w)。因此,改进的脱策强化学习方法的明显优势是可以从更多探索性甚至随机策略生成的系统数据中学习迭代值函数和控制策略。

（4）算法 11.2 的实现非常简单,实际上只需要一个神经网络,即评价网。这意味着一旦通过式(11.32)计算评价 NN 的权值矢量 θ_{i+1},就可以基于式(11.23)和式(11.24)相应地获得用于控制和干扰策略的动作 NN。

（5）改进的脱策强化学习方法离线学习 H_∞ 控制策略,然后用于实时控制。因此,它比在线控制设计方法更实用,因为在实时应用中会产生较少的计算量。同时,注意在算法 11.2 中,一旦用样本集 S_M 计算了 $\rho_{\Delta\varphi}$、$\rho_{g\varphi}$、$\rho_{k\varphi}$、$\rho_{u\varphi}$、$\rho_{w\varphi}$ 和 ρ_h,就不需要额外的数据来学习 H_∞ 控制策略。这意味着收集到的数据集可以重复利用,因此与在线控制设计方法相比,利用效率得到了提高。

11.4　脱策学习收敛性分析

本节分析基于神经网络的脱策强化学习算法的收敛性。根据定理 11.1,脱策强化学习中的式(11.15)等价于式(11.12),这意味着导出的最小二乘方案式(11.32)主要用于解决式(11.12)。在文献[52]中,提出了一种类似的最小二乘法来直接求解一阶线性偏微分方程,其中一些理论结果适用于分析所提出的基于神经网络的脱策强化学习算法的收敛性。下面的定理 11.2 给出了评价网和执行网的收敛性。

定理 11.2　对 $i = 0, 1, 2, \cdots$,假设 $V_{i+1} \in H^{1,2}(\mathcal{X})$ 是式(11.15)的解,评价网激活函数 $\varphi_l(x) \in H^{1,2}(\mathcal{X})$。当 $L \to \infty$ 时,V_{i+1} 和 ∇V_{i+1} 能够被均匀地近似时,选择 $l = 1, 2, \cdots, L$,使集合 $\{\bar{\omega}(x_1, x_2) \overset{\Delta}{=} \varphi_l(x_1) - \varphi_l(x_2)\}_{l=1}^L$ 是线性无关的且对于 $x_1, x_2 \in \mathcal{X}, x_1 \neq x_2$ 是完备的。那么

$$\sup_{x \in \mathcal{X}} |\hat{V}_{i+1}(x) - V_{i+1}(x)| \to 0 \qquad (11.33)$$

$$\sup_{x \in \mathcal{X}} |\nabla\hat{V}_{i+1}(x) - \nabla V_{i+1}(x)| \to 0 \qquad (11.34)$$

$$\sup_{x \in \mathcal{X}} |\hat{u}_{i+1}(x) - u_{i+1}(x)| \to 0 \qquad (11.35)$$

$$\sup_{x \in \mathcal{X}} |\hat{w}_{i+1}(x) - w_{i+1}(x)| \to 0 \qquad (11.36)$$

证明：上述结果的证明与文献[52]中的证明非常相似,因此省略了一些类似的证明步骤以避免重复。为了使用文献[52]中的理论结果,我们首先通过反证法证明 $\{\nabla\varphi_l(f + gu_i + kw_i)\}_{l=1}^L$ 是线性独立的。假设结论非真,那么存在一个向量 $\boldsymbol{\theta} \overset{\text{def}}{=} [\theta_1 \quad \theta_2 \quad \cdots \quad \theta_L]^{\mathrm{T}} \neq 0$,使得

$$\sum_{l=1}^L \nabla\varphi_l(f + gu_i + kw_i) = 0$$

这意味着对于 $\forall x \in \mathcal{X}$

$$\int_t^{t+\Delta t} \sum_{l=1}^{L} \theta_l \nabla \varphi_l (f + gu_i + kw_i) \mathrm{d}\tau = \int_t^{t+\Delta t} \theta_l \frac{\mathrm{d}\varphi_l}{\mathrm{d}\tau} \mathrm{d}\tau$$

$$= \sum_{l=1}^{L} \theta_l (\varphi_l(x(t+\Delta t)) - \varphi_l(x(t)))$$

$$= \sum_{l=1}^{L} \theta_l \bar{\omega}_l(x(t+\Delta t), x(t)) = 0$$

这与集合 $\{\tilde{\omega}\}_{l=1}^{L}$ 是线性无关的事实相矛盾,这意味着集合 $\{\nabla\varphi_l(f + gu_i + kw_i)\}_{l=1}^{L}$ 是线性无关的。根据定理 11.1,V_{i+1} 是式(11.12)的解。然后,用定理 11.2 和文献[52]中使用的方法,可以证明式(11.33)~式(11.35)的结果。式(11.36)的结果可以用类似的方式证明。证明完毕。

定理 11.2 中式(11.34)~式(11.36)的结果表明评价网和执行网是收敛的。在下面的定理 11.3 中,我们证明基于 NN 的策略 RL 算法一致收敛于 HJI 方程(11.5)和 H_∞ 控制策略(11.6)的解。

定理 11.3 如果定理 11.2 中的条件成立,那么对于 $\forall \varepsilon > 0$,$\exists i_0, L_0$,当 $i \geqslant i_0, L \geqslant L_0$ 时,我们有

$$\sup_{x \in \mathcal{X}} |\hat{V}_i(x) - J^*(x)| < \varepsilon \tag{11.37}$$

$$\sup_{x \in \mathcal{X}} |\hat{u}_i(x) - u^*(x)| < \varepsilon \tag{11.38}$$

$$\sup_{x \in \mathcal{X}} |\hat{w}_i(x) - w^*(x)| < \varepsilon \tag{11.39}$$

证明: 按照文献[52]中的相同证明方法,式(11.37)~式(11.39)的结果可以直接证明。

11.5 基于脱策强化学习的线性 H_∞ 控制

在本节中,针对线性 H_∞ 控制设计,给出了基于神经网络的脱策强化学习方法。考虑线性系统

$$\dot{x} = Ax + B_2 u + B_1 w \tag{11.40}$$

$$z = Cx \tag{11.41}$$

其中,$A \in \mathbb{R}^{n \times n}$,$B_1 \in \mathbb{R}^{n \times q}$,$B_2 \in \mathbb{R}^{n \times m}$ 且 $C \in \mathbb{R}^{p \times n}$。由线性系统(11.40)和(11.41)的 HJI 方程(11.5)得到一个代数 Riccati 方程(Algebraic Riccati Equation,ARE)[41,52-53],

$$\boldsymbol{A}^{\mathrm{T}} P + PA + Q + \gamma^{-2} PB_1 \boldsymbol{B}_1^{\mathrm{T}} P - PB_2 R^{-1} \boldsymbol{B}_2^{\mathrm{T}} P = 0 \tag{11.42}$$

其中,$Q = \boldsymbol{C}^{\mathrm{T}} C$。如果 ARE(11.42)具有稳定解 $P \geqslant 0$,则线性系统(11.40)和(11.41)的 HJI 方程(11.5)的解为 $J^*(x) = \boldsymbol{x}^{\mathrm{T}} Px$,可得线性 H_∞ 控制策略

$$u^*(x) = -R^{-1} \boldsymbol{B}_2^{\mathrm{T}} Px \tag{11.43}$$

因此,$V_i(x) = \boldsymbol{x}^{\mathrm{T}} P_i x$,则算法 11.1 中的迭代方程(11.10)~(11.12)分别为

$$u_i = -R^{-1} \boldsymbol{B}_2^{\mathrm{T}} P_i x \tag{11.44}$$

$$w_i = \gamma^{-2} \boldsymbol{B}_1^{\mathrm{T}} P_i x \tag{11.45}$$

$$\overline{\boldsymbol{A}}_i^{\mathrm{T}} P_{i+1} + P_{i+1} \overline{\boldsymbol{A}}_i + \overline{Q}_i = 0 \tag{11.46}$$

其中，$\overline{\boldsymbol{A}}_i \overset{\triangle}{=} A + \gamma^{-2} B_1 \boldsymbol{B}_1^{\mathrm{T}} P_i - B_2 R^{-1} B_2^{\mathrm{T}} P_i$ 和 $\overline{Q}_i \overset{\triangle}{=} Q - \gamma^{-2} P_i B_1 \boldsymbol{B}_1^{\mathrm{T}} P_i + P_i B_2 R^{-1} \boldsymbol{B}_2^{\mathrm{T}} P_i$。

类似于前面推导非线性 H_∞ 控制设计的脱策强化学习方法，将线性系统(11.40)重写为

$$\dot{x} = Ax + B_2 u_i + B_1 w_i + B_2 (u - u_i) + B_1 (w - w_i) \tag{11.47}$$

基于式(11.44)～式(11.47)，式(11.15)由下式给出：

$$\int_t^{t+\Delta t} \boldsymbol{x}^{\mathrm{T}}(\tau) P_{i+1} B_2 (u(\tau) + R^{-1} \boldsymbol{B}_2^{\mathrm{T}} P_i x(\tau)) \mathrm{d}\tau +$$

$$\int_t^{t+\Delta t} \boldsymbol{x}^{\mathrm{T}}(\tau) P_{i+1} B_1 (w(\tau) - \gamma^{-2} \boldsymbol{B}_1^{\mathrm{T}} P_i x(\tau)) \mathrm{d}\tau +$$

$$(x(\tau) - x(t + \Delta t))^{\mathrm{T}} P_{i+1} (x(\tau) - x(t + \Delta t))$$

$$= \int_t^{t+\Delta t} \boldsymbol{x}^{\mathrm{T}}(\tau) \overline{Q}_i x(\tau) \mathrm{d}\tau \tag{11.48}$$

其中 P_{i+1} 是要学习的 $n \times n$ 未知矩阵。为了简化方程，定义

$$\rho_{\Delta x}(x(t)) \overset{\triangle}{=} x(\tau) - x(t + \Delta t)$$

$$\rho_{xx}(x(t)) \overset{\triangle}{=} \int_t^{t+\Delta t} x(\tau) \otimes x(\tau) \mathrm{d}\tau$$

$$\rho_{ux}(x(t), u(t)) \overset{\triangle}{=} \int_t^{t+\Delta t} u(\tau) \otimes x(\tau) \mathrm{d}\tau$$

$$\rho_{wx}(x(t), w(t)) \overset{\triangle}{=} \int_t^{t+\Delta t} w(t) \otimes x(\tau) \mathrm{d}\tau$$

其中 $\otimes$ 表示克罗内克内积(Kronecker Peoduct)。式(11.48)的每一项都可以写成

$$\int_t^{t+\Delta t} \boldsymbol{x}^{\mathrm{T}}(\tau) P_{i+1} B_2 u(\tau) \mathrm{d}\tau = \rho_{ux}^{\mathrm{T}}(x(t), u(t)) (\boldsymbol{B}_2^{\mathrm{T}} \otimes I) vec(P_{i+1})$$

$$\int_t^{t+\Delta t} \boldsymbol{x}^{\mathrm{T}}(\tau) P_{i+1} B_2 R^{-1} \boldsymbol{B}_2^{\mathrm{T}} P_i x(\tau) \mathrm{d}\tau = \rho_{xx}^{\mathrm{T}}(x(t), u(t)) (P_i B_2 R^{-1} \boldsymbol{B}_2^{\mathrm{T}} \otimes I) vec(P_{i+1})$$

$$\int_t^{t+\Delta t} \boldsymbol{x}^{\mathrm{T}}(\tau) P_{i+1} B_1 w(\tau) \mathrm{d}\tau = \rho_{wx}^{\mathrm{T}}(x(t), w(t)) (\boldsymbol{B}_1^{\mathrm{T}} \otimes I) vec(P_{i+1})$$

$$\gamma^{-2} \int_t^{t+\Delta t} \boldsymbol{x}^{\mathrm{T}}(\tau) P_{i+1} B_1 \boldsymbol{B}_1^{\mathrm{T}} P_i x(\tau) \mathrm{d}\tau = \gamma^{-2} \rho_{xx}^{\mathrm{T}}(x(t)) (P_i B_1 \boldsymbol{B}_1^{\mathrm{T}} \otimes I) vec(P_{i+1})$$

$$(x(\tau) - x(t + \Delta t))^{\mathrm{T}} P_{i+1} (x(\tau) - x(t + \Delta t)) = \rho_{\Delta x}^{\mathrm{T}}(x(t)) vec(P_{i+1})$$

$$\int_t^{t+\Delta t} \boldsymbol{x}^{\mathrm{T}}(\tau) \overline{Q}_i x(\tau) \mathrm{d}\tau = \rho_{xx}^{\mathrm{T}}(x(t)) vec(\overline{Q}_i) \tag{11.49}$$

其中，$vec(P)$ 表示通过将 P 的列堆叠成单个列向量而形成的矩阵 $\boldsymbol{P}$ 的向量化。此时，式(11.48)可以改写为

$$\overline{\rho}_i(x(t), u(t), w(t)) vec(P_{i+1}) = \pi_i(x(t)) \tag{11.50}$$

其中

$$\overline{\rho}_i(x(t), u(t), w(t)) = \boldsymbol{\rho}_{ux}^{\mathrm{T}}(x(t), u(t)) (\boldsymbol{B}_2^{\mathrm{T}} \otimes I) + \boldsymbol{\rho}_{wx}^{\mathrm{T}}(x(t), w(t)) (\boldsymbol{B}_1^{\mathrm{T}} \otimes I) +$$

$$\boldsymbol{\rho}_{\Delta x}^{\mathrm{T}}(x(t)) - \gamma^{-2} (P_i B_1 \boldsymbol{B}_1^{\mathrm{T}} \otimes I)$$

$$\pi_i(x(t)) = \rho_{xx}^{\mathrm{T}}(x(t)) vec(\overline{Q}_i)$$

注意，式(11.49)等价于方程(11.27)，残差 $\sigma_i = 0$。这是因为线性系统不需要迭代值函

数逼近。然后,通过收集用于计算 ρ_{ux}、ρ_{wx}、ρ_{xx} 和 $\rho_{\Delta x}$ 的样本集合 S_M,可以导出更简单的最小平方方案式(11.32),进而相应地获得未知参数矢量 $vec(P_{i+1})$。

11.6 仿真实验

在本节中,我们以 F16 战斗机系统和旋转/平移制动器(RTAC)非线性基准问题为研究对象,对基于神经网络的脱策强化学习方法进行了仿真实验。

例 11.1 考虑一个 F16 系统对象[27,43,41,54],连续时间系统模型的系统方程为

$$\dot{x} = \begin{bmatrix} -1.01887 & 0.90506 & -0.00215 \\ 0.82225 & -1.07741 & -0.17555 \\ 0 & 0 & -1 \end{bmatrix} x + \begin{bmatrix} 0 \\ 0 \\ 1 \end{bmatrix} u + \begin{bmatrix} 1 \\ 0 \\ 0 \end{bmatrix} w \quad (11.51)$$

$$z = x \quad (11.52)$$

其中,系统的状态向量 $x = \begin{bmatrix} \alpha & q & \delta_e \end{bmatrix}^{\mathrm{T}}$,$\alpha$ 代表攻击角度,q 代表俯仰角速度,δ_e 代表电梯偏转角度。控制输入 u 是电梯执行器电压,干扰 w 是迎角上的阵风。选取 $R=1$ 和 $\gamma=5$ 满足条件(11.3)。首先利用 MATLAB 求解系统(11.51)的代数黎卡提方程,可得到

$$P = \begin{bmatrix} 1.6573 & 1.3954 & -0.1661 \\ 1.3954 & 1.6573 & -0.1804 \\ -0.1661 & -0.1804 & 0.4371 \end{bmatrix} \quad (11.53)$$

就线性系统而言,HJB 方程的解是 $J^*(x_k) = x^{\mathrm{T}} P x$,评价网结构参考第 9 章值迭代示例,选取评价网的激活函数为 $\varphi(x) = \begin{bmatrix} x_1^2 & x_1 x_2 & x_1 x_3 & x_2^2 & x_2 x_3 & x_3^2 \end{bmatrix}$,则理想评价网的权值向量为

$$\theta^* = \begin{bmatrix} p_{11} & 2p_{12} & 2p_{13} & p_{22} & 2p_{23} & p_{33} \end{bmatrix}^{\mathrm{T}}$$
$$= \begin{bmatrix} 1.6573 & 2.7908 & -0.3322 & 1.6573 & -0.3608 & 0.4371 \end{bmatrix}^{\mathrm{T}} \quad (11.54)$$

初始化评价网权值 $\theta_{0,l}=0(l=1,2,\cdots,6)$,迭代终止误差为 $\varepsilon = 10^{-7}$,积分时间间隔 $\Delta t = 0.1\mathrm{s}$,用算法 11.2 近似代数黎卡提方程的解。选择样本集 $M=100$,在 $[0,0.1]$ 之间选随机误差,图 11-1 与图 11-2 给出了评价网的权值变化曲线,其中用 $\theta_j^{(i)}$ 表示 $\theta_{i,j}$,$j=1$,$2,\cdots,6$。可从图中看出,评价网的权值在迭代 5 次后收敛到理想值,本文提出的脱策强化学习方法得到验证。

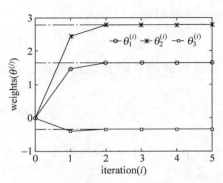

图 11-1 F16 战斗机系统:每次迭代中评价网权值 $\theta_{i,1}$、$\theta_{i,2}$、$\theta_{i,3}$ 的变化曲线

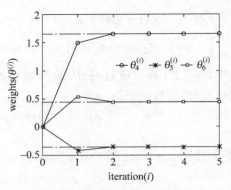

图 11-2 F16 战斗机系统:每次迭代评价网权值 $\theta_{i,4}$、$\theta_{i,5}$、$\theta_{i,6}$ 的变化曲线

此外,为了检验参数 Δt 对算法 11.2 的影响,我们用不同的参数情况进行了仿真:$\Delta t = 0.2, 0.3, 0.4, 0.5$s,结果表明评价网权值向量 $\boldsymbol{\theta}_i$ 在所有情况下,在 $i = 5$ 次迭代时仍然收敛于 $\boldsymbol{\theta}^*$ 的理想值。

例 11.2 考虑旋转/平移驱动器非线性系统问题[35,39,55],系统方程如下:

$$\dot{x} = \begin{bmatrix} x_2 \\ \dfrac{-x_1 + \zeta x_4^2 \sin x_3}{1 - \zeta^2 \cos^2 x_3} \\ x_4 \\ \dfrac{\zeta \cos x_3 (x_1 - \zeta x_4^2 \sin x_3)}{1 - \zeta^2 \cos^2 x_3} \end{bmatrix} + \begin{bmatrix} 0 \\ \dfrac{-\zeta \cos x_3}{1 - \zeta^2 \cos^2 x_3} \\ 0 \\ \dfrac{1}{1 - \zeta^2 \cos^2 x_3} \end{bmatrix} u + \begin{bmatrix} 0 \\ \dfrac{1}{1 - \zeta^2 \cos^2 x_3} \\ 0 \\ \dfrac{-\zeta \cos x_3}{1 - \zeta^2 \cos^2 x_3} \end{bmatrix} w \quad (11.55)$$

$$z = \sqrt{0.1} I x \quad (11.56)$$

其中,$\zeta = 0.2$。选取 $R = 1$ 和 $\gamma = 6$ 满足条件(11.3),则式(11.55)和式(11.56)的最优控制问题可用改进的脱策强化学习方法求解。评价网与控制网结构可参考第 9 章值迭代示例,选择评价网激活函数向量为 20 维:

$$\begin{aligned} \varphi(x) = [& x_1^2 \quad x_1 x_2 \quad x_1 x_3 \quad x_1 x_4 \quad x_2^2 \\ & x_2 x_3 \quad x_2 x_4 \quad x_3^2 \quad x_3 x_4 \quad x_4^2 \\ & x_1^3 x_2 \quad x_1^3 x_3 \quad x_1^3 x_4 \quad x_1^2 x_2^2 \quad x_1^2 x_2 x_3 \\ & x_1^2 x_2 x_4 \quad x_1^2 x_3^2 \quad x_1^2 x_3 x_4 \quad x_1^2 x_4^2 \quad x_1 x_2^3]^{\mathrm{T}} \quad (11.57) \end{aligned}$$

初始化评价网权值 $\theta_{0,l} = 0 (l = 1, 2, \cdots, 20)$,迭代终止条件 $\xi = 10^{-7}$,积分时间间隔 $\Delta t = 0.033$s,用算法 11.2 近似代数黎卡提方程的解。选择样本集 $M = 300$,在 $[0, 0.5]$ 之间选择随机误差,可以得到评价网的权值在迭代 3 次后,收敛于

$$\begin{aligned} \boldsymbol{\theta}_3 = [& 0.3285 \quad 1.5877 \quad 0.2288 \quad -0.7028 \quad 0.4101 \\ & -1.2514 \quad -0.5488 \quad -0.4595 \quad 0.4852 \quad 0.2078 \\ & -1.3857 \quad 1.7518 \quad 1.1000 \quad 0.5820 \quad 0.1950 \\ & -0.0978 \quad -1.0295 \quad -0.2773 \quad -0.2169 \quad 0.2463]^{\mathrm{T}} \quad (11.58) \end{aligned}$$

图 11-3 与图 11-4 给出了迭代权值的变化曲线,其中用 $\theta_j^{(i)}$ 表示 $\theta_{i,j}, j = 1, 2, \cdots, 6$。根据评价网权值的收敛向量 $\boldsymbol{\theta}_3$,H_∞ 控制的策略可通过式(11.23)求得。在扰动信号 $w(t) = 0.2 r_1(t) \mathrm{e}^{-0.2t} \cos(t)$ 下($r_1(t) \in [0, 1]$ 是一个随机数),采用 H_∞ 控制进行闭环系统仿真。图 11-5~图 11-7 给出了系统状态和控制策略曲线。为了显示 L_2-增益与时间之间的关系,定义如下的干扰衰减比:

$$r_d(t) = \left(\frac{\int_0^t (\| z(\tau) \|^2 + \| u(\tau) \|_R^2) \mathrm{d}\tau}{\int_0^t \| w(\tau) \|^2 \mathrm{d}\tau} \right)^{\frac{1}{2}} \quad (11.59)$$

图 11-8 给出了 $r_d(t)$ 的曲线,随着时间的增加,收敛到 $3.7024 (\gamma = 6)$。这意味着设计的 H_∞ 控制律可以使闭环系统达到规定的 L_2-增益性能水平 γ。

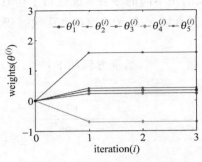

图 11-3　旋转/平移驱动器，评价网
权值 $\theta_{i,1} \sim \theta_{i,5}$ 的变化曲线

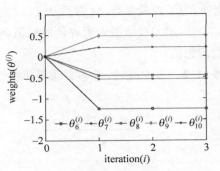

图 11-4　旋转/平移驱动器，评价网
权值 $\theta_{i,6} \sim \theta_{i,10}$ 的变化曲线

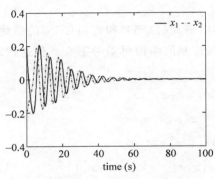

图 11-5　闭环旋转/平移驱动器
系统，状态 $x_1(t)$ 和 $x_2(t)$ 的轨迹

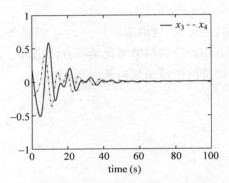

图 11-6　闭环旋转/平移驱动器
系统，状态 $x_3(t)$ 和 $x_4(t)$ 的轨迹

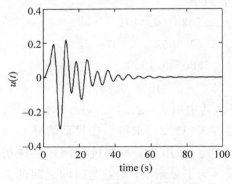

图 11-7　闭环旋转/平移驱动器
系统控制策略 $u(t)$ 的轨迹

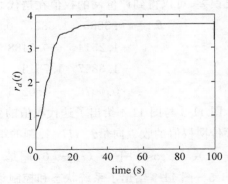

图 11-8　闭环旋转/平移驱动器
系统的 $r_d(t)$ 曲线

　　本章的内容是对文献[56]及其他相关文献的总结。本章给出了一种基于神经网络的脱策强化学习方法，用于解决内部系统模型未知的连续时间系统的 H_∞ 控制问题。在基于模型的实时策略更新算法的基础上，提出了一种脱策强化学习方法，该方法可以从任意控制产生的系统数据和干扰信号中学习 HJI 方程的解。脱策强化学习方法的实现基于控制网-评价网结构，其中只需要一个 NN 来近似迭代值函数，然后导出用于神经网络权值更新的最小

二乘方案。所提出的基于神经网络的脱策强化学习方法的有效性在线性 F16 飞机系统和非线性 RTAC 问题上进行了仿真验证。

走近学者

Andrew Barto

安德鲁·巴托(Andrew Barto)是马萨诸塞大学阿默斯特分校计算机科学荣誉教授,于 2012 年退休。

Andrew Barto 于 2007—2011 年担任马萨诸塞大学计算机科学系主任;1970 年,获得密歇根大学数学学士学位;1975 年,获得密歇根大学计算机科学专业的博士学位;1977 年,Andrew Barto 加入马萨诸塞州阿默斯特大学计算机科学系,1982 年成为副教授,1991年成为正教授。在退休之前,他曾联合执导马萨诸塞大学阿默斯特分校的自主学习实验室。目前他是马萨诸塞大学神经科学与行为计划的准会员。他是神经计算的副主编、机器学习研究期刊顾问委员会成员以及自适应行为编辑委员会成员。Barto教授是美国科学促进协会会员、IEEE 研究员和高级会员、神经科学学会会员。

因在强化学习领域的贡献,他获得了 2004 年 IEEE 神经网络学会先锋奖,并在强化学习的理论和应用方面获得了 IJCAI-17 卓越研究奖。他与 Richard Sutton 共同撰写的 *Reinforcement Learning:An Introduction* 一书,迄今已超过 25 000 次被引用。

参考文献

[1]　Sutton R,Barto A G. Reinforcement Learning:An Introduction. USA,Cambridge:MIT press,1998.

[2]　Zhang H,Wei Q,Luo Y. A novel infinite-time optimal tracking control scheme for a class of discrete-time nonlinear systems via the greedy HDP iteration algorithm. IEEE Transactions on Systems Man and Cybernetics-Part B:Cybernetics,2008,38(4):937-942.

[3]　Zhang H,Luo Y,Liu D. Neural-network-based near-optimal control for a class of discrete-time affine nonlinear systems with control constraints. IEEE Transactions on Neural Networks,2009,20(9):1490-503.

[4]　Liu D,Wang D,Zhao D,Wei Q,Jin N. Neural-network-based optimal control for a class of unknown discrete-time nonlinear systems using globalized dual heuristic programming. IEEE Transactions on Automation Science and Engineering,2012,9(3):628-634.

[5]　Liu D,Wei Q. Finite-approximation-error-based optimal control approach for discrete-time nonlinear systems. IEEE Transactions on Systems Man and Cybernetics-Part B:Cybernetics,2012,43(2):779-789.

[6]　Wei Q,Liu D. A novel iterative θ-adaptive dynamic programming for discrete-time nonlinear system. IEEE Transactions on Automation Science and Engineering,2014,11(4):1176-1190.

[7]　Liu D,Wei Q. Policy iteration adaptive dynamic programming algorithm for discrete-time nonlinear systems. IEEE Transactions on Neural Networks and Learning Systems,2014,25(3):621-634.

[8]　Murray J,Cox C,Lendaris G,Saeks R. Adaptive dynamic programming. IEEE Transactions on Systems Man and Cybernetics-Part C:Applications and Reviews,2002,32(2):140-153.

[9]　Vrabie D,Lewis F. Adaptive optimal control algorithm for continuous-time nonlinear systems based on policy iteration. In Proceedings of IEEE Conference on Decision and Control,Shanghai,2009:73-79.

[10] Vrabie D, Lewis F. Neural network approach to continuous-time direct adaptive optimal control for partially unknown nonlinear systems. Neural Networks, 2009, 22(3): 237-246.

[11] Vrabie D, Vamvoudakis K, Lewis F. Reinforcement learning and optimal control of discrete-time systems: Using natural decision methods to design optimal adaptive controllers. IEEE Control Systems Magazine, 2012, 32(6): 76-105.

[12] Modares H, Lewis F, Naghibi-Sistani M. Integral reinforcement learning and experience replay for adaptive optimal control of partially-unknown constrained-input continuous-time systems. Automatica, 2014, 50(1): 193-202.

[13] Liu D, Wang D, Li H. Decentralized stabilization for a class of continuous-time nonlinear interconnected systems using online learning optimal control approach. IEEE Transactions on Neural Networks and Learning Systems, 2014, 25(2): 418-428.

[14] Yadav V, Padhi R, Balakrishnan S. Robust optimal temperature profile control of a high-speed aerospace vehicle using neural networks. IEEE Transactions on Neural Networks, 2007, 18(4): 1115-1128.

[15] Luo B, Wu H. Online policy iteration algorithm for optimal control of linear hyperbolic PDE systems. Journal of Process Control, 2012, 22(7): 1161-1170.

[16] Luo B, Wu H. Approximate optimal control design for nonlinear one-dimensional parabolic PDE systems using empirical Eigen functions and neural network. IEEE Transactions on Systems Man and Cybernetics-Part B: Cybernetics, 2012, 42(6): 1538-1549.

[17] Wu H, Luo B. Heuristic dynamic programming algorithm for optimal control design of linear continuous-time hyperbolic PDE systems. Industrial & Engineering Chemistry Research, 2012, 51(27): 9310-9319.

[18] Luo B, Wu H, Li H. Data-based suboptimal neuro-control design with reinforcement learning for dissipative spatially distributed processes. Industrial & Engineering Chemistry Research, 2014, 53(19): 8106-8119.

[19] Zhou K, Doyle J, Glover K. Robust and Optimal Control. UK, London: Springer, 2014.

[20] Schaft A. L_2-Gain and Passivity in Nonlinear Control. USA, New York: Springer, 1999.

[21] Basar T, Bernhard P. H_∞-Optimal Control and Related Minimax Design Problems. USA, Boston: Birkhäuser, 2008.

[22] Schaft A. L_2-gain analysis of nonlinear systems and nonlinear state-feedback H_∞ control. IEEE Transactions on Automatic Control, 1992, 37(6):770-784.

[23] Isidori A, Wei K. H_∞ control via measurement feedback for general nonlinear systems. IEEE Transactions on Automatic Control, 1995, 40(3): 466-472.

[24] Isidori A, Astolfi A. Disturbance attenuation and H_∞ control via measurement feedback in nonlinear systems. IEEE Transactions on Automatic Control, 1992, 37(9): 1283-1293.

[25] Bea R. Successive Galerkin approximation algorithms for nonlinear optimal and robust control. International Journal of Control, 1998, 71(5): 717-743.

[26] Abu-Khalaf M, Lewis F, Huang J. Policy iterations on the Hamilton-Jacobi-Isaacs equation for state feedback control with input saturation. IEEE Transactions on Automatic Control, 2006, 51(12): 1989-1995.

[27] Vamvoudakis K, Lewis F. Online solution of nonlinear two-player zero-sum games using synchronous policy iteration. In Proceedings of IEEE Conference on Decision and Control, Orlando, USA, 2011: 3040-3047.

[28] Feng Y, Anderson B, Rotkowitz M. A game theoretic algorithm to compute local stabilizing solutions to HJBI equations in nonlinear H_∞ control. Automatica, 2009, 45(4): 881-888.

[29] Liu D, Li H, Wang D. Neural-network-based zero-sum game for discrete-time nonlinear systems via iterative adaptive dynamic programming algorithm. Neurocomputing, 2013, 110: 92-100

[30] Sakamoto N, Schaft A. Analytical Approximation Methods for the Stabilizing Solution of the Hamilton-Jacobi Equation. IEEE Transactions on Automatic Control, 2008, 53(10): 2335-2350.

[31] Saridis G, Lee C. An Approximation Theory of Optimal Control for Trainable Manipulators. IEEE Transactions on Systems Man & Cybernetics, 1979, 9(3): 152-159.

[32] Beard R, Saridis G, Wen J. Galerkin approximations of the generalized Hamilton-Jacobi-Bellman equation. Automatica, 1997, 33(12): 2159-2177.

[33] Beard R, Saridis G, Wen J. Approximate solutions to the time-invariant Hamilton-Jacobi-Bellman equation. Journal of Optimization Theory & Applications, 1998, 96(3): 589-626.

[34] Mehraeen S, Dierks T, Jagannathan S, Crow M. Zero-sum two-player game theoretic formulation of affine nonlinear discrete-time systems using neural networks. In Proceedings of International Joint Conference on Neural Networks, Barcelona, Spain, 2010: 1-8.

[35] Abu-Khalaf M, Lewis F, Huang J. Neurodynamic programming and zero-sum games for constrained control systems. IEEE Transactions on Neural Networks, 2015, 19(7): 1243-1252.

[36] Modares H, Lewis F. Online solution of nonquadratic two-player zero-sum games arising in the H_∞ control of constrained input systems. International Journal of Adaptive Control & Signal Processing, 2014, 28(3-5): 232-254.

[37] Zhang H, Wei Q, Liu D. An iterative adaptive dynamic programming method for solving a class of nonlinear zero-sum differential games. Automatica, 2011, 47(1): 207-214.

[38] Vamvoudakis K, Lewis F. Online actor critic algorithm to solve the continuous-time infinite horizon optimal control problem. Automatica, 2010, 46(5): 878-888.

[39] Luo B, Wu H. Computationally efficient simultaneous policy update algorithm for nonlinear H_∞ state feedback control with Galerkin's method. International Journal of Robust & Nonlinear Control, 2013, 23(9): 991-1012.

[40] Huang J, Lin C. Numerical approach to computing nonlinear H-infinity control laws. Journal of Guidance Control and Dynamics, 2012, 18(5): 989-994.

[41] Wu H, Luo B. Simultaneous policy update algorithms for learning the solution of linear continuous-time H_∞ state feedback control. Information Sciences, 2013, 222(11): 472-485.

[42] Vrabie D, Lewis F. Adaptive dynamic programming for online solution of a zero-sum differential game. Control Theory and Technology, 2011, 9(3): 353-360.

[43] Wu H, Luo B. Neural network based online simultaneous policy update algorithm for solving the HJI equation in nonlinear H_∞ Control. IEEE Transactions on Neural Networks & Learning Systems, 2012, 23(12): 1884-1895.

[44] Zhang H, Cui L, Luo Y. Near-optimal control for nonzero-sum differential games of continuous-time nonlinear systems using single-network ADP. IEEE Transactions on Cybernetics, 2013, 43(1): 206-216.

[45] Thrun S. Efficient exploration in reinforcement learning, Technical Report Carnegie Mellon University, 1992, 5(10): 1309-1317.

[46] Finlayson B. The Method of Weighted Residuals and Variational Principles. USA, Massachusetts: Academic Press, 1972.

[47] Lepage G. A new algorithm for adaptive multidimensional integration. Journal of Computational Physics, 1978, 27(2): 192-203.

[48] Farrell J, Polycarpou M. Adaptive Approximation Based Control: Unifying Neural, Fuzzy and Traditional Adaptive Approximation Approaches. USA, New York: John Wiley & Sons, 2006.

[49] Slotine J，Li W. Applied nonlinear control. USA，Englewood Cliffs，New Jersey：Prentice Hall，1991.

[50] Precup D，Sutton R，Dasgupta S. Off-policy temporal-difference learning with function approximation. In Proceedings of Eighteenth International Conference on Machine Learning，Williams College，USA，2001：417-424.

[51] Maei H，Szepesvári C，Bhatnagar S，Sutton R. Toward off-policy learning control with function approximation. In Proceedings of Seventh International Conference on Machine Learning，Washington，USA，2010：719-726.

[52] Abu-Khalaf M，Lewis F. Nearly optimal control laws for nonlinear systems with saturating actuators using a neural network HJB approach. Automatica，2005，41(5)：779-791.

[53] Green M，Limebeer D. Linear Robust Control. USA，New York：Courier Corporation，2012.

[54] Stevens B，Lewis F. Aircraft Control and Simulation. USA，Texas：Emerald Group Publishing，2003.

[55] Tsiotras P，Corless M，Rotea M. An L_2 Disturbance Attentuation Solution to the Nonlinear Benchmark Problem. International Journal of Robust and Nonlinear Control，1998，8：311-330.

[56] Luo B，Wu H，Huang T. Off-policy reinforcement learning for H_∞ control design. IEEE Transactions on Cybernetics，2013，45(1)：65-76.

第 12 章

深度强化学习

本章提要

在过去几年,深度学习被广泛运用在强化学习中,不仅在理论上有重大突破,并且在游戏、机器人、自然语言处理等领域取得了不俗的实际效果,众所周知的 AlphaGo 围棋程序便是深度强化学习的一个具体例子(见图 12-1)。深度学习和强化学习,分别被选为 2013 年和 2017 年"麻省理工学院技术评论十大突破技术"之一。

本章内容组织如下:12.1 节对深度学习的基本概念进行简述;在此基础上,12.2 节~12.5 节分别介绍深度神经网络、卷积神经网络、循环神经网络和生成对抗网络等常见概念;12.6 节论述深度强化学习的基本理论;12.7 节描述深度强化学习的实际应用场景;12.8 节表述强化学习的主要问题和未来发展方向。

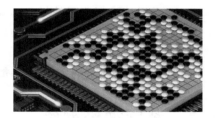

图 12-1　AlphaGo 在乌镇与
柯洁等顶级中国棋手对弈

12.1　深度学习基本概念

12.1.1　深度学习的起源

追本溯源,深度学习的前身是神经网络,神经网络是机器学习的子领域,机器学习又是人工智能的子领域。学习深度学习,我们首先要了解神经网络的运作方式。人工神经网络(Artificial Neural Networks,ANN)由输入层、隐藏层和输出层组成,每层网络可看作一个权重矩阵,数据进入输出层后,与各个层进行矩阵加权运算和非线性运算,每层的输出数据成为下一层的输入数据,最后由输出层反馈结果。

由于缺乏高速计算能力和海量训练数据,在相当长的一段时间内神经网络无法体现其优势[1]。近年来随着存储设备和并行计算设备的发展,我们有能力构建更深、更宽、更复杂的网络结构,并用更大的数据量训练它。深度学习就是在这样的背景下开始蓬勃发展。

12.1.2 深度学习与传统机器学习

如何提取特征数据是深度学习与传统的"浅层"机器学习的关键区别。传统机器学习算法在训练之前通过手动特征提取方法实现输入变换,这些特征提取算法包括尺度不变特征变换(Scale Invariant Feature Transform,SIFT)、加速鲁棒特征(Speeded Up Robust Features,SURF)、局部二元模式(Local Binary Pattern,LBP)、经验模式分解(Empirical Mode Decomposition,EMD)等。完成特征处理之后,传统机器学习方法运用这些特征作为输入,完成特定的学习任务。这些传统方法包括支持向量机(Support Vector Machine,SVM)、随机森林(Random Forest,RF)、主成分分析(Principle Component Analysis,PCA)、核 PCA(Kernel Principal Component Analysis,KPCA)、线性递减分析(Linear Discriminant Analysis,LDA)和 Fisher 递减分析(Fisher Discriminant Analysis,FDA)等。

12.1.3 深度学习的运用环境

在一般场景下,传统机器学习方法仍然有着不错的表现。然而在某些领域,深度学习体现出了较大的优势,例如:

(1) 缺乏人类经验知识的全新场景;

(2) 人类无法清晰解释的复杂场景;

(3) 解决方案随时间不断变化的场景;

(4) 适应特定情况的场景;

(5) 问题规模明显大于人类推理能力的场景。

12.2 深度神经网络

12.2.1 深度神经网络溯源

在学习深度神经网络(Deep Neural Network,DNN)之前,我们有必要回顾一下神经网络发展历史上的几个重要事件:

(1) 1943 年 McCulloch 和 Pitts 的研究表明,单个神经元可以组合起来构建一个图灵机[2];

(2) 1969 年 Minsky 和 Papert 展示了感知器的局限性,这导致了神经网络的研究领域长达 10 年的低潮[3];

(3) 1985 年 Geoff Hinton 等[4]提出的反向传播算法使神经网络领域重新焕发活力;

(4) 1988 年 Neocognitron 被发明,这种网络是一种能够进行视觉模式识别的分级神经网络[5];

(5) 1998 年 Yan LeCun 运用卷积神经网络与反向传播进行文献分析[6];

(6) 2006 年 Hinton 的实验室解决了深度神经网络的训练问题[7-8];

(7) 2012 年 AlexNet[9]在 ImageNet 大赛上打破了传统方法的垄断,开启了新一轮神经网络研究高潮。

神经网络的基本组成部分是神经元,它的内部有一些可训练的参数(包括权重和偏差)。神经元的主要工作便是接收外部输入,并产生相应的输出。神经元的示意图如图 12-2 所示。

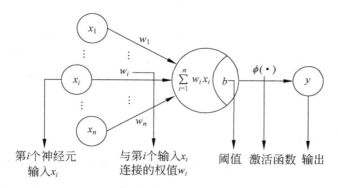

图 12-2　神经元示意图

神经元处理输入值向量的过程可以看作一个矩阵运算过程。以图 12-2 为例,神经元先将内部的权重值 $[w_1 \cdots w_i \cdots w_n]^{\mathrm{T}}$ 与输入向量相乘,得到向量点乘 $\sum\limits_{i=1}^{n} w_i x_i$,并在此基础上加上偏置值 b。上述线性结果经过某个非线性激活函数 $\phi(\cdot)$ 的处理后,神经元输出最终的结果。

多个神经元可以组成一个神经网络层,多个神经网络层组成了整个神经网络架构(也被称为多层感知机)。负责接收数据的网络层被称为输入层,负责输出的网络层被称为输出层,其他网络层被称为中间层或者隐藏层(见图 12-3)。只有一层或者少数几层网络的神经网络架构被称为"浅"学习,而目前的深度学习网络普遍都在 5 层以上,甚至达到了 1000 余层[10]。

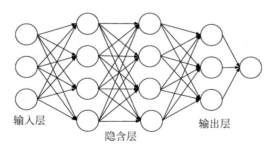

图 12-3　神经网络的输入层、输出层和隐藏层

12.2.2　梯度下降法

在训练的初始阶段,神经网络的输出通常是非常不合理的。我们可以设计一系列损失函数来衡量输出数据的质量,并使用优化方法使得损失函数最小化。当损失函数降低到某个合理值时,神经网络的参数就可以算是完成被训练了。

梯度下降法[11]是一种用于寻找目标函数局部最小值的一阶优化算法,在过去几十年中已被成功地用于训练人工神经网络。梯度下降法计算损失函数对于权重参数的梯度,然后在梯度方向上优化参数。然而训练时间较长是传统梯度下降方法的主要缺点,因此目前多用批量梯度下降或随机梯度下降法(Stochastic Gradient Descent,SGD)训练深度神经网络[12]。

随机梯度下降算法每次从训练集中随机选择一个样本来进行学习,优化的过程可以写成 $\theta = \theta - \eta \nabla_\theta J(x, y)$,其中 θ 是神经网络的参数,$J(x, y)$ 是损失函数,η 是优化的步长。批量梯度下降算法每次都会使用全部训练样本,这些计算是冗余的,因为每次都使用完全相同的样本集。而随机梯度下降算法每次只随机选择一个样本来更新模型参数,因此每次的学习是非常快速的,可以进行在线更新。

12.2.3 反向传播

深度神经网络的训练方法是基于梯度的,而我们通常用反向传播算法获得梯度。神经网络可以看成一张计算图,因此我们便可以使用求导的链式规则从顶层到底层计算梯度。多层神经网络的前向传播过程可以写成以下形式:

$$y = f(x) = \phi(w^L \cdots \phi(w^2 \phi(w^1 x + b^1) + b^2) \cdots + b^L) \tag{12.1}$$

下面以两层神经网络为例,介绍反向传播的求导过程。两层神经网络的函数可以简写为

$$y = f(g(x)) \tag{12.2}$$

根据链式法则,该函数的求导过程可以表示为

$$\frac{\partial f(x)}{\partial x} = f'(g(x))g'(x) \tag{12.3}$$

12.2.4 动量模型

动量是一种有助于以 SGD 方法加速训练过程的方法,其背后的主要思想是使用梯度的移动平均值,而不是仅使用梯度的当前值,没有使用动量模型的梯度下降与使用动量模型的梯度下降对比如图 12-4 所示。在训练过程中使用动量的主要优点是防止网络陷入局部最小。值得注意,动量的值过高则会使网络不稳定。通常动量参数 γ 被设置

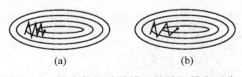

(a)　　　　　(b)

图 12-4　没有使用动量模型的随机梯度下降
(a)与使用动量模型的随机梯度下降(b)[14]

为 0.5,直到初始学习稳定,然后增加到 0.9 或更高[13]。

12.2.5 学习律

学习律是训练期间考虑的步长,也是训练深度神经网络的重要组成部分。学习律的选择是有讲究的:如果选择较大的学习律,那么网络可能不收敛;如果选择较小的学习律,那么网络训练速度将大为减缓,并且有可能陷入局部极小值。这个问题的一种解决方案是在训练期间缓慢降低学习律[11]。

12.3 卷积神经网络

12.3.1 卷积神经网络介绍

1988 年 Kunihiko Fukushima 提出了卷积神经网络（Convolution Neural Network，CNN）的原型[5]，但是由于具备卷积网络训练能力的计算硬件尚未普及，卷积网络在当时并没有受到重用。20 世纪 90 年代，LeCun 等将方向传播算法应用于 CNN，并在手写数字分类问题上取得成功[6]。之后，研究人员进一步改进 CNN，使其在许多识别任务中表现了惊人的成果。

CNN 与普通的 DNN 高度相似，它们都有可训练的神经元，CNN 与 DNN 相比有几个优点：与人类视觉处理系统更相似，更适合处理二维和三维图像的结构化，能够有效地学习和提取二维特征抽象。此外，与相似大小的全连接网络相比，由稀疏连接组成的 CNN 明显具有更少的参数。最重要的是，CNN 使用基于梯度的学习算法进行训练，因此受梯度弥散的影响较小。鉴于基于梯度的算法直接训练整个网络以最小化误差标准，因此 CNN 可以产生高度优化的权重。CNN 的三维数据处理过程如图 12-5 所示。

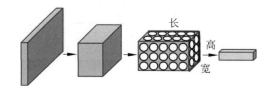

图 12-5 卷积神经网络将原始三维数据输入转化为另一个三维数据输出[15]

CNN 的整体架构由两个主要部分组成：特征提取器和分类器。在特征提取层中，网络的每一层接收来自其前一层的输出作为其输入，并将其输出作为输入传递到下一层。CNN 的体系结构由三种类型的层组成：卷积层、池化层和分类层。卷积层和池化层主要出现在网络的低层和中层，一般来说池化层会紧接在卷积层之后。每个网络层的子平面通常由前一图层的一个或多个平面的组合导出。平面的节点连接到前一层的每个连接平面的小区域，卷积层的每个节点通过输入节点上的卷积运算从输入图像中提取特征。卷积层和池化层的输出节点组成一个被称为特征映射的二维平面。

当特征传播到最高层时，特征的维度取决于卷积操作和池化操作的尺度大小。为了确保分类准确性，我们通过增加特征映射的数量以获得更好特征。CNN 的最后一层是被用作分类层的全连接层，因为它们具有更好的性能[7,16]。然而，全连接层网络在学习参数方面代价较为高昂，目前已经有几种新技术被用作全连接网络的替代方案，包括平均汇集和全局平均汇集。最后，使用 softmax 层在分类层中计算各个分数，并基于最高分数给出相应类别的输出。下面将讨论不同层次 CNN 的细节。

12.3.2 卷积层

在卷积层中，来自先前层的特征映射与本层内的卷积核进行卷积操作。随后，卷积操作的输出通过线性或非线性激活函数(如 S 型、双曲正切、softmax、ReLU 和标识函数),形成了新的特征映射作为输出。每个输出特征图可以与多个输入特征图组合。这一过程大体上可以表示为

$$x_j^l = f\Big(\sum_{i \in M_j} x_i^{l-1} \times k_{ij}^l + b_j^l\Big)$$

其中,x_j^l 是当前层的输出,x_i^{l-1} 是前一层输出,k_{ij}^l 是当前层的卷积核,b_j^l 是当前层的偏置值,M_j 代表选择的输入特征映射。输入映射将与不同的内核进行卷积以生成相应的输出映射,随后输出映射需要经过一个线性或非线性激活函数。卷积层输出特征映射的尺寸由卷积核的尺寸、移动步长和补零长度决定。

12.3.3　采样层

采样层对输入的特征映射执行降采样操作,这一过程又被称为池化(pooling)。在这一层中,输入和输出特征映射的数量不会改变。下采样之后输出映射维度的大小取决于下采样核的大小,例如:如果使用 2×2 下采样核[15],则每个输出维度将减少至一半(图 12-6)。

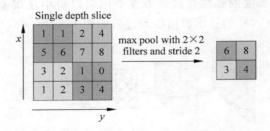

图 12-6　基于 2×2 下采样核的最大采样过程

采样层主要执行两种采样操作:平均池化或最大池化。在平均池化情况下,该函数通常将来自上一层特征图的 $N \times N$ 片区相加并选择平均值;而在最大池化的情况下,选择 $N \times N$ 片中的最高值。不管选用哪种方法,输出数据的尺寸均减少至原来的 $1/N$。

12.3.4　分类层

经过上述操作,最终的特征映射将表示为具有标量值的向量,并被传给分类层。分类层是一个全连接层,它根据前面步骤中从卷积层提取的特征,计算每个类的分数(表示为 softmax 或者 one-hot 的形式)。由于全连接层的计算开销比较高,所以在过去的几年中已经提出了替代方法,其中包括全局平均池化层和平均池化层,这有助于减少网络中的参数数量。

在 CNN 的后向传播过程中,全连接层按照一般方法进行更新,卷积核通过在卷积层和其紧邻的先前层之间的特征映射上执行完全卷积操作而被更新。

12.3.5　经典卷积神经网络结构

现在我们将研究几种流行的 CNN 架构。一般来说,大多数深度卷积神经网络都是由

一组关键的基础层组成的,包括卷积层、采样层、全连接层以及 softmax 层。模型的体系结构通常由多个卷积层和最大池化层组成,最后是全连接层和 softmax 层。这种模型的典型例子是 LeNet[6]、AlexNet[9]、VGGNet[17] 和 NiN[18]。除此之外,还有其他模式高级体系结构,包括 GoogLeNet[19]、Inception Networks[20] 和 Residual Networks[10]。下面对几种经典的卷积神经网络结构进行介绍。

1. LeNet

虽然 LeNet 是在 20 世纪 90 年代提出的,但当时的计算能力和内存容量使得该算法难以实现[6]。即使如此,LeCun 提出的基于反向传播的 CNN 架构在手写数字数据集上取得了当时最好的效果。他的架构被称为 LeNet-5,其基本配置包括两个卷积层、两个子采样层、两个全连接层和一个具有高斯连接的输出层(图 12-7)。

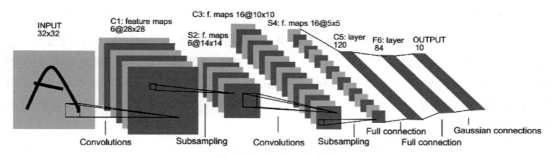

图 12-7　LeNet 示意图

随着计算硬件的性能开始提高,CNN 作为一种高效的学习方法开始在计算机视觉和机器学习领域中流行起来。

2. AlexNet

AlexNet 是计算机视觉中首个被广泛关注的卷积神经网络,其名取自作者 Alex Krizhevesky。AlexNet 在 2012 年赢得了视觉对象识别领域中最有挑战性的 ImageNet ILSVRC 比赛[7],并超越了第二名 10.9 个百分点。AlexNet 是视觉识别和分类任务的重大突破,也打响了深度学习兴起的第一枪。AlexNet 的基本架构设计图如图 12-8 所示。

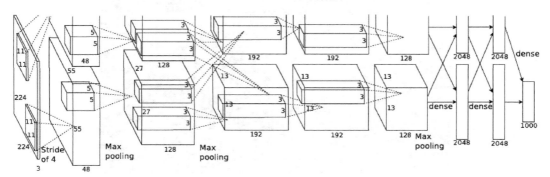

图 12-8　AlexNet 的基本架构设计图

AlexNet 有三个卷积层和两个全连接层,并且在两块 GPU 上进行数据训练。和 LeNet 相比,AlexNet 的设计思路只做了微小的调整,最大的不同是 AlexNet 比 LeNet 更深更宽。AlexNet 的主要贡献有以下几点:

(1) AlexNet 使用了两块 GPU 进行训练。一方面让人们认识到了 GPU 在算力方面的巨大优势,另一方面在 GPU 集群组织上给人很多启发。

(2) AlexNet 引入了许多训练技巧。这训练技巧有些是关于数据处理的,例如数据增强;有些是关于激活函数优化的,例如线性整流函数(Rectified Linear Unit,ReLU)[16];有些是关于参数正则化的,例如随机失活(Dropout)[21]和局部响应规范化。

虽然现在局部响应规范化方法慢慢被批量正规化[22]方法取代,但当时 AlexNet 的许多开创性思路使其成为深度学习历史上绕不开的里程碑。

3. ZFNet

ZFNet 是 AlexNet 的一种改进结构,其名取自作者 Matthew Zeiler 和 Rob Fergue。它赢得了 2013 年 ILSVRC 比赛[23]。由于 CNN 在计算上的开销相对昂贵,因此需要从模型复杂性的角度来调整最佳的参数使用。ZFNet 在 AlexNet 的基础上做出参数调整,使用 7×7 卷积核而非原版的 11×11 内核来减少网络参数的数量,并提高了整体识别的准确性。

ZFNet 的另一个贡献是尝试对卷积过程的特征映射进行可视化(见图 12-9)。可视化技术使得研究者可以观察在训练阶段特征的演变过程且诊断出模型的潜在问题。可视化技术用到了多层解卷积网络,即卷积操作的逆过程,将特征映射返回到输入像素空间。由于解卷积是一种非监督学习,因此只能作为已经训练过的卷积网的探究,而无法用于训练新的任务用途。

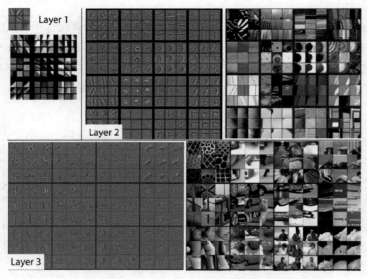

图 12-9 ZFNet 实现的可视化效果

4. NiN

NiN 是新加坡国立大学提出的一种卷积网络结构,它与之前的模型略有不同。NiN 是 Network in Network 的简称,指的是 NiN 用多层感知机替代卷积网络中的线性卷积层(图 12-10),增加了网络的抽象能力。

NiN 的另一个新颖概念是使用全局汇合操作(Global Average Pooling,GAP)替代全连接层。全局汇合操作分别作用于每张特征图,最后以汇合结果映射到样本真实标记,这有助于减少网络参数的数量。

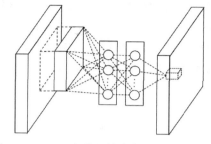

图 12-10 NiN 在卷积核中使用了多层感知机

5. VGGNet

VGG 是由英国牛津大学视觉几何研究组(Visual Geometry Group,VGG)提出的网络结构,它是 2014 年 ILSVRC 比赛的亚军[17]。这项工作主要证明了网络的深度是获得更好准确性的关键。VGG 架构由两个卷积层组成,两个卷积层都使用 ReLU 激活函数,激活函数之后是一个单独的最大池化层,模型的几个全连接层也使用 ReLU 激活函数,该模型的最后一层是用于分类的 softmax 层。在 VGG-E 中,卷积核的大小被改变为步长为 3 的 3×3 滤波器。VGG-E[17] 一共有三个模型,分别为 VGG-11、VGG-16 和 VGG-19。

6. GoogLeNet

GoogLeNet 是 Google 的 Christian Szegedy 提出的一个模型,它是 2014 年 ILGVRC[19] 的获胜者,其目的是降低传统 CNN 的计算复杂性。GoogLeNet 所提出的方法是合并具有可变接受域的"初始层",其由不同的卷积核创建。初始层和最终初始层之间的差异是增加了 1×1 卷积核(图 12-11)。这些内核允许在计算昂贵的图层之前降低维度。GoogLeNet 共有 22 层,远远超过之前的任何网络。但是,GoogLeNet 使用的网络参数数量远远低于其前身 AlexNet 或 VGG。

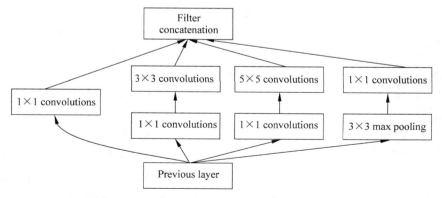

图 12-11 GoogLeNet 使用 1×1 卷积核实现降维

7. ResNet

ResNet 的全名是 Residual Network，即残差网络。它是何凯明在 2015 年设计的一种超深网络，其网络层次可达 1202 层。该模型在当年获得了 ILSVRC 的冠军[10]。当神经网络的深度不断增加时，误差信号的多层传播会造成梯度弥散或者梯度爆炸。虽然有一些方法可以处理这个问题，但是当网络收敛时，我们会发现训练误差不降反升。ResNet 的出现就是为了解决以上问题（图 12-12）。

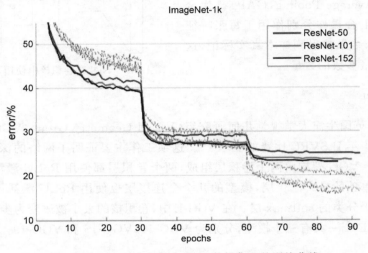

图 12-12　ResNet 在 ImageNet 数据集上的训练曲线

残差网络由几个基本残差块组成，残差块中的操作可以根据残差网络的不同结构而变化[10]。Zagoruyko 在 2016 年提出了更广泛的残差网络版本[24]。除此之外，还有另一种被称为聚合残差变换的改进残差网络[25]。最近，基于残差网络架构已经提出了一些其他的残差模型变体[26-28]。

走近学者

Kunihiko Fukushima

福岛邦彦（**Kunihiko Fukushima**）分别于 1958 年和 1966 年在日本京都大学获得电子工程学士学位及电工博士学位。他于 1989—1999 年在大阪大学、1999—2001 年在东京电气通信大学、2001—2006 年在东京理工大学担任教授，并于 2006—2010 年在关西大学担任客座教授。他现在是模糊逻辑系统研究所（兼职职位）高级研究科学家，通常他在东京的家中工作。

他获得了来自 IEICE 的成就奖、杰出成就和贡献奖以及优秀论文奖，来自 IEEE 的神经网络先驱奖，来自 APNNA 的杰出成就奖，来自 JNNS 的优秀论文奖与学术奖、INNS Helmholtz、ELM2017 先驱奖等。他是 JNNS（日本神经网络协会）的创始主席，是 INNS（国际神经网络协会）的创始成员，是 APNNA（亚太神经网络大会）的前任主席。

他是神经网络领域的先驱之一,自 1965 年以来一直从事神经网络建模方向的研究。他的兴趣在于建模高级脑功能的神经网络,特别是视觉系统机制。在 1979 年,他发明了 Neocognitron,这是一个深层 CNN,并通过学习获得了识别视觉模式的能力。他还开发了用于提取视觉运动和光流的神经网络模型,以及提取对称轴等模型。

杨立昆(**Yann LeCun**)是一位生于法国的计算机科学家,他在机器学习、计算机视觉、移动机器人和计算神经科学等领域都有很多贡献。他最著名的工作是在光学字符识别和计算机视觉上使用卷积神经网络,他也被称为"卷积网络之父"。

Yann LeCun

LeCun 于 1983 年在巴黎的 ESIEE 获得工程师学位,于 1987 年在巴黎第六大学获得了计算机科学博士学位。LeCun 在博士期间提出了神经网络的反向传播学习算法的原型。LeCun 随后前往多伦多大学 Hinton 的实验室做博士后。

1988 年,LeCun 加入贝尔实验室的自适应系统研究部门,在此,他开发了图像识别模型卷积神经网络,并将其应用到手写识别中。1996 年,LeCun 成为 AT&T 实验室图像处理研究部门的领导,主要工作是 DjVu 图像压缩技术。2012 年,LeCun 成为纽约大学数据科学中心的创建主任。2013 年,LeCun 成为 Facebook 人工智能研究院的第一任主任。

马修·泽勒(**Matthew Zeiler**),纽约大学博士,Clarifai 的创始人兼首席执行官。

Matthew Zeiler

Matthew 不仅是一位机器学习博士,还是应用人工智能领域的先驱。Matthew 在计算机视觉领域的开创性研究,与著名的机器学习专家 Geoff Hinton 和 Yann LeCun 一起将图像识别行业从理论推向现实世界。自从 2013 年成立 CaliFai 以来,Matthew 已经将他获奖的研究成果转化为开发人员友好的产品,使企业能够快速和无缝地将 AI 集成到他们的工作流和客户体验中。今天,ClariFai 是领先的独立 AI 公司,并且"在拥挤、喧嚣的机器学习领域,被广泛认为是最有前途的创业之一"(福布斯)。

罗布·弗格斯(**Rob Fergus**),纽约大学数学科学研究所的计算机科学副教授,Facebook 的 AI 研究小组研究科学家。

Fergus 在加州理工学院获得了电子工程硕士学位,并于 2005 年在牛津大学获得了 Andrew Zisserman 教授的博士学位。来纽约大学之前,他在麻省理工学院的计算机科学和人工智能实验室担任博士后。Fergus 获得了多项奖项,包括 CVPR 最佳论文奖、斯隆奖学金、NSF 职业奖和 IEEE LangGuE 希金斯奖。

目前,研究领域包括:机器学习和计算机视觉,将深度学习方法应用于物体识别,从事低层次的视觉问题以及在计算摄影和天文学方面的应用。

Rob Fergus

12.4　循环神经网络

12.4.1　循环神经网络介绍

人类思考的一个特点是保存对过去的记忆,我们并不是每时每刻都用一片空白的大脑开始思考。例如,当您阅读这段话时,您都是基于自己已经拥有的对先前所见词的理解来推断当前词语的真实含义。我们不会将所有的东西都全部丢弃,然后用空白的大脑进行思考,我们的思想拥有持久性。但是,包括 DNN 和 CNN 在内的神经网络结构无法处理此类问题,其原因大概有以下两种:①这些方法仅处理作为输入的固定大小的向量并产生固定大小的向量作为输出;②这些模型以固定数量的计算步骤(例如模型中的层数)进行操作。

循环神经网络(Recurrent Neural Network,RNN)的出现就是为了模仿人类思想的持久性,它可以存储、记忆和处理长时期内的复杂信号。RNN 之所以是独一无二的,是因为 RNN 允许随时间推移对一系列向量进行操作。RNN 训练面临的主要挑战是长时序依赖带来的极端梯度现象,包括梯度爆炸或梯度弥散。在过去的几十年中,学者已经提出了几种解决方案,包括剪切梯度等方法。除此之外,记忆(Long Short-Term Memory,LSTM)和循环单元门(Gated Recurrent Unit,GRU)模型[29]也可以有效处理梯度爆炸/弥散问题。考虑 RNN 方法较多地使用序列[30],因此 RNN 在大多数情况下用于自然语言处理领域[31]。

12.4.2　长短期记忆模型

长短期记忆是循环网络的一种变体,它最早由德国学者 Sepp Hochreiter 和 Jürgen Schmidhuber 在 20 世纪 90 年代中期提出。LSTM 的优势是可以解决梯度弥散问题,使得 RNN 模型可以建立远距离因果联系。

在某些场景中,我们需要知道在某个距离当前位置很远的信息的上下文,但是当这个间隔不断增大时,RNN 就会丧失学习到连接如此远的信息的能力。LSTM 的出现就是为了解决这个问题。LSTM 将误差保持在更为恒定的水平,让循环网络能够进行许多个时间步的学习,其结构如图 12-13 所示。

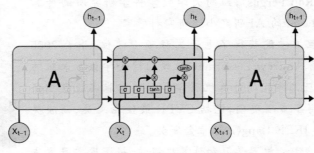

图 12-13　LSTM 的内部结构

普通的 RNN 模块中只会含有激活函数,而 LSTM 的模块中却更加精细。LSTM 将信息存放在 RNN 正常信息流之外的门控单元中。这些单元可以存储、写入或读取信息，就像计算机内存中的数据一样。单元通过门的开关判定存储哪些信息，以及何时允许读取、写入或清除信息。但与计算机中的数字式存储器不同的是，这些门是模拟的，包含输出范围全部在 0~1 的 sigmoid 函数的逐元素相乘操作。相比数字式存储，模拟值的优点是可微分，因此适合反向传播。

这些门依据接收到的信号而开关，而且与神经网络的节点类似，它们会用自有的权重集对信息进行筛选，根据其强度和导入内容决定是否允许信息通过。这些权重就像调制输入和隐藏状态的权重一样，会通过 RNN 的学习过程进行调整。也就是说，记忆单元会通过猜测、误差反向传播、用梯度下降调整权重的迭代过程来学习何时允许数据进入、离开或被删除。

12.5 生成对抗网络

在用于具有条件概率密度函数的数据建模之前，生成模型已经在机器学习领域中发展了很长一段时间。然而，直到深度学习赋能生成模型之前，生成模型一直没有取得巨大成功。

深度学习作为一种数据驱动技术，其性能会随着输入样本数量的增加而提升。由于这个原因，使用大量未标注数据集的可重用特征来表示学习已成为一个活跃的研究领域。在很多问题中，我们无法取得大量样本（获取困难或者代价高昂），因此可以寻求通过生成模型生成相似的样本来解决，例如计算机视觉领域中的分割、分类和检测等需要大量标记数据的任务。

生成对抗网络（Generative Adversarial Nets，GAN）是 Goodfellow 在 2014 年提出的深度学习方法[33]，它提供了一种最大似然估计的替代方法，其工作流程如图 12-14 所示。总体来说，GAN 是一种无监督方法，其中两个神经网络在零和博弈中相互竞争、迭代提升。现在以图像生成问题为例，生成器以高斯噪声随机生成图像，随后判别器负责判断该图像是否是真实的（最开始的图像肯定是粗制滥造的）。在迭代过程中，生成器的制图水平不断提升，判别器的判断水平也不断提高。因此当模型收敛时，生成器可以生成高水平的图像，或者说生成器的输出接近实际输入采样[34]。

$$\min_G \max_D V(D,G) = E_{x P_{\mathrm{data}}(x)} \big[\log(D(x)) \big] +$$
$$E_{z P_{\mathrm{data}}(z)} \big[\log(1 - D(G(z))) \big] \tag{12.4}$$

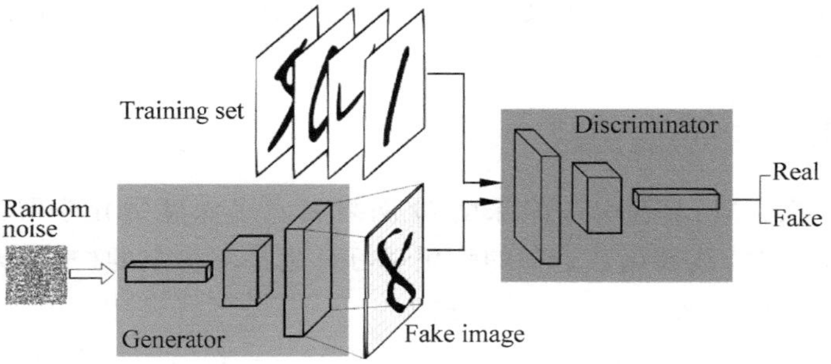

图 12-14 生成对抗网络的工作流程[32]

在实际训练中，由于上述方程可能无法提供足够的梯度，因此生成器 G 在早期很难学习。因为生成器 G 起步缓慢，G 的输出与训练样本明显不同，所以判别器 D 在早期阶段大量拒绝 G 的样本。在这种情况下，$\log(1-D(G(z)))$ 会很快饱和。为了解决这种问题，我们放弃原先的最小化 $\log(1-D(G(z)))$ 的训练方法，转而训练生成器 G 以满足 $\log(D(G(z)))$ 最大化，这一变化可以在学习的早期阶段提供更好的梯度。总之，GAN 在开始阶段存在以下问题：

（1）缺少启发式损失函数；

（2）训练的不稳定性质。

目前，GAN 领域研究蓬勃发展，学者提出了许多改进版本[34]。GAN 已经被广泛运用在计算机视觉问题中，例如生成逼真的图像（室内或工业设计的可视化、服装试穿等）、生成人造视频（游戏开发领域等问题）[35]。一些研究侧重于 GAN 架构的拓扑结构以改进功能和训练方法，包括基于卷积的深度卷积 GAN 方法（Deep Convolutional Generative Adversarial Networks，DCGAN）[36]、基于循环神经网络的 GAN 方法[37]、基于条件概率的 GAN 方法[38]、基于多域图像的联合分布的耦合 GAN 方法（Coupled Generative Adversarial Network，CoGAN）[39]。

除此之外，Google 提出了边界平衡 GAN 方法（Boundary Equilibrium Generative Adversarial Networks，BEGAN），BEGAN 的训练过程具有快速稳定的收敛性[40]。类似的工作还有基于 Wasserstein 度量的 GAN 方法（Wasserstein GAN）[41]，它提高了训练过程的稳定性。概率 GAN（Probabilistic GAN，PGAN）是一种具有修正目标函数的新型 GAN，这种方法背后的主要思想是将概率模型（高斯混合模型）整合到 GAN 框架中[42]。

12.6　深度强化学习基本理论

强化学习问题可以表示为预测、控制和建模问题，其解法可以分为基于模型的或者无模型的，也可以分为基于值的和基于策略的。当我们将深度神经网络用于强化学习的函数近似时，我们便进入了深度强化学习的领域。本节将介绍深度强化学习的若干核心概念：Q 函数、策略、效用、模型、规划和探索。

12.6.1　Q 函数

Q 函数是强化学习的基本概念。时序差分学习及其扩展[43]、Q-学习[44]分别是用于学习状态和 Q 函数的经典算法。在下文中，我们将重点放在深度 Q 网络（Deep Q-Network，DQN）[45]及其扩展。

1. 深度 Q 网络

Deepmind 公司的 Mnih 等引入的深度 Q 网络引发了深度强化学习的热潮。在 DQN 之前，基于神经网络等非线性函数近似的强化学习算法是不稳定的（甚至无法收敛）。DQN 的算法如算法 12.1 所示，其计算梯度的公式为

$$\nabla_{\theta_i} L_i(\theta_i) = E_{x,u,\rho(\cdot);x',\varepsilon} \left[(R + \gamma \max_{u'} Q(x',u';\theta_{i-1}) - Q(x,u;\theta_i)) \nabla_{\theta_i} Q(x,u;\theta_i) \right]$$

算法 12.1：深度 Q 网络算法

初始化

　　设置经验回放缓存大小为 N。

　　随机初始化 Q 函数。

循环 M 次

　　设置序列 s_1 的初始状态为 $\{x_1\}$，设置预处理序列 $\phi_1 = \phi(s_1)$。

　　循环 T 次：

　　在 $(1-\varepsilon)$ 的概率下选择使得 $Q^*(\phi(s_t), u; \theta)$ 最大化的控制 u。

　　在 ε 的概率下挑选一个随机控制 u。

　　执行上述控制 u，并观察效用 R_k 和观测值 x_{k+1}。

　　设置序列 $s_{k+1} = s_k, u_k, x_{k+1}$，并且预处理序列 $\phi_{k+1} = \phi(s_{k+1})$。

　　在经验回放缓存里添加组合 $(\phi_k, u_k, R_k, \phi_{k+1})$。

　　从经验回放缓存里采样出一小批经验对 $(\phi_j, u_j, R_j, \phi_{j+1})$。

　　求出回报值 $y_j = \begin{cases} R_j & \text{终止状态的 } \phi_{j+1} \\ R_j + \gamma \max_{u'} Q(\phi_{j+1}, u'; \theta) & \text{非终止状态的 } \phi_{j+1} \end{cases}$。

　　根据公式计算 $(y_j - Q(\phi_j, u_j; \theta))^2$ 的梯度值。

DQN 的几个重要贡献有：①使用经验回放[46]和目标网络使得深度神经网络近似的 Q 函数能比较稳定地进行训练；②提出了端到端的强化学习思路，即仅输入像素和游戏分数，不需要其他领域知识；③DQN 在 49 个 Atari 游戏测试环境上表现良好，其性能优于传统算法。Hassabis 等在 DQN 的基础上提出了双 Q-学习（Double DQN）[47]，该算法解决了 Q-学习过程中的高估问题。

2. 经验回放

DQN 在 Atari 游戏环境中进行验证（见图 12-15），我们把游戏画面、当前控制、反馈激励和下一时刻画面作为一组经验保存起来作为训练数据。然而，数秒内的游戏画面非常接近，而且对应的控制或者激励也非常相似，这种相关性过大的数据让训练效果变得不够好。经验回放算法则把全部的经验放入了经验缓存中，在训练时从经验缓存中直接随机采样。这种机制避免了相关性过大的问题。

简单的经验回放存在着不足，因为任何一组经验都会平等地在经验缓存中统一采样，而有些经验比其他的经验更有价值。Schaul 等[48]提出优先经验回放算法，以便更频繁地回放重要的经验。经验的重要性通过 TD 误差来衡量，有学者设计了

图 12-15　Atari 测试环境
直接输出纯像素数据

基于 TD 误差的随机优先级，使用重要性抽样来减小更新分布中的偏差。实验证明在 DQN 中使用了优先经验回放可以改善智能体在 Atari 游戏上的表现。

12.6.2 策略

策略将状态映射为控制,而策略优化则是寻找最佳映射。这里我们先讨论 Actor-Critic 算法[49],然后介绍策略梯度,包括确定性策略梯度[50-51]和信任域策略优化[52]。

1. Actor-Critic

Actor-Critic 算法学习策略和代价函数,其中代价函数用于自举,即从后续估计中更新状态,以减少方差并加速学习[53]。可以看到,Actor-Critic 思想与我们在前几章介绍的自适应动态规划方法是一样的。因此它们本质上是同一类强化学习方法。在下文中,我们关注异步优势 Actor-Critic 方法(Asynchronous Advantage Actor-Critic,A3C)[49]。

A3C 利用若干个采用不同探索策略的平行 Actor 来稳定训练,如图 12-16 所示。这种训练方式可以理解为多个参与者各自学习,并且定期交流学习经验,因此 A3C 在不使用经验回放算法的情况下也可以表现良好。与大多数深度学习算法不同,异步方法可以在单个多核 CPU 上运行。A3C 算法在 Atari 游戏环境中可以更快地训练,同时也在连续电机控制问题上取得成功。

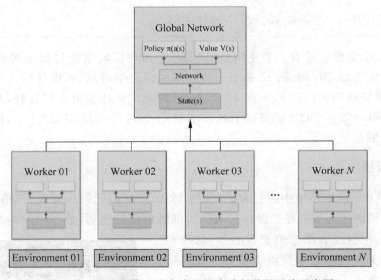

图 12-16   A3C 算法的多线程异步并行学习思路示意图

2. 确定性策略梯度

策略通常是随机的,但 Silver 等[50]和 Lillicrap 等[51]提出了确定性策略梯度算法。Silver 等[50]引入了针对连续控制空间强化学习问题的确定性策略梯度算法(Deterministic Policy Gradient,DPG)。DPG 是集成在状态空间上的 Q 函数的预期梯度。在随机策略的情况下,策略梯度集成在状态空间和控制空间上。因此,确定性策略梯度可以比随机策略梯度更有效地被估计。本书引入了一种脱策 Actor-Critic 算法,从探索性行为策略中学习确定性目标策略,并通过确定性策略梯度的兼容函数逼近来确保无偏策略梯度。实证结果表明,DPG 的效果优于随机策略梯度,特别是在高维度任务中。

Lillicrap 等[51]在 DQN 和 DPG 的基础上,提出了连续控制空间中的无模型 Actor-Critic 算法——深度确定性策略梯度算法(Deep Deterministic Policy Gradient,DDPG)。Q-学习的贪婪策略在每个时间点上都优化控制,这种学习方法使它在深度神经网络之类的大型无约束近似函数的复杂控制空间中很难奏效,DDPG 避免了上述问题的发生。为了使学习更加稳定和健壮,DDPQ 使用了经验回放和"软"目标(而不是像 DQN 那样直接复制权重)。DDPG 将软目标网络权重慢慢地更新为新学习到的网络权重,这使得学习的过程趋于稳定。除此之外,作为一个脱策算法,DDPG 通过将采样噪声添加到 Actor 策略中,使得 Actor 可以从探索环境中学习策略。DDPG 的训练轮次比 DQN 减少到原来的 1/20。

3. 信任域策略优化

舒尔曼等[52]引入了信任域策略优化算法(Trust Region Policy Optimization,TRPO),TRPO 通过优化代理目标函数来保证在理论上单调地改进策略。TRPO 的改进功能有以下几点:

(1) 引入由新策略和旧策略之间的 Kullback-Leibler 距离定义信任域约束;

(2) 通过平均 Kullback-Leibler 散度约束来近似信任区域约束;

(3) 使用样本估计来替代优化问题中的期望和 Q 值;

(4) 近似求解约束优化问题以更新策略的参数向量。

除此之外,作者还分析了策略迭代/梯度与 TRPO 算法的内在联系,并指出策略迭代和策略梯度是 TRPO 的特例。实验证明 TRPO 方法在游泳、跳跃和行走的模拟机器人任务中表现良好,并且也可以直接从原始图像以端对端的方式玩 Atari 游戏。

12.6.3　效用值

效用(奖励)为智能体做出决策提供评估性反馈。在实际的问题中,效用可能非常稀疏或者延迟,这对于学习算法来说非常具有挑战性。以围棋为例,效用通常只发生在游戏结束时。本节将介绍对效用函数不存在情况下的解决方法,并介绍用以促进学习的效用塑造方法。

模仿学习是一种特殊的强化学习方法,智能体从专家示范中学习执行任务。智能体只需要专家控制的轨迹样本,而不需要额外数据或者强化学习信号。模仿学习的两种主要方法是示范学习和逆强化学习。示范学习[54-55]实际上以监督学习的方式将专家轨迹的"状态-控制"映射到策略上,而无须效用函数。逆强化学习(Inverse Reinforcement Learning,IRL)[56]是在给定最优控制观察的情况下确定效用函数。Abbeel 和 Ng[57]通过逆强化学习得到了示范学习的效果。

12.6.4　模型

无模型的强化学习方法可以用来处理信息未知的动态系统,然而,这种方法通常需要大量的样本。对于某些真实的物理系统来说,获得大量的样本数据是代价高昂,甚至不可能的。另外,基于模型的强化学习方法在学习代价函数和策略时可以比较高效地利用数据,但是它可能遇到模型识别的问题。如果一开始对模型的估计不准确,那么最终的性能就会受到限制。

Chebotar 等[58]试图结合无模型和基于模型两种方法的优点,该方法着眼于时变线性高斯策略,并将基于模型的线性二次调节器(Linear Quadratic Regulator,LQR)算法与无模型路径积分策略改进算法相结合。

12.6.5 规划

规划通常使用模型构建代价函数或策略,因此规划通常与基于模型的强化学习方法相提并论。Tamar 等[59]引入了值迭代网络(Value Iteration Networks,VIN),这是可以用于近似值迭代算法的一种完全可微的 CNN 规划模块,它学习如何规划强化学习中的策略。与常规的规划方法不同,VIN 是无模型的,其中效用和转移概率是要学习的神经网络的一部分,因此避免了系统识别问题。VIN 也可以通过反向传播进行端对端训练。值迭代网络的一个优点是设计了用于强化学习问题的新型深度神经网络架构。Silver 等[60]设计了一种将学习和计划集成到端到端训练过程的预测器,其主要亮点是借鉴了马尔可夫决策过程。

走近学者

Sepp Hochreiter

塞普·霍克赖特(**Sepp Hochreiter**),德国计算机科学家。2018年起,他领导着林茨约翰内斯开普勒大学的机器学习研究所。2006—2018 年,他领导生物信息学研究所。2017 年以来,他任林茨理工学院(LIT)的校长。此前,他在柏林技术大学、科罗拉多大学博尔德分校和慕尼黑技术大学就读。

Sepp Hochreiter 在机器学习、深度学习和生物信息学领域做出了许多贡献。他发展了长短期记忆(LSTM)模型,1991 年他的毕业论文首次报告了这方面的结果。LSTM 的主要论文发表于 1997年,被认为是机器学习时间线上的一个里程碑。他对消失或爆炸梯度的分析为深度学习奠定了基础。他为元学习做出了贡献,并提出了平面极小点作为学习人工神经网络的较好解决方案,以确保较低的泛化误差。他为神经网络开发了新的激活函数,如指数线性单元(ELUs)或缩放 ELUs(SELUs)。他通过 actor-critic 方法和 RUDDER 方法为强化学习做出了贡献。他扩展支持向量机来处理非正定的核,并将此模型应用于特征选择,特别是基因芯片数据的基因选择。他还在生物技术方面开发了"鲁棒的微阵列因子分析"。

尤尔根·施米德胡贝(**Jürgen Schmidhuber**)带领的实验室提出了包括长短期记忆模型在内的许多深度神经网络架构,对机器学习和人工智能领域产生了巨大的影响。最突出的 LSTM 模型开源后,尤其是以谷歌翻译为例的语音识别和外语翻译两个领域,为世界上数十亿智能手机等产品的用户带来了极大的便捷。这项技术被应用于近 20 亿部的 Android 手机,Facebook、Google Translate 和 Amazon 的 Alexa,以及近 10 亿的 iPhone 里的 Siri、Quicktype 中。

Jürgen Schmidhuber

Jürgen Schmidhuber 以及他的研究组建立了数学上严格的泛

人工智能领域以及提出了递归的自我提升的通用问题解法。他泛化了算法信息论以及物理学的多元宇宙理论，并提出了低复杂度艺术，也就是信息时代的极简艺术。

伊恩·古德费洛（Ian Goodfellow） 在斯坦福大学获得了计算机科学学士学位和硕士学位。他在 Yoshua Bengio 和 Aaron Courville 的指导下，在 Universitéde Montréal 获得了机器学习的博士学位。毕业后，Goodfellow 加入了 Google 大脑研究团队。之后他离开了 Google，加入新成立的 OpenAI 研究所。他于 2017 年 3 月重返谷歌研究。

Goodfellow 最出名的是发明了生成性对抗性网络，这是一种经常在 Facebook 上使用的机器学习方法。他也是《深度学习》一书的第一作者。在 Google，他开发了一个系统，使 Google Maps 可以自动转录来自 Street View 汽车拍摄的照片地址，并证明了机器学习系统的安全漏洞。

Ian Goodfellow

2017 年，Goodfellow 入选《麻省理工学院技术评论》的"35 岁以下创新者"。

哈萨比斯（Hassabis） 出生于北伦敦，父亲是希族塞人，母亲是新加坡华人。Hassabis 是一个国际象棋神童，13 岁时就以 2300 的埃洛等级达到了大师级水平，并成为许多英格兰少年国际象棋队的队长。他代表剑桥大学参加了 1995 年、1996 年和 1997 年的牛津—剑桥国际象棋比赛，赢得了半块蓝牌。

Hassabis

2010 年，Hassabis 与 Shane Legg 和 Mustafa Suleyman 共同创立了 DeepMind，这是一家总部位于伦敦的机器学习型人工智能初创公司。DeepMind 的任务是"解决智能"，然后使用智能"解决其他问题"。更具体地说，DeepMind 的目标是将来自神经科学和机器学习的洞察力与计算机硬件的新发展结合起来，从而开发出越来越强大的通用学习算法。该公司一直专注于训练学习算法来掌握游戏。2013 年 12 月，该公司曾宣布，它已经取得了突破性进展，通过只使用屏幕上的原始像素作为输入，就能在超人水平上玩 Deep Q-Network 游戏。

2014 年，谷歌以 4 亿美元的价格收购了 DeepMind，尽管它仍然是伦敦的一个独立实体。自被谷歌收购以来，DeepMind 已经取得了一些重大成就，其中最引人注目的也许是创建了 AlphaGo，该计划在复杂的围棋游戏中击败了世界冠军李世石。DeepMind 的其他成就包括：创建了一个神经图灵机，推进了人工智能安全的研究，与联合王国的国民保健服务处和摩尔菲尔德眼科医院建立了伙伴关系以改善医疗服务，并确定了退化性眼病的发病情况。DeepMind 还负责机器学习方面的技术进步，并撰写了许多获奖论文。特别是，该公司在深度学习和强化学习方面取得了重大进展，并开创了将这两种方法结合起来的深度强化学习领域。Hassabis 预言人工智能将是"人类有史以来最有益的技术之一"，但重大的伦理问题依然存在。

蒂莫西·P. 利利克拉普（Timothy P. Lillicrap） 于 2005 年获得多伦多大学认知科学与人工智能学士学位，2012 年获得女王大学神经科学研究中心系统神经科学博士学位，曾获得 NSERC 博士后奖

Timothy P. Lillicrap

学金和 ERC 的资助,牛津大学药理学系博士后研究员(2012—2014 年),研究科学家(2014—2015 年),高级研究科学家(2015—2016 年)。2016 年至今,Lillicrap 任伦敦大学学院 CoMPLEX 兼职教授。

Lillicrap 的研究领域主要集中在机器学习和统计学上,用于优化控制和决策,以及使用这些数学框架来理解大脑是如何学习的。在最近的工作中,已经开发了新的算法和方法,在强化学习的背景下开发深度神经网络,以及一次学习的新的递归存储器体系结构。这项工作的应用包括从单个示例中识别图像的方法、视觉问答、机器人学问题的深度学习以及诸如 GO 和星际游戏之类的游戏。Lillicrap 也深深地被深度网络模型的发展所吸引,这些发展可能揭示了中枢神经系统是如何学习和运用强健的反馈控制律的。

David Silver

大卫·席尔瓦(**David Silver**)博士领导 DeepMind 的强化学习研究小组,并且是 AlphaGo 的首席研究员。1997 年,他以艾迪生-卫斯理奖毕业,并在毕业时与 Demis Hassabis 成为朋友。随后,David 与其共同创立了电子游戏公司 Elixir Studios,在那里他担任 CTO 和首席程序员,获得了几项技术和创新奖。

David 于 2004 年回到阿尔伯塔大学攻读强化学习的博士学位,在那里他提出了第一个 9×9 围棋程序中使用的算法。2011 年,David 被授予皇家学会大学研究奖学金,随后成为伦敦大学学院的讲师。现在他是该学院的教授。他的关于强化学习的演讲可以在 YouTube 上找到。David 从一开始就为 DeepMind 做咨询,2013 年加入全职工作。

他最近的工作重点是将强化学习和深度学习结合起来。David 领导了 AlphaGo 项目,在第一个项目中,他击败了全尺寸围棋中的顶级职业选手。AlphaGo 随后获得了 9 段专业认证,并获得了夏纳狮子奖的创新奖。然后,他领导了 AlphaZero 的开发,该公司使用相同的 AI 从零开始(只通过自己学习,而不是从人类的游戏中学习),然后以同样的方式学习下棋,并以比其他计算机程序更高的级别进行学习。

12.7 深度强化学习实际应用

12.7.1 游戏

游戏是优秀的人工智能/强化学习测试平台。前文介绍的 DQN 及其拓展结构使用 Atari 游戏进行实验,Mnih 等[49]、Jaderberg[61]等和 Mirowski[62]等用迷宫作为算法效果试验台。Yannakakis 和 Togelius[63]的专著详细介绍了人工智能和游戏的结合场景。接下来我们将介绍深度强化学习在完全信息棋类游戏、不完全信息棋类游戏与视频游戏中的应用。我们用围棋(特别是 AlphaGo)的案例来介绍完全信息棋类游戏,用得州扑克的案例介绍不完全信息棋类游戏。视频游戏既可以是信息完全的也可以是信息不完全的,并且博弈论有可能被涉及其中。最后讨论视频游戏,包括不完全信息游戏及其应用。

1. 完全信息棋类游戏

棋类游戏是强化学习算法的经典测试平台,如双陆棋、围棋、国际象棋等。玩家在此类游戏中可以获得完全信息。本节中,我们集中介绍计算机围棋,特别是著名的 AlphaGo[64]。因为计算机围棋是完全信息棋类游戏中最富有难度的一关,它的挑战不仅来自天文数字般庞大的搜索空间,而且还来自位置评估的难度。

2015 年 10 月,自动围棋程序 AlphaGo 以 5∶0 战胜了欧洲围棋冠军樊麾,成为第一个在 19×19 的棋盘上战胜人类职业棋手的计算机围棋程序。2016 年 3 月,AlphaGo 以 4∶1 战胜了曾获得过 18 次世界冠军的韩国棋手李世石(见图 12-17)。2017 年 5 月,AlphaGo 以 3∶0 战胜了当时世界排名第一的中国棋手柯洁[65]。

2017 年 10 月,AlphaGo 团队在 *Nature* 上发表文章介绍了 AlphaGo Zero,这个版本的 AlphaGo 比之前的所有版本都要强大。AlphaGo Zero 不学习人类玩家的棋谱,仅仅通过自我对弈,便在三天内以 100∶0 的战绩战胜了曾经击败李世石的 AlphaGo Lee 版本,用 40 天超越了所有旧版本。

AlphaGo 采用了深度卷积神经网络、监督学习、强化学习和蒙特卡洛树搜索(Monte Carlo Tree Search,MCTS)等技术[66-67]。它的工作流程由两个阶段组成:神经网络训练和 MCTS。神经网络训练包括从经典棋谱中训练出监督学习策略网络、快速走子策略、强化学习策略网络和强化学习值网络(图 12-18)。

图 12-17　AlphaGo 在出山之战中力挫李世石

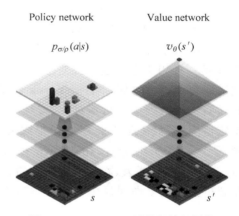

图 12-18　AlphaGo 用卷积神经网络
实现了策略网络和价值网络

监督学习策略网络具有卷积层、ReLU 非线性激活函数和表示合法移动概率分布的输出层。卷积网络的输入是 $19×19×48$ 图像堆栈,其中 19 是围棋棋盘的尺寸,48 是特征的数量。AlphaGo 从经典棋谱中采样"状态-控制"组合,并且以随机梯度上升来训练网络。

强化学习策略网络在监督学习策略网络做出改进,它们具有相同的网络架构。强化学习网络把监督学习策略网络的权重作为初始权重,并用策略梯度训练参数。强化学习的效用函数非常简单:赢为+1,输为−1,和棋为 0。AlphaGo 让当前策略网络和上一版本的策略网络进行比赛,以稳定学习过程并避免过拟合。神经网络的权重通过随机梯度上升来更新,以追求最大化的预期结果。

在 MCTS 阶段,AlphaGo 通过预览搜索来选择落子位置。具体的操作阶段如下:①选择一个有前景的节点进一步探索;②在监督学习策略网络的引导下展开一个叶节点并收集统计数据;③通过强化学习值网络和快速走子策略对某个子节点做出评估;④备

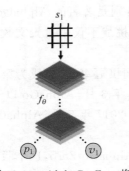

图 12-19　AlphaGo Zero 将
策略网络和值网络相整合

份评估以更新操作值,最后做出一个选择。

AlphaGo Zero 在原版 AlphaGo 的基础上做出了如下变化:①不使用经典棋谱作为监督训练数据,而是通过随机走子来学习经验,做到了真正的从零开始;②用深度残差网络代替了深度卷积网络;③把深度强化学习的值网络和策略网络整合到同一张网络上(见图 12-19);④强化学习训练算法从策略梯度改为策略迭代。

2. 不完全信息游戏

不完全信息游戏对博弈论的研究有很多帮助,例如安全和医疗决策支持。现在我们通过得州扑克来探讨深度强化学习在不完全信息游戏中的应用[68]。

Heinrich 和 Silver[68]提出神经虚拟自我竞争(Neural Fictitious Self-Play,NFSP)将虚拟自我对战与深度强化学习相结合,在没有先验知识的情况下,学习到了不完全信息博弈近似纳什均衡。NFSP 的应用场景是双人零和博弈。在 Leduc 扑克中,NFSP 可以做到接近纳什均衡,而常见的强化学习方法则未能如愿。在实战规模的不完全信息游戏"极限得州扑克"中,NFSP 表现出近似于其他的基于先验知识的最先进算法。

单挑限注得州扑克基本上通过反悔最小化(Counterfactual Regret,CFR)[69]解决。CFR 是一种用于在重复自我对战下得到近似纳什均衡的算法。而最近,单挑无限得州扑克又取得了重大进展[70],DeepStack 程序首次击败了职业扑克选手。DeepStack 利用 CFR 的递归推理来处理信息不对称,将计算重点放在决策和使用代价函数时自动进行培训的特定情况下,只需很少的领域知识或人类专家对战,不需要抽象和离线计算以前的完整策略[71]。2019 年 7 月,由 Brown 和 Sandholm 等合作开发出一款新型人工智能系统 Pluribus 扑克机器人,在 6 人无限制得州扑克比赛中击败了 15 名顶尖选手,这是 AI 首次在超过两人的复杂对局中击败人类顶级玩家[72]。

3. 视频游戏

视频游戏将成为极好的通用人工智能测试平台。著名的视频游戏包括 Atari 系列游戏、FPS 射击类游戏、星际争霸等 RTS 游戏和 DotA 等 MOBA 游戏。

Doom 是一种第一视角不完全信息 3D 游戏。Wu 和 Tian 使用基于 CNN 的 A3C 算法训练 Doom 游戏(见图 12-20)主人公[73],使其预测下一步控制和代价函数。该模型只需输入最近四帧游戏图像和相关游戏变量。因为游戏的效用是稀疏而延迟的,所以很难将 A3C 直接应用于这类 3D 游戏。作者计划未来的重点是未知环境地图感知、本地化、全局行动计划和推理过程可视化。

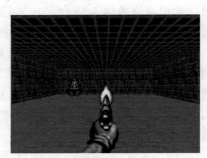

图 12-20　第一视角射击游戏 Doom

Dosovitskiy 和 Koltun 通过监督式学习在沉

浸式环境中探索感觉运动控制问题[74]，并赢得了 Visual Doom AI 比赛的 Full Deathmatch 分项目。除此之外，Lample 和 Chaplot 也讨论了如何解决 Doom 游戏的问题[75]。

在星际争霸方面，Peng 等提出了一个多智能体 Actor-Critic 框架[76]，它通过一个双向协调网络实现多个智能体之间的合作关系。作者使用星际争霸作为测试平台。这种方法在没有人类示范或标记数据作为监督的情况下，学习了类似于人类专业玩家的游戏控制，如移动不碰撞、撞击和跑步、掩护攻击，以及适度的集中射击。

12.7.2　机器人与控制

机器人学是强化学习的经典领域。强化学习在机器人中的应用可以见 Kober 等的综述[77]，策略搜索在机器人中的应用可见 Deisenroth 等的综述[78]。机器人学的话题非常庞大，这里我们只简要讨论自动导航[62]这个话题。

Mirowski 等[62]通过解决最大化累积效用的强化学习问题来提高数据效率和任务绩效，最终实现了导航效果。作者通过以下两个用于增加损失的辅助任务来解决稀疏效用问题：①对低维地图进行无监督重构，以训练辅助避障和短期轨迹规划；②在局部轨迹内的自我监督闭环分类任务。采用了堆叠式 LSTM，以便在不同时间尺度上使用内存来处理环境中的动态元素。即使开始/目标位置经常变化，智能体也可以根据原始感知输入进行端到端学习，最终在复杂的 3D 迷宫中实现与人类水平类似的导航效果。

在这种方法中，导航是目标驱动的强化学习优化问题的副产品，这与 SLAM（Simultaneous Localization And Mapping）等传统方法有巨大的区别。SLAM 通常使用显式位置推断和映射（通常需要手动处理），因此在未来强化学习中有机会取代 SLAM。

12.7.3　自然语言处理

本节我们会介绍深度强化学习在自然语言处理中的应用，我们会先介绍对话系统，再介绍机器翻译，最后介绍文本生成。

1. 对话系统

在对话系统中，聊天机器人与人类通过自然语言进行交互。常见的对话系统有四类：社交聊天机器人、信息机器人（交互式问答）、任务完成机器人（任务导向或面向目标）和个人助理机器人[79]。第一代对话系统基于符号规则/模板，第二代系统用传统机器学习驱动数据，而我们现在正在经历第三代对话系统。现代的对话系统通过深度学习驱动数据，其中强化学习通常扮演重要角色。

对话系统通常包括以下几个模块：语言理解模块、对话状态管理模块和自然语言生成模块[80]。深度学习方法试图使系统参数端对端学习，详细的资料可以参见 Deng[79]。将机器学习应用于语音识别的综述可见文献[81]。

Li 等提出了基于监督学习和强化学习的端对端任务完成型对话系统[82]。该框架包括用户模拟器[83]和神经对话系统。用户模拟器由用户议程建模模块和自然语言生成模块组成。神经对话系统由语言理解和对话管理模块（负责对话状态跟踪和策略学习）组成。作者使用强化学习来训练端对端的对话管理，并将对话策略表示为 DQN，而且还利用了目标网络和经验回放等训练技巧。除此之外,作者还使用基于规则的智能体来启动系统。

Dhingra 等提出了 KB-InfoBot[84],这是一种面向目标的多轮信息访问对话系统。KB-InfoBot 通过使用可微分的用户反馈操作进行端对端的强化学习训练。在早期的工作中,如 Li 等[85] 和 Wen 等[86],对话系统通过类似 SQL 的操作来访问知识库中的知识内容,而这种操作是不可微的,并且无法支持对话系统进行端对端的训练。

KB-InfoBot 通过在知识库条目上引入后验分布来指示用户的兴趣点,从而实现了操作的可微性。本书设计了一个修改版本的迭代式 REINFORCE 算法,以探索和学习那些选择对话行为的策略,并在知识库条目中进行正确的检索。

2. 机器翻译

神经机器翻译利用端到端深度学习完成翻译过程,并成为传统的统计机器翻译技术的有力竞争者。神经机器翻译方法通常首先对可变长度的源语句进行编码,然后将其解码为可变长度的目标语句。Cho 等[87] 和 Sutskever 等[88] 使用两个 RNN 将句子编码为固定长度向量,然后将该向量解码为目标句子。Bahdanau 等[89] 引入了软注意力技术来学会标齐和翻译。

He 等[90] 提出了双重学习机制以解决机器翻译中的数据饥饿问题,这种方法的表现与以前的神经机器翻译方法完全相同。如果任务具有双重形式,例如语音识别和文本到语音、图像标注和图像生成、问题回答和问题生成、搜索和关键字提取等,则双重学习机制可以扩展到许多任务。

12.7.4 计算机视觉

计算机视觉是研究计算机如何理解数字图像或视频的领域。Mnih 等引入了循环注意力模型(Recurrent Attention Model,RAM),专注于从图像或视频中选定的区域或位置序列,以进行图像分类和对象检测。作者使用强化学习方法,特别是 REINFORCE 算法来训练模型,以克服模型不可区分的问题,并尝试在图像分类任务和动态视觉控制问题上进行实验。

有些工作将计算机视觉与自然语言处理相结合。Xu 等[91] 将注意力集中在图像标注上,使用 REINFORCE 训练了注意力机制,并在 Flickr8k,Flickr30k 和 MS COCO 数据集上展现了注意力机制的有效性。其他图像标注工作包括 Liu 等[92] 和 Lu[93] 等。Strub 等[94] 提出了针对目标驱动和视觉接地对话系统的深度强化学习端到端优化算法,并在 GuessWhat 游戏上验证。Das 等[95] 用深度强化学习实现了能够协作的视觉对话的智能体。

走近学者

Tuomas Sandholm

托乌斯·桑德霍姆(Tuomas Sandholm)是卡内基梅隆大学计算机科学教授。他的研究兴趣集中于人工智能、经济学和运筹学的融合。他是 CMU AI 的联席董事以及电子市场实验室的创始人和主任。他发表了 500 多篇同行评议论文,拥有 22 项美国专利,他的 H 指数是 85。除了在计算机科学系担任主要职务外,他还在机器学习系担任算法、组合学和优化(ACO)的博士项目,以及 CMU/UPitt 计算生物学的联合博士项目。

他拥有许多荣誉，包括明斯基奖章、计算机与思想奖、首届 ACM 自主代理研究奖、CMU 的艾伦·纽维尔卓越研究奖、斯隆奖学金、美国国家科学基金会职业奖和卡内基科学中心卓越奖。他是 ACM、AAAI 和 INFORMS 的会士。他拥有苏黎世大学的荣誉博士学位。

12.8　未来待解决的问题

虽然深度强化学习被认为是目前为止最接近于通用人工智能的学习范式之一，但美中不足的是深度强化学习在很多领域迄今为止还没有落地。12.7 节阐述了深度强化学习的积极一面，而本节将专注于未来待解决的问题。本节将解释深度强化学习没有奏效的几个场景和相关原因，并指出可能的解决方法和未来的研究方向。

12.8.1　采样效率低下

前文介绍的 Atari 游戏是著名的强化学习基准测试环境。虽然研究团队已经通过 Q-学习与合理规模的神经网络轻松地在几款 Atari 游戏中打破人类记录，但是这种做法的学习效率相当低下（见图 12-21）。DeepMind 发表的论文 *Rainbow DQN* 对原始 DQN 的几个改进版本进行了对比测试[96]，学习模型在 40 场测试中战胜了人类（共 57 场）。当 Rainbow DQN 模型的训练数据达到约 1800 万帧时，它基本上可以超越所有的人类玩家，但是 1800 万帧是一个相当夸张的开销。

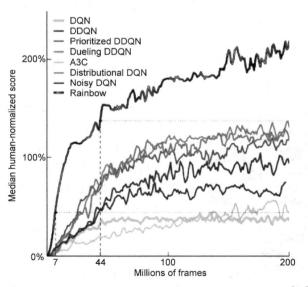

图 12-21　DQN 系列算法在 Atari 测试中的效率极其低下[100]

因为 Atari 游戏以每秒 60 帧的速度运行，所以 1800 万帧相当于 83 小时（还不算训练模型所花的时间），而人类玩家通常能够在几分钟之内学会一款 Atari 游戏。然而 Rainbow DQN 所花费的 1800 万帧已经是相当好的结果了，此前最优秀的分布式 DQN[97] 模型需要约 7000 万帧的训练开销。最夸张的是，原始的 DQN 在经历了 2 亿帧的游戏训练后也从没有达到 100% 的中值性能。

虽然上文举出了 DQN 系列算法在 Atari 游戏中的低效,但这并不是 DQN 或者 Atari 游戏特有的问题。物理任务测试 MuJoCo[98] 是另一个非常流行的测试基准,在这个测试环境中,输入状态通常是模拟机器人各关节的位置和速度,学习模型需要完成一些任务,例如走路或者把东西放进盒子里。遗憾的是,即使是完成一个如此简单的任务(在忽视视觉问题的情况下),各个任务的学习仍然需大约 10 万个学习时间步,这是一个惊人的实验量。

采样低效的另一个缩影是极其高昂的硬件设备开销,DeepMind 跑酷论文[99] 的代码使用了 64 个 Worker 训练了 100h 的策略,其中每个 Worker 可能意味着 1 个高性能 CPU 或者 GPU。这种开销对于普通的公司或者实验室来说是难以接受的。总之,深度强化学习极低的采样效率严重地阻碍了它的发展,而现实生活中的大多数问题需要依靠这个障碍的突破来解决。

12.8.2 难以寻找合适的效用函数

除去模仿学习或者逆强化学习等小部分领域,绝大多数深度强化学习任务都需要精心设计效用函数。这些效用函数可以是目标系统自动给定的,也可以是离线手动调整并在学习过程中保持固定的。

总而言之,为了让智能体学会做正确的事,效用函数必须精确地定义希望实现的目标。遗憾的是,目前的深度强化学习模型经常会把效用函数过拟合,从而导致意外出现。从这个角度来说,Atari 和 MuJoCo 之所以是出色的基准测试框架,就是因为它们的效用函数非常容易定义。例如在 Atari 游戏中,任务的目标都是将得分最大化,所以根本不必担心函数定义问题,而 MuJoCo 的对象状态的完全信息也非常适合效用函数的定义。

本节将讨论设计效用函数的难点。因为创建效用函数并不难,但是设计效用函数却是困难的。这里的困难在于设计可学习的效用函数去激励智能体得到期望的控制。在继续讨论之前,这里先介绍定型效用函数和稀疏效用函数。

图 12-22　学习奔跑的智能体,其效用为当前速度

如果我们现在拥有一个被限制在竖直平面中的两腿机器人(意味着它只能向前或者向后移动),我们的目标是学习一个奔跑的步态,效用函数与机器人的速度有关,如图 12-22 所示。那么这就是一种定型的效用,也就是说它越接近最终目标,给出的效用就越高。定型效用函数通常更加容易学习,因为即便所学的策略没有给出问题的完全解决方案,它也能给出积极的反馈。与之对应的是稀疏效用函数,它仅仅在目标状态给出效用,而在其他任何地方都没有效用。

定型效用函数缺点是容易造成学习偏差,导致意外行为。以乐高堆叠任务[101] 为例,作者的目标是抓到红色的方块,并将其堆叠在蓝色的方块上面。事实上,当使用分布式 DDPG 进行学习时,智能体出现了非常严重的失败——智能体学会将红色的方块翻了过来,而不是将它捡起来再去堆叠在蓝色的方块上面。这是因为在原始的动作中,效用函数是基于红色方块被举的高度(通过底平面的 z 坐标来定义)。虽然这明显是一个失败学习结果,但是非常符合强化学习的效用值,因为翻转红色的方块会得到效用(底平面的 z 坐标升高了)。

那么如何才可以解决定型效用的问题呢?其中一种方式是仅在智能体完成目标之后才给出正效用,也就是说使效用函数稀疏化。在某些情况下,稀疏效用会得到不错的训练效果,然而在大部分情况下稀疏效用使训练过程难以继续。稀疏效用最大的缺陷在于缺乏正增强,一个典型的例子是 OpenAI 的赛船游戏[102]。该游戏的目标是完成比赛,当玩家在某个时间内完成游戏时就获得 +1,否则就获得 0。在效用函数不匹配的情况下,强化学习会得到很诡异的结果。这是因为智能体只是被简单地告知这个会给它 +1 的效用,这个不会给它效用,它必须自行学会其余的东西。就像黑箱优化一样,问题在于任何一个能够给出 +1 的效用都是好的,即使有时候 +1 的效用并不是源于正确的原因。

解决这个问题的另一个方式就是仔细地进行效用函数调整,添加新的效用项并调整已有的系数,直至得到期望学到的控制。在这个思路上继续工作是可能的,但却是非常烦琐而机械的。总之,因为没有设计合适的效用函数,而导致奇怪结果的轶事不胜枚举。

12.8.3　局部最优陷阱

12.8.2 节介绍了效用函数设计时存在的困难,本节将介绍局部最优带来的优化问题。即使给定了较好的效用函数,有时深度强化学习算法也很难跳出局部最优。比较糟糕的局部最优陷阱长时间困扰着研究人员,这个源于"探索/利用"权衡过程中出现的错误。

为了说明局部最优陷阱,现在介绍双足机器人跑步问题。这个任务要求机器人学会双足奔跑,但是机器人经常会学习到向前扑到、后翻等怪异动作。这是因为机器人在根据状态函数和回报函数进行随机探索时,它偶然地探索到向前扑倒比原地不动要更好一些,此后它会连续地向前扑倒。随后,机器人又学习到后翻动作可以得到更多的效用,因此它将后翻动作学习为一种策略。这些都是一直以来困扰着强化学习的经典"探索/利用"问题的两种情况。

强化学习的数据来自于目前的策略,如果当前的策略探索太多,那么智能体将会得到大量的垃圾数据,从而学习不到任何东西。如果当前的策略探索太少,那么智能体的记忆行为经常是非优的。正是因此,有人戏谑地认为深度强化学习是一个故意曲解我们的效用函数的"恶魔",它积极寻找最懒的局部最优解。

探索利用导致的局部最优陷阱问题一直很难解决。据 Peter Whittle 介绍,这个问题最初由第二次世界大战时盟军科学家发现,盟军科学家发现了这个很难但是现实意义不是很大的问题,于是想办法把这个问题透露给德方,使得德国科学家在这个棘手的问题上浪费了许多科研精力[103]。

12.8.4　过拟合问题

过拟合问题一直出现在机器学习领域中,深度强化学习也未能避免。即当深度强化学习模型取得良好效果时,这有可能仅仅是过拟合了测试环境中的某些模式。换而言之,如果想把深度强化学习模型泛化到另一个环境中,它极有可能表现得很糟糕。

虽然 DQN 可以在很多款 Atari 游戏上表现得非常好,但是它是通过将所有的学习聚焦在一个单独的目标上实现的。DQN 仅在一款 Atari 游戏中表现得极好,最终的模型不会泛化到其他的游戏中,因为它没有以其他游戏中的方式训练过。虽然通过一些工程方法也可以将一个学到的 DQN 模型精调到一款新的 Atari 游戏中[104],但是不能保证它能够完成迁移,而且人们通常不期望它能够完成这种迁移。可以看出,这并不是我们已经在 ImageNet 等计算机视觉项目上所见证的巨大成功。

理论上,在一个广泛的环境分布中训练有机会使过拟合问题消失,导航问题就是其中的一个例子,因为智能体可以随机地采样目标位置,然后使用统一的代价函数去泛化[105]。不过总体上来说,目前深度强化学习的泛化能力还不足以处理很多样的任务集合,深度强化学习还没有达到 ImageNet 的成就。虽然 OpenAI 尝试挑战这个问题,但是目前还没有多少进展。

12.8.5 复现难题

最终结果的不稳定性和难以复现是深度强化学习面临的最大问题。几乎每个机器学习算法都有能够影响模型行为和学习系统的超参数,包括监督学习和非监督学习。这些参数通常都是通过手动挑得得到的,或者是通过随机搜索得到的。

在监督学习环境下,如果保持数据集不变,仅仅对超参数做了很小的改动,那么最终的性能并不会改变很多。虽然并非所有的超参数都具有很好的性能,但是很多参数都能够指导学习过程。然而目前的深度强化学习表现非常不稳定,即使有些参数表现得比较不错,但是朝着该参数进行优化不一定能提升效果。

以 OpenAI Gym[106] 中最简单的倒立任务为例。在这个任务中,我们的目标是使这个固定在某点上的倒立摆完全直立(见图 12-23)。

这是一个比较简单的问题,通过一个较好的定型效用函数可以很容易做到。效用函数被定义为摆的角度,将摆靠近垂直方向的控制会给出效用,而且会给出递增的效用。图 12-24 是倒立摆强化学习模型的性能图,其中每一条曲线都是 10 次独立运行中的效用函数。它们拥有相同的超参数,唯一的区别是随机种子。其中有 7 次运行是成功的,3 次没有成功。这意味着 30% 的运行仅由于随机种子的不同而失败。

episode_reward/test

图 12-23　倒立摆模拟测试环境　　　　图 12-24　不同初始值左右下的强化学习回报

对于这种情况,常见的解释如下:强化学习对初始化和训练过程的动态变化十分敏感。在较好的训练样例上,随机探索的策略会比其他策略更快地引导学习。如果没有及时地遇到好的训练样本,那么强化学习的策略就会崩溃,从而学不到任何东西。这是因为智能体通过错误的学习越来越坚信它所尝试的任何偏离都会导致失败。

12.8.6　适用场景与未来思考

从本节开始到现在,我们一直在讨论深度强化学习前沿领域遇到的问题。现在我们要转向更加积极的一面,我们将讨论在目前的局限下,深度强化学习何时才能真正地工作呢?迄今为止,深度强化学习领域的成功案例都具有几点共性,下文将详细列出(虽然这些属性都不是学习所必需的,但是更多地满足这些属性学习效果会更好)。

可以比较容易地生成近乎无限多的经验:拥有的数据越多,学习问题就会越容易。这适用于 Atari 游戏、围棋游戏、象棋游戏、日本将棋游戏以及跑酷机器人的迷你环境,我们可以很轻松地模仿出上述任务环境,并进行大量训练。

问题可以被简化成一个更简单的形式:很多人过于高估深度强化学习的能力,深度强化学习并不可以立即实现一切。所有研究的广泛趋势都是先去证明最小问题上的概念,然后再去泛化。OpenAI 的 Dota2 机器人只玩早期的游戏,只在使用硬编码组件构建的单挑环境中进行影魔和影魔的对抗。

可以将自我对抗引入学习中:这也是 AlphaGo、Alpha Zero 和 DOTA2 机器人的学习方式。应当注意的是,这里所说的自我对抗指的是这样的游戏环境:游戏是竞争性的,两个玩家都可以被同一个智能体控制。目前,这样的环境似乎拥有最好的稳定性和最好的性能。

可以简洁地定义可学习的、不冒险的效用函数:两个玩家的游戏有这样的特点:赢了得到＋1 的效用,输了得到－1 的效用。Zoph 等最早的文章有这样的效用函数:验证已训练模型的准确率[107]。当引入效用函数重塑时,就可能学习了一个优化错误目标的非最优策略。

效用函数的结构较为丰富:在 Dota2 中,效用可以来自于上次的命中(每个玩家杀死一只怪兽之后就会触发)和生命值(在每一次攻击或者技能命中目标之后就会触发)。这些效用信号出现得很快而且很频繁。对 SSBN 机器人而言,可以对所造成的伤害给予效用,这将为每次的攻击提供信号。行动和结果之间的延迟越短,反馈回路能够越快地闭合,强化学习就越容易找到回报更好的路径。

未来的工作中,研究人员应该将强化学习投入到不同的问题中去,包括那些可能不会成功的地方。当强化学习变得足够鲁棒和得到广泛应用的时候,一些十分有趣的事情就会发生。问题在于如何到达那一步。现在我们讨论怎样才可以使强化学习变得更好。我们在下面讨论了一些比较合理的未来展望。

局部最优问题:强化学习的解决方案在短期来看不必获得全局最优解,只要它的局部最优策略可以比人类的平均水平好就行了。

硬件提升效率:目前为止,人类主观上对人工智能做的最重要的事情就是简单地扩展硬件。虽然硬件不能解决一切,但是计算机的运行速度可以极大地缓解低效采样问题。

增加更多的学习信号:稀疏效用函数难以学习,因为获得的帮助信息很少。对此我们有一些可能的解决方法:要么误以为获得了正效用,要么通过自我监督学习建立更好的世界模型[61]。

基于模型的学习:一个好的模型可以解决一系列的问题。拥有一个比较全面的模型使得学习解决方案变得更加容易,好的全局模型可以很好地迁移到新的任务上面。基于模型的方法使用的样本也比较少,可以提高采样效率。目前的问题在于学习一个好模型是很困难的。Dyna 和 Dyna2 是这个领域中的经典论文,除此之外伯克利机器人学实验室也对使用深度网络结合基于模型学习有一些思考。

仅将强化学习用作微调:AlphaGo 的原始论文从监督学习开始,在此基础上进行强化学习的微调。这是一个很好的方法,因为它可以使用一个更快但功能不太强大的方法来加速初始学习。可以将此视为以合理的先验(而不是随机先验)开始强化学习过程,在这种情况下,学习先验的问题可以用其他方法求解。

可学习的效用函数:如果效用函数设计存在很多困难,我们可以尝试用数据学习到更好的效用函数。模仿学习和逆强化学习在这方面都有很丰富的成果,它们已经展示了效用函数可以通过人类的演绎或者评估来隐式地定义。

与迁移学习相结合:迁移学习可以利用其他任务中学习到的知识来加快新任务的学习,甚至用一个场景解决多个不同的任务。如果任务学习已经足够鲁棒,给定了任务 A 和任务 B,就很容易预测 A 是否迁移到了 B。

走近学者

Geoffrey Everest Hinton

杰弗里·埃弗里斯特·辛顿(**Geoffrey Everest Hinton**)是英国出生的加拿大计算机学家和心理学家,以其在神经网络方面的贡献闻名。Hinton 是反向传播算法和对比散度算法的发明人之一,也是深度学习的积极推动者。

Hinton 于 1970 年在英国剑桥大学获得实验心理学学士学位,1978 年在爱丁堡大学获得人工智能博士学位。Hinton 曾在萨塞克斯大学、加州大学圣迭戈分校、剑桥大学、卡内基梅隆大学和伦敦大学学院工作,目前担任多伦多大学计算机科学系教授。Hinton 是机器学习领域的加拿大首席学者。

Hinton 研究了使用神经网络进行机器学习、记忆、感知和符号处理的方法,并在这些领域发表了超过 200 篇论文。他是将反向传播算法引入多层神经网络训练的学者之一。他对于神经网络的其他贡献包括分散表示、时延神经网络、专家混合系统、亥姆霍兹机等。Hinton 和他的学生 Alex Krizhevsky 提出的 AlexNet 被认为是近十年深度学习高潮的开端。

约书亚·本吉奥(**Yoshua Bengio**)是一位加拿大计算科学和运筹学科学家,因人工神经网络和深度学习领域的研究而闻名。Bengio 与 Ian Goodfellow 和 Aaron Courville 合著 *MIT Deep Learning* 是目前为止最权威的深度学习教科书。

Bengio 是蒙特利尔学习算法研究所(MILA)负责人,CIFAR 计划联合主任,加拿大 CIFAR 机器和脑学习计划联合主任,加拿大统计学习算法研究主席。他主要的研究目标是理解产生智力的学习原理。Bengio 的研究被广泛引用,截至 2018 年 6 月的引用次数超过 116189 次,H 指数为 114。Yoshua Bengio 目前是 JMLR 的编

Yoshua Bengio

辑,Neural Computation 期刊的副主编,Foundations and Trends in Machine Learning 的编辑,并且是 MLJ 和 IEEE Neural Network 的副编辑。

Bengio 多次担任学习算法和神经计算领域的旗舰会议 NIPS 的程序主席。自 1999 年以来,他一直与 LeCun 共同组织学习研讨会,并与他一起创建了国际代表学习会议(ICLR)。他还组织或共同举办了许多其他活动,主要是 2007 年以来在 NIPS 和 ICML 举办的深度学习研讨会和座谈会。

参考文献

[1] Lecun Y,Bengio Y,Hinton G. Deep learning. Nature,2015,521:436-444.

[2] McCulloch,Warren S,Pitts. A logical calculus of the ideas immanent in nervous activity. Bulletin of Mathematical Biophysics,1943,5:115-133.

[3] Minsky M,Papert S. Perceptrons. USA,Cambridge:MIT Press,1969.

[4] Rumelhart D,Hinton G,Williams R. Learning representations by back-propagating errors. Nature,1986,323(6088):533-536.

[5] Fukushima K. Neocognitron:A hierarchical neural network capable of visual pattern recognition. Neural Networks,1988,1:119-130.

[6] LeCun Y,Bottou L,Bengio Y. Gradient-based learning applied to document recognition. Proceedings of the IEEE,1998,86:2278-2324.

[7] Hinton G,Osindero S,Teh Y. A fast learning algorithm for deep belief nets. Neural computation,2006,18:1527-1554.

[8] Hinton G,Salakhutdinov R. Reducing the dimensionality of data with neural networks. Science,2006,313:504-507.

[9] Krizhevsky A,Sutskever I,Hinton G. Imagenet classification with deep convolutional neural networks. Advances in neural information processing systems. 2012:1097-1105.

[10] He K,Zhang X,Ren S. Deep residual learning for image recognition. Proceedings of the IEEE conference on computer vision and pattern recognition. 2016:770-778.

[11] Bottou L. Stochastic gradient descent tricks. in Neural networks:Tricks of the trade. Grégoire M,Geneviève B O,Klaus-Robert M(Eds.),Berlin,Heidelberg:Springer,2012:421-436.

[12] Rumelhart D E,Hinton G E,Williams R J. Learning representations by back-propagating errors. Nature,1986,323(6088):533-536.

[13] Sutskever I,Martens J,Dahl G. On the importance of initialization and momentum in deep learning. In Proceedings of International conference on machine learning. 2013:1139-1147.

[14] Sebastian Ruder,An overview of gradient descent optimization algorithm. Available online:http://ruder. io/optimizing-gradient-descent/.

[15] Li F,Karpathy A,Johnson J. CS231n:Convolutional Neural Networks for Visual Recognition. Available online:http://cs231n. stanford. edu/.

[16] Nair V,Hinton G E. Rectified linear units improve restricted boltzmann machines. Proceedings of the 27th international conference on machine learning. 2010:807-814.

[17] Simonyan K,Zisserman A. Very deep convolutional networks for large-scale image recognition. arXiv preprint arXiv:1409. 1556,2014. Available online:https://arxiv. org/pdf/1409. 1556.

[18] Lin M,Chen Q,Yan S. Network in network. arXiv preprint arXiv:1312. 4400,2013. Available online:https://arxiv. org/pdf/1312. 4400.

[19] Szegedy，Christian. Going deeper with convolutions. Proceedings of the IEEE conference on computer vision and pattern recognition. 2015：1-9.

[20] Szegedy C，Ioffe S，Vanhoucke V. Inception-v4，inception-resnet and the impact of residual connections on learning. in Conference on artificial intelligence. 2017，4-12.

[21] Srivastava N. Dropout：a simple way to prevent neural networks from overfitting. Journal of Machine Learning Research 2014：1929-1958.

[22] Ioffe S，Christian S. Batch normalization：Accelerating deep network training by reducing internal covariate shift. in International Conference on Machine Learning. 2015：448-456.

[23] Zeiler M D，Fergus R. Visualizing and understanding convolutional networks. inEuropean conference on computer vision. Springer，Cham，2014：818-833.

[24] Zagoruyko S，Nikos K. Wide Residual Networks. arXiv preprint arXiv：1605. 07146，2016. Available online：https://arxiv. org/pdf/1605. 07146.

[25] Xie S，Girshick R，Dollár P. Aggregated residual transformations for deep neural networks. in IEEE Conference on Computer Vision and Pattern Recognition，2017：5987-5995.

[26] Veit A，Michael W，Serge B. Residual networks behave like ensembles of relatively shallow networks. Advances in Neural Information Processing Systems. 2016：550-558.

[27] Abdi M，Saeid N. Multi-Residual Networks：Improving the Speed and Accuracy of Residual Networks. arXiv preprint arXiv：1609. 05672，2016. Available online：https://arxiv. org/pdf/1609. 05672.

[28] Zhang X，Li Z，Loy C. Polynet：A pursuit of structural diversity in very deep networks. in IEEE Conference on Computer Vision and Pattern Recognition，2017：3900-3908.

[29] Gers F A，Jürgen S. Recurrent nets that time and count. in IEEE-Inns-Enns International Joint Conference on Neural Networks，2000，vol. 3：189-194.

[30] Gers F A，Nicol N，Jürgen S. Learning precise timing with LSTM recurrent networks. Journal of machine learning research 2002，Aug：115-143.

[31] Socher R. Parsing natural scenes and natural language with recursive neural networks. in Proceedings of International Conference on International Conference on Machine Learning. 2012：129-136.

[32] GAN：A Beginner's Guide to Generative Adversarial Networks. Available online：https://deeplearning4j. org/generative-adversarial-network.

[33] Goodfellow I. Generative adversarial nets. Advances in neural information processing systems. 2014：2672-2680.

[34] Salimans T，Goodfellow I，Zaremba W，Cheung V，Radford A，Chen X. Improved techniques for training gans. arXiv preprint arXiv：1606. 03498，2016. Available online：https://arxiv. org/pdf/1606. 03498.

[35] Vondrick C，Pirsiavash H，Torralba A. Generating videos with scene dynamics. Advances in Neural Information Processing Systems. 2016：613-621.

[36] Radford A，Luke M，Soumith C. Unsupervised representation learning with deep convolutional generative adversarial networks. arXiv preprint arXiv：1511. 06434，2015. Available online：https://arxiv. org/pdf/1511. 06434.

[37] Im D J，Kim C D，Jiang H. Generating images with recurrent adversarial networks. arXiv preprint arXiv：1602. 05110，2016. Available online：https://arxiv. org/pdf/1602. 05110.

[38] Isola P. Image-to-image translation with conditional adversarial networks. arXiv preprintarXiv：1611. 07004，2016. Available online：https://arxiv. org/pdf/1611. 07004.

[39] Liu M Y，Oncel T. Coupled generative adversarial networks. Advances in neural information processing systems. 2016：469-477.

[40] Berthelot D,Schumm T,Metz L. BEGAN：boundary equilibrium generative adversarial networks. arXiv preprint arXiv:1703. 10717,2017. Available online：https://arxiv. org/pdf/1703. 10717.

[41] Arjovsky M,Chintala S,Bottou L. Wasserstein gan. arXiv preprint arXiv:1701. 07875，2017. Available online：https://arxiv. org/pdf/1701. 07875.

[42] Eghbal-zadeh, Hamid, Gerhard W. Probabilistic Generative Adversarial Networks. arXiv preprint arXiv:1708. 01886,2017. Available online：https://arxiv. org/pdf/1708. 01886.

[43] Sutton R S. Learning to predict by the methods of temporal differences. Machine learning,1988, 3(1)：9-44.

[44] Watkins D P. Q-learning. Machine Learning,1992:8:279-292.

[45] Mnih V,Kavukcuoglu K,Silver D,Rusu A,Veness, J,Bellemare M,Graves A,Riedmiller M, Fidjeland A,Ostrovski G,Petersen S,Beattie C,Sadik A,Antonoglou I,King H,Kumaran D, Wierstra D,Legg S,Hassabis D. Human-level control through deep reinforcement learning. Nature, 2015,518(7540)：529-533.

[46] Lin,L J. Self-improving reactive agents based on reinforcement learning,planning and teaching. Machine learning,1992,8(3)：293-321.

[47] Hasselt V H,Guez A,Silver D. Deep reinforcement learning with double Q learning. in Proceedings of the AAAI Conference on Artificial Intelligence. 2016：2094-2100.

[48] Schaul T,Quan J,Antonoglou I,Silver D. Prioritized experience replay. arXiv preprint arXiv:1511. 05952,2015. Available online：https://arxiv. org/pdf/1511. 05952.

[49] Mnih V,Badia A,Mirza M,Graves A,Harley T,Lillicrap T,Silver D,Kavukcuoglu K. Asynchronous methods for deep reinforcement learning. in Proceedings of the International Conference on Machine Learning. 2016：1928-1937.

[50] Silver D,Lever G,Heess N,Degris T,Wierstra D,Riedmiller M. Deterministic policy gradient algorithms. inProceedings of the International Conference on Machine Learning,2014:387-395.

[51] Lillicrap T,Hunt J,Pritzel A. Continuous control with deep reinforcement learning. Computer Science,2015,8(6)：187-201.

[52] Schulman J,Levine S,Moritz P,Jordan M I,Abbeel P. Trust region policy optimization. in Proceedings of the International Conference on Machine Learning，2015：1889-1897.

[53] Sutton R,Barto A. Reinforcement Learning：An Introduction (2nd Edition). USA,Cambridge：MIT Press. 2017.

[54] Ho J,Ermon S. Generative adversarial imitation learning. in Proceedings of the Annual Conference on Neural Information Processing Systems,2016：4565-4573.

[55] Ho J,Gupta J K,Ermon S. Model-free imitation learning with policy optimization. in Proceedings of the International Conference on Machine Learning,2016：2760-2769.

[56] Ng A,Russell S. Algorithms for inverse reinforcement learning. in Proceedings of the International Conference on Machine Learning,2000：663-670.

[57] Abbeel P,Ng A. Apprenticeship learning via inverse reinforcement learning. in Proceedings of the Twenty-First International Conference on Machine Learning. 2004：1-8.

[58] Chebotar Y,Hausman K,Zhang M,Sukhatme G,Schaal S,Levine S. Combining model-based and model-free updates for trajectory-centric reinforcement learning. In Proceedings of the International Conference on Machine Learning,2017：1-13.

[59] Tamar A,Wu Y,Thomas G. Value iteration networks. Advances in Neural Information Processing Systems. 2016：2154-2162.

[60] Silver D,van Hasselt H,Hessel M,Schaul T,Guez A,Harley T,Dulac-Arnold G,Reichert D, Rabinowitz N,Barreto A,Degris T. The predictron：End-to-end learning and planning. in NIPS 2016

Deep Reinforcement Learning Workshop. 2016.

[61] Jaderberg M, Mnih V, Czarnecki W, Schaul T, Leibo J, Silver D, Kavukcuoglu K. Reinforcement learning with unsupervised auxiliary tasks. In Proceedings of the International Conference on Learning Representations, 2017: 330-336.

[62] Mirowski P, Pascanu R, Viola F, Soyer H, Ballard A, Banino A, Denil M, Goroshin R, Sifre L, Kavukcuoglu K, Kumaran D, Hadsell R. Learning to navigate in complex environments. In Proceedings of the International Conference on Learning Representations, 2017: 1-5.

[63] Yannakakis G N, Togelius J. Artificial Intelligence and Games. USA, NY: Springer, 2018.

[64] Silver D, Huang A, Maddison C, Guez A, Sifre L, Van Den Driessche G, Schrittwieser J, Antonoglou I, Panneershelvam V, Lanctot M. Mastering the game of go with deep neural networks and tree search. Nature, 2016, 529: 484-489.

[65] Demis Hassabis. Exploring the mysteries of Go with AlphaGo and China's top player. Available online: https://deepmind.com/blog/exploring-mysteries-alphago/.

[66] Browne C, Powley E, Whitehouse D, Lucas S, Cowling P, Rohlfshagen P, Tavener S, Perez D, Samothrakis S, Colton S. A survey of Monte Carlo treesearch methods. IEEE Transactions on Computational Intelligence and AI in Games, 2012, 4(1): 1-43.

[67] Gelly S, Schoenauer M, Sebag M, Teytaud O, Kocsis L, Silver D, Szepesvari C. The grand challenge of computer go: Monte carlo tree search and extensions. Communications of the ACM, 2012, 55: 106-113.

[68] Heinrich J, Silver D. Deep reinforcement learning from self-play in imperfect information games. In NIPS 2016 Deep Reinforcement Learning Workshop. 2016.

[69] Bowling M, Burch N, Johanson M, Tammelin O. Heads-up limit hold'em poker is solved. Science, 2015, 347(6218): 145-149.

[70] Moravčik M, Schmid M, Burch N. Deepstack: Expert-level artificial intelligence in heads-up no-limit poker. Science, 2017, 356(6337): 508-513.

[71] Sandholm T. Solving imperfect-information games. Science, 2015, 347(6218): 122-123.

[72] Brown N, Sandholm T. Superhuman AI for multiplayer poker. Science, 2019, 365(6456): 885-890.

[73] Wu Y, Tian Y. Training agent for first-person shooter game with actor-critic curriculum learning. In Proceedings of the International Conference on Learning Representations (ICLR), 2017: 1-10.

[74] Dosovitskiy A, Koltun V. Learning to act by predicting the future. arXiv preprint arXiv: 1611.01779, 2016. Available online: https://arxiv.org/pdf/1611.01779.

[75] Lample G, Chaplot D S. Playing FPS Games with Deep Reinforcement Learning. in Proceedings of the AAAI Conference on Artificial Intelligence. 2017: 2140-2146.

[76] Peng P, Yuan Q, Wen Y, Yang Y, Tang Z, Long H, Wang J. Multiagent Bidirectionally-Coordinated Nets for Learning to Play StarCraft Combat Games. arXiv preprint arXiv: 1703.10069, 2017. Available online: https://arxiv.org/pdf/1703.10069.

[77] Kober J, Bagnell J, Peters J. Reinforcement learning in robotics: A survey. International Journal of Robotics Research, 2013, 32(11): 1238-1278.

[78] Deisenroth M, Neumann G, Peters J. A survey on policy search for robotics. Foundations and Trend in Robotics, 2013, 2: 1-142.

[79] Deng L. Three generations of spoken dialogue systems, in Proceeings of AI Frontiers Conference 2017. Available online: https://www.slideshare.net/AIFrontiers/li-deng-three-generations-of-spoken-dialogue-systems-bots.

[80] Young S, Gasic M, Thomson B, Williams J. POMDP-based statistical spoken dialogue systems: a review. PROC IEEE, 2013. 101(5): 1160-1179.

[81] Deng L, Li X. Machine learning paradigms for speech recognition: An overview. IEEE Transactions on Audio, Speech, and Language Processing, 2013, 21(5):1060-1089.

[82] Li X, Chen Y-N, Li L, Gao J. End-to-End Task-Completion Neural Dialogue Systems. arXiv preprint arXiv:1703. 01008, 2017. Available online: https://arxiv. org/pdf/1703. 01008.

[83] Li X, Lipton Z, Dhingra B, Li L, Gao J, Chen Y-N. A User Simulator for Task-Completion Dialogues. arXiv preprint arXiv: 1612. 05688, 2016. Available online: https://arxiv. org/pdf/1612. 05688.

[84] Dhingra B, Li L, Li X, Gao J, Chen Y-N, Ahmed F, Deng L. Towards end-to-end reinforcement learning of dialogue agents for information access. arXiv preprint arXiv: 1609. 00777, 2016. Available online: https://arxiv. org/pdf/1609. 00777.

[85] Li J, Miller A. H, Chopra S, Ranzato M, Weston J. Learning through dialogue interactions by asking questions. arXiv preprint arXiv: 1612. 04936, 2016. Available online: https://arxiv. org/pdf/1612. 04936.

[86] Wen T-H, Vandyke D, Mrksic N, Gasic M, Rojas-Barahona L M, Su P-H, Ultes S, Young S. A network-based end-to-end trainable task-oriented dialogue system. in Proceedings of the 15th Conference of the European Chapter of the Association for Computational Linguistics. 2017: 438-449.

[87] Cho K, Merrienboer B, Gulcehre C, Bougares F, Schwenk H, Bengio Y. Learning phrase representations using RNN encoder-decoder for statistical machine translation. in Proceedings of Conference on Empirical Methods in Natural Language Processing, 2014: 1724-1734.

[88] Sutskever I, Vinyals O, Le Q. Sequence to sequence learning with neural networks. inProceedings of the Annual Conference on Neural Information Processing Systems, 2014, 4:3104-3112.

[89] Bahdanau D, Cho K, Bengio Y. Neural machine translation by jointly learning to align and translate. arXiv preprint arXiv:1409. 0473, 2014. Available online: https://arxiv. org/pdf/1409. 0473.

[90] He D, Xia Y, Qin T, Wang L, Yu N, Liu T-Y, Ma W-Y. Dual learning for machine translation. arXiv preprint arXiv: 1611. 00179, 2016. Available online: https://arxiv. org/pdf/1611. 00179.

[91] Xu K, Ba J L, Kiros R, Cho K, Courville A, Salakhutdinov R, Zemel R S, Bengio Y. Show, attend and tell: Neural image caption generation with visual attention. Computer Science, 2015:2048-2057.

[92] Liu S, Zhu Z, Ye N, Guadarrama S, Murphy K. Improved Image Captioning via Policy Gradient optimization of SPIDEr. ArXiv preprint ArXiv:1612. 00370, 2016. Available online: https://arxiv. org/pdf/1612. 00370.

[93] Lu J, Xiong C, Parikh D, Socher R. Knowing When to Look: Adaptive Attention via A Visual Sentinel for Image Captioning. ArXiv preprint ArXiv: 1612. 01887, 2016 Available online: https:// arxiv. org/pdf/1612. 01887.

[94] Strub F, Vries H, Mary J, Piot B, Courville A, Pietquin O. End-to-end optimization of goal-driven and visually grounded dialogue systems. ArXiv preprint ArXiv: 1703. 05423, 2017 Available online: https://arxiv. org/pdf/1703. 05423.

[95] Das A, Kottur S, Moura J, Lee S, Batra D. Learning Cooperative Visual Dialog Agents with Deep Reinforcement Learning. arXiv preprint arXiv: 1703. 06585, 2017. Available online: https://arxiv. org/pdf/1703. 06585.

[96] Hessel M, Modayil J, Van Hasselt H. Rainbow: Combining improvements in deep reinforcement learning. arXiv preprint arXiv: 1710. 02298, 2017. Available online: https://arxiv. org/pdf/1710. 02298.

[97] Nair A, Srinivasan P, Blackwell S. Massively parallel methods for deep reinforcement learning. arXiv preprint arXiv:1507. 04296, 2015. Available online: https://arxiv. org/pdf/1507. 04296.

[98] Todorov E, Erez T, Tassa Y. Mujoco: A physics engine for model-based control. Intelligent Robots

and Systems (IROS), in Proceedings of IEEE/RSJ International Conference on Intelligent Robots and Systems,2012: 5026-5033.

[99] Heess N, Sriram S, Lemmon J. Emergence of locomotion behaviours in rich environments. arXiv preprint arXiv:1707. 02286,2017. Available online: https://arxiv. org/pdf/1707. 02286.

[100] Irpan, Alex, Deep Reinforcement Learning Doesn't Work Yet, Available online: https://www. alexirpan. com/2018/02/14/rl-hard. html.

[101] Popov I, Heess N, Lillicrap T. Data-efficient deep reinforcement learning for dexterous manipulation. arXiv preprint arXiv: 1704. 03073, 2017. Available online: https://arxiv. org/pdf/ 1704. 03073.

[102] Dario,Jack. Faulty Reward Functions in the Wild. Available online: https://blog. openai. com/ faulty-reward-functions/.

[103] Duff M O. Q-learning for bandit problems. Machine Learning Proceedings. 1995: 209-217.

[104] Rusu A,Rabinowitz N C,Desjardins G. Progressive neural networks. arXiv preprint arXiv:1606. 04671,2016. Available online: https://arxiv. org/pdf/1606. 04671.

[105] Schaul T, Horgan D, Gregor K. Universal value function approximators. in Proceedings of International Conference on Machine Learning. 2015: 1312-1320.

[106] Brockman G, Cheung V, Pettersson L. Openai gym. arXiv preprint arXiv: 1606. 01540, 2016. Available online: https://arxiv. org/pdf/1606. 01540.

[107] Zoph B,Le Q V. Neural architecture search with reinforcement learning. arXiv preprint arXiv:1611. 01578,2016. Available online: https://arxiv. org/pdf/1611. 01578.

第 13 章

强化学习展望：平行强化学习

本章提要

深度强化学习最近正在经历急速的发展,如何把握深度强化学习发展的方向对强化学习乃至人工智能领域的发展至关重要。本章将对近期提出的平行强化学习进行介绍,试图给出强化学习未来发展的新思路与新方向,加速强化学习在复杂系统中的应用。

13.1 自适应动态规划与深度强化学习

我们来分析一下自适应动态规划与深度强化学习之间的关系,探索自适应动态规划与深度强化学习之间的内在联系。我们先来回忆一下自适应动态规划的结构。启发式动态规划结构如图 13-1 所示。

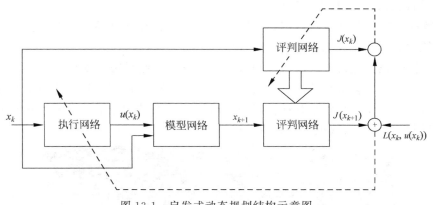

图 13-1 启发式动态规划结构示意图

在图 13-1 的启发式动态规划方法中,如果三个神经网络(模型网络、执行网络和评判网络)各自均采用 3 层 BP 网络,那么可以将启发式动态规划看成一个 9 层深度神经网络,如图 13-2 所示。

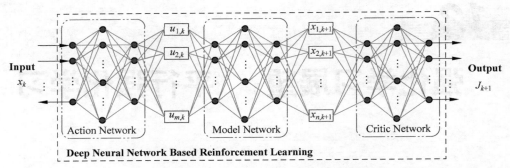

图 13-2　自适应动态规划的深度神经网络架构

　　因此,一方面根据图 13-1,可以采用三个三层 BP 神经网络完成自适应动态规划方法的求解过程;另一方面根据图 13-2,也可以采用一个 9 层深度网络完成自适应动态规划方法的求解过程。如果从图 13-2 这个角度来看,启发式动态规划其实可以理解为深度神经网络的结构。对于其他自适应动态规划结构,例如双启发式动态规划、全局双重启发式动态规划和执行依赖双重启发式动态规划等,都可以采用类似于图 13-2 的结构求解,神经网络训练的目标可以统一为使误差

$$e_k = U_k(x_k, u_k) + J_{k+1}(x_{k+1}) - J_k(x_k) \tag{13.1}$$

达到极小值。从上面的分析我们可以看出现有的自适应动态规划方法均可以由深度强化学习的方法来解释。因此,自适应动态规划方法的发展给深度强化学习带来了机遇。

　　另外,我们也需要看到目前自适应动态规划以及深度强化学习方法在求解复杂系统的控制、决策与优化问题中仍然存在不足,以下列出一些存在的问题:

　　(1)泛化能力差:在不同的任务之间转换时,学习体必须在新任务面前接受新一轮的训练,计算量较大;

　　(2)数据运用率低:从复杂系统中获取大规模的动作与交互数据是一件冗杂的工作,同时学习体进行在学习系统下的探索也异常艰难,这也是为什么从历史数据中创造出大量对于动作、知识的观察是很有必要的;

　　(3)数据依赖性和分布:在实际系统中,数据依赖性往往是不确定的,这增加了学习体在学习系统中同时考虑状态、动作以及知识的难度。

　　另外,随着人类社会向工业 5.0 的时代逐步迈进,工业系统呈现出明显的社会化,同时涉及工程复杂性和社会复杂性两个方面(见图 13-3),呈现动态性、开放性和交互性等特征,变得越来越难以控制。特别是其社会复杂性部分、工程复杂性和社会复杂性的交互部分,难以定量建模与分析、难以认识其动态演化规律。

图 13-3　复杂系统的工程复杂性与社会复杂性

当前对自适应动态规划方法等计算智能优化控制方法的研究虽然取得了长足的进步，但是主要的研究领域仍集中在 Cyber-Physical Systems（CPS）系统的优化控制。对于 Cyber-Physical-Social Systems（CPSS）系统，现有的计算智能优化控制方法，如自适应动态规划方法等，求解方式就显得相形见绌。首先，在本质上，一个复杂系统的整体行为不可能通过对其部分行为的独立分析而完全确定[1]。因此，复杂系统需要进行整体的分析和模拟。而对于复杂系统，例如大型生产中过程控制系统、交通系统、制造执行系统以及企业资源规划等众多 CPSS 系统，随着系统集成程度的不断提高以及人的参与，其机理模型几乎不可能精确建立。在这种情况下，对于图 13-1 中的自适应动态规划，如果在系统模型无法建立的条件下，那么系统的"Model Network"即会失效，这直接导致了图 13-2 中神经网络结构的失效，致使自适应动态规划无法运行。因此，系统的优化控制就难以获得。其次，对于基于数据的自适应动态规划方法来说，一般需要系统数据的完备性，使得控制律在全局有效。然而，对于复杂系统而言，相对于任何有限资源，一个复杂系统的整体行为不可能预先在大范围内完全确定[2]。因此，我们几乎无法获得完整的复杂系统的实际数据。另外，现有的自适应动态规划方法非常依赖数据的完整性。当已知数据量不够大或在数据不完备时，自适应动态规划训练出的最优控制策略不能体现整体系统特征，更无法获得复杂系统的最优控制方法。上述矛盾给自适应动态规划方法带来了巨大的挑战，必须提出新的理念与优化控制方法[3]。对此，平行动态规划的思想孕育而生。平行动态规划、自适应动态规划与动态规划方法的关系可以由图 13-4 进行描述。为了讲述平行动态规划方法，我们首先介绍一下平行控制方法。

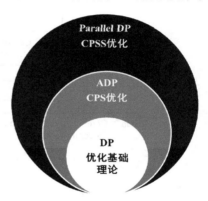

图 13-4　平行动态规划关系图

13.2　平行控制理论的基本思想

平行系统的思想受到仿真社会[4-5]研究的启发，是由某一个自然的实际系统和对应的一个或多个虚拟或理想的人工系统所组成的共同系统[6]。实际上，经典的传递函数方法、状态空间方法、最优控制理论、参数识别和变结构自适应控制。特别是基于参考模型的自适应控制（Model Reference Adaptive Control，MRAC）都可以看作平行控制理论的早期发展形式。然而它只是控制实际系统，人工或虚拟部分不起主动作用，是不能变化的角色。现代控制理论是成功应用平行系统理念的典范，它先建立实际系统足够精确的模型，然后分析其特性、预测其行为、控制其发展，但是，由各种数学模型形成的人工系统往往以离线、静态、辅助的形式用于实际系统的控制。在 Feldbaum 提出对偶控制概念[7]，参数或结构的自适应变化等控制思想后，人工系统地位和作用有所突破，但在理念和规模上都未能改变人工系统的非主导地位。

针对现代控制理论无法控制复杂系统的问题，中国科学院自动化所创新地提出了平行控制理论框架,为复杂系统的控制研究提供了一个全新的思路和视角。它在传统的小闭环控制基础上,增加考虑社会要素的大闭环控制,构成了平行控制系统的实际部分(实际系统)。在此基础上,建立与实际系统等价的人工系统,从而构成双闭环控制系统,即平行控制系统。平行控制的最大特点就是要改变人工系统的非主导地位,使其角色从被动到主动、静态到动态、离线到在线,以致最后由从属地位提高到相等的地位,使人工系统在实际复杂系统的控制中充分地发挥作用。在工业生产中平行控制系统原理的描述如图 13-5 所示。

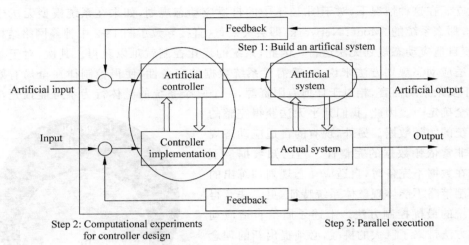

图 13-5　平行控制系统原理

从图 13-5 可以看到,平行控制方法分为三个步骤完成,可以概括为 ACP 方法。ACP由“三部曲”组成:第一步,利用人工社会或人工系统(Artificial Systems,A)对复杂系统进行建模,一定意义下,可以把人工系统看成科学游戏,就是用类似计算机游戏的技术来建模;第二步,利用计算实验对复杂系统进行分析和评估,一旦有了针对性的人工系统,我们就可以把人的行为、社会的行为放到计算机中,把计算机变成一个实验室,进行“计算实验”(Computational Experiments,C),通过实验来分析复杂系统的行为,评估其可能的后果;第三步,将实际系统与人工系统并举,通过实际与人工之间的虚实互动,以平行执行(Parallel execution,P)的方式对复杂系统的运行进行有效的控制和管理。下面我们详细叙述 ACP方法各部分具体内容。

1. 人工系统的通用建造和验证方法

平行控制理论的 ACP 方法中 A 的本质是要建立同实际系统等价的人工系统,通过在人工系统上的计算实验找到实际系统的等价结果,保证从人工系统上得到的认识等价于实际系统,对人工系统的控制结果等价于对实际系统的控制。最后,通过平行控制来达到建立人工系统的目的:在非正常状态下由人工系统产生的等价输出来指挥实际系统;在正常时由实际系统的数据修正人工系统的模型和算法,之后由人工系统来不断优化实际系统的控制,从而达到彼此促进、共同进步的目的。这样,不断变化的实际系统尽管不能精确建模,但在人工系统的帮助下也能实现不断适应下的滚动优化。研究内容主要包括:人工系统的一般建造、验证方法和步骤。人工系统模型的完备度、可信度，以及人工系统与实际系统的等价性验证方法。工程性要素主要基于现有的构建方法。人的行为等社会性要素的基于智能体的建模、分析、设计和综合方法及其并行算法。其具体包括：模型的定性、定量分析设计方法；模型粒度选取的一般方法；模型的验证问题；多智能体间的结构关系及其交互方式；智能体的参数、能力和行为特征与人工系统特性和稳定性的关系。如何把已有的工程性对象、社会性对象和环境对象有机地集成到一起；人工系统中信息过载或信息不足时如何处理，等等。

2．基于人工系统计算试验的设计与分析

利用计算实验方法在人工系统上进行各种实验或试验，对复杂系统的行为进行预测和分析。视人工系统为生长培育各类复杂事件的手段，一个可控可重复的实验室。系统地设计各种各样的试验，引入各种不确定甚至传统上难以量化的因素和事件，多次重复并以统计的方法对结果进行分析，使传统的计算仿真变成系统性的计算实验，进而用来验证对复杂系统特征和行为进行分析得到的各种可能和假设。具体研究内容主要涉及：①基于人工系统的计算实验的方案设计和标定方法、灵敏度分析和验证算法。基于涌现的观察和解释方法及各种核心算法。建立利用计算实验实现实际系统组成与行为的主动辨识和控制的基本步骤。利用计算实验方法进行各种各样的加速、压力、极限、失效或突变等实验。②目标驱动和事件驱动的两种计算实验评估方法。建立多目标、多有效解决方案的计算实验与评估方法：专家经验评估方法、定性评估方法、模糊评估方法、定性加定量评估方法。③研究复杂系统要素的相互作用和演化规律的计算实验结果分析和评判方法。如何在复杂的多维空间中对最优策略进行搜索。好的分析方法能够从繁杂中快速找到所需的结论，对于人工系统这样复杂的高维空间更显重要。

3．复杂系统平行执行机制

平行执行是控制系统、计算机仿真系统随着被控系统复杂程度的增加、计算技术和分析方法的发展的必然结果，是弥补很难甚至无法对复杂系统进行精确建模和实验的不足的一种有效手段，也是对复杂系统控制的一种新的可行方式，具体内容主要涉及：①人工系统和实际系统的合理交互。这是平行执行得以实现的关键，因而人工系统和实际系统之间有效的相互作用机理和协议就显得很重要。如何定义合适的接口方式和相互作用形式，是必须要研究的问题。②人工系统和实际系统的等价性验证问题。这本质上是信息系统和物理系统之间相互表示的问题，需要将这种等价验证具体化并尽可能量化。③针对实际系统和人工系统信息不足和缺失条件下的控制执行问题。考虑人机结合、综合集成的平行控制系统的有效优化方法以及基于摄动分析和序数优化的平行系统的优化方法。④建立平行执行的多目标、多有效解决方案的有效性评估与验证方法。研究平行执行所产生的可控性、稳定性定义和判定准则。

上述的平行控制方法给出了求解复杂系统优化控制问题的基本求解思路。平行控制的主要目的，是通过实际系统与人工系统的相互连接，对二者之间的行为进行对比和分析，完成对各自未来状况的"借鉴"和"预估"，相应地调节各自的管理与控制方式，达到实施有效解决方案以及学习和培训的目的。其主要实现功能如图 13-6 所示，具体描述如下：

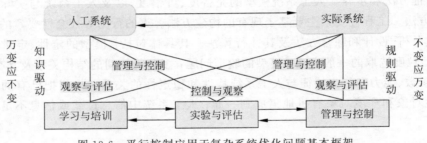

图 13-6　平行控制应用于复杂系统优化问题基本框架

（1）实验和评估：在这一过程中，实际系统以规则为基础进行运行，而人工系统将数据转换为知识，可以理解为知识驱动的系统。人工系统主要用来进行计算实验，分析了解各种不同的人工系统上的实验行为和反应，并对不同的解决方案的效果进行评估，可作为选择和支持管理与控制决策的依据。

（2）学习与培训：在这一过程中，人工系统主要是被用来作为一个学习和培训管理及控制复杂系统的中心。通过将实际与人工系统的适当连接组合，可以使管理和控制实际复杂系统的有关人员迅速地掌握系统的各种状况以及对应的行动。在条件允许的情况下，应以与实际相当的管理与控制系统来运行人工系统，以期获得更佳的真实效果。同时，人工系统的管理与控制方案也可以作为实际复杂系统的备用方案，增加其运行的可靠性和应变能力。

（3）管理与控制：在这一过程中，人工系统试图尽可能地模拟实际复杂系统，对其行为进行预估，从而为寻找对实际系统有效的解决方案或对当前方案进行改进提供依据。进一步，通过观察实际系统与人工系统评估的状态之间的不同，产生误差反馈信号，对人工系统的评估方式或参数进行修正，减少差别，并开始分析新一轮的优化和评估。

13.3　平行动态规划方法

平行动态规划是基于数据的复杂系统优化控制方案[8]。首先，我们通过对实际世界的观察，收集状态-执行-奖/惩信号，建立人工系统。由于实际系统的复杂性以及人类行为等高未知性因素，我们不能将实际数据直接用来进行复杂系统控制器的设计，因而人工系统的建立是有必要的。另外，人工系统并不是传统意义上对实际系统的仿真或重构。对一个实际复杂系统而言，我们可以构造多个人工系统，并与实际系统进行互动。例如，根据需要，一个实际系统可同时或分时地与理想人工系统、试验人工系统、应急人工系统、优化人工系统、评价人工系统、培训人工系统等进行平行交互。这些平行人工系统可以统称为人工系统。此外，从某种意义上来说，经典的仿真系统或半实物仿真系统也可以看作是特殊的平行系统，它们能够有效地模拟真实系统的状态，这与平行系统很相似；然而，它们却无法控制真实的系统，无法实现真实系统与平行系统的双向平行控制，因此，仿真系统只是平行系统的一个特例。

人工系统建立之后，我们可以通过人工系统生成大量数据，包括实际系统中没有或无法获得的数据。然后在人工系统中进行计算实验，优化求解。然而，人工系统上的优化控制策略并不一定适应于实际系统。因此，我们将人工系统的优化控制作为评价实际系统优化效果的一条准则并用来指导实际系统进行优化。而后，我们对实际系统进行控制与优化，将实际系统的自适应动态规划与人工系统自适应动态规划方法平行执行，两个系统不断交互升级与进步，保持控制策略的有效性与最优性。整个过程可由图 13-7 表示。

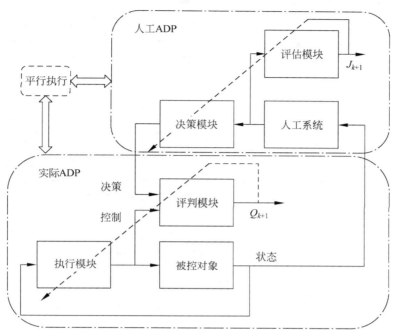

图 13-7　平行动态规划运行结构图

此外，平行动态规划不局限于单层人工自适应动态规划结构，可以采用多层自适应动态规划结构进行实现。在多层平行动态规划结构中，每个人工系统可以根据预测分析获得数据，并结合实际数据进行计算实验，获得每个系统的优化控制策略。具体来说，对于图 13-8，假设存在 n 个平行的人工系统，我们在每个人工系统中均采用自适应动态规划方法获得系统优化控制策略，即可获得 n 个优化控制策略。这样很好地避免了在实际系统上的控制风险，体现了平行动态规划的优势。在平行执行过程中，基于动态规划的最优性原理，评判网络将根据计算实验中的优化结果，择优做出实际系统的决策，并将系统运行结果反馈给人工系统进行下一次的迭代。可以看到，通过实际与虚拟系统的平行执行，系统的性能可以不断被优化，并最终获得复杂系统的优化控制策略。

从上面的分析中可以看出，平行动态规划方法针对复杂系统优化控制问题的求解步骤可以归结为图 13-9 所示，即首先建立人工系统，然后在人工系统上进行计算实验，并根据计算实验的结果指导实际系统运行，最后采用平行执行的方式使得人工系统与实际系统不断交替进化。这与复杂系统平行控制的 ACP 方法，即图 13-5 中的方法思想完全吻合。因此，我们可以看出，基于平行动态规划的平行强化学习方法将是强化学习方法未来发展的方向之一。

现如今，我们所面临的系统变得越来越复杂，当系统变为复杂系统，尤其在包含社会复杂性与工程复杂性时，我们几乎无法建立可以逼近实际系统的模型，因此只能利用独立的人工系统，使实际与人工系统相互趋近，将人工系统、计算实验、平行执行成为独立组成部分获

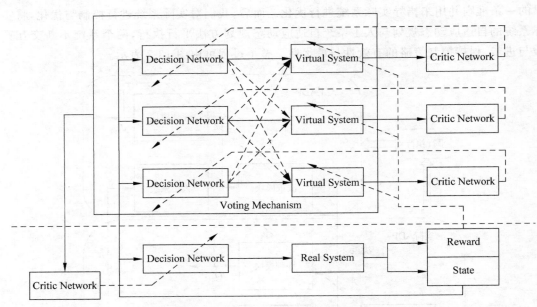

图 13-8　平行动态规划的运行示意图

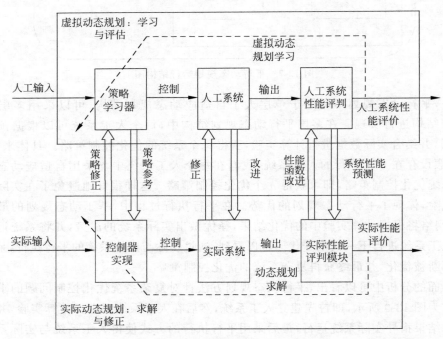

图 13-9　平行动态规划运行架构图

得复杂系统的优化策略,平行强化学习思想得到充分利用。现今阶段是人工智能高速发展的时期,同时社会的发展进步导致人们对控制系统的要求越来越高。随着社会与技术的发展,大数据时代已经来临,传统控制方法很难处理当前的海量数据,因此社会变革迫切需要一种数据驱动型的新型控制理念,这就是知识自动化。平行控制作为学习控制、智能机器、人工智能理念的总结升华,为求解复杂系统控制问题提供新的求解方案。现今,平行学习思想在交通系统[9]、电网系统[10]、过程控制系统[11]等复杂 CPSS 系统中均取得了良好的控制优化效果。本书以智能控制与学习优化为视角，给出了平行控制在智能学习与优化控制方面应用发展的初步技术架构。

平行强化学习思想是从学习控制到人工智能控制的发展中形成的一种学习控制与优化方法论。平行强化学习将实际系统与人工系统相结合，用人工系统的计算实验完善实际系统优化控制策略，帮助实现对复杂系统的有效控制。现在，平行强化学习的研究仍处于初始阶段，如何将平行强化学习理论应用到实际生活中，使得工业、交通、电网等领域内的控制更加智能化，将是未来平行控制研究的重要方向。随着平行控制理论的不断丰富和完善，平行强化学习思想将成为未来社会指导求解复杂系统问题的方法论，平行强化学习将在复杂系统智能优化与控制方面迎来更大的发展空间。

参考文献

[1]　王飞跃. 平行控制：数据驱动的计算控制方法[J]. 自动化学报，2013，39(4)：293-302.

[2]　刘昕，王晓，张卫山，等. 平行数据：从大数据到数据智能[J]. 模式识别与人工智能，2017，30(8)：673-681.

[3]　Wang F Y. The emergence of intelligent enterprises：from CPS to CPSS[J]. IEEE Intelligent Systems，2010，25(4)：85-88.

[4]　Gilbert N，Doran J. Simulating Societies：the Computer Simulation of Social Phenomena[M]. UK，London：UCL Press，1994.

[5]　Gilbert N，Conte R. Artificial Societies：the Computer Simulation of Social Life[M]. UK，London：UCL Press，1995.

[6]　王飞跃. 平行系统方法与复杂系统的管理和控制[J]. 控制与决策，2004，19(5)：485-489.

[7]　Feldbaum A. A. Dual control theory I-IV[J]. Automatic Remote Control，1960，21(4)：1033-1039.

[8]　Wang F Y，Zhang J，Wei Q L，et al. PDP：Parallel dynamic programming[J]. IEEE/CAA Journal of Automatica Sinica，2017，4(1)：1-5.

[9]　莫红，郝学新. 时变论域下红绿灯配时的语言动力学分析[J]. 自动化学报，2017，43(12)：2202-2212.

[10]　刘金长，杨德胜，孙飞，等. 平行电网体系框架研究[J]. 电力信息与通信技术，2016，14(8)：7-13.

[11]　樊可钰，朱林. 平行控制理论在钕铁硼氢粉碎控制系统中的应用[J]. 稀土，2016，37(6)：65-70.

图书资源支持

感谢您一直以来对清华版图书的支持和爱护。为了配合本书的使用，本书提供配套的资源，有需求的读者请扫描下方的"书圈"微信公众号二维码，在图书专区下载，也可以拨打电话或发送电子邮件咨询。

如果您在使用本书的过程中遇到了什么问题，或者有相关图书出版计划，也请您发邮件告诉我们，以便我们更好地为您服务。

我们的联系方式：

地　　址：北京市海淀区双清路学研大厦 A 座 714

邮　　编：100084

电　　话：010-83470236　010-83470237

客服邮箱：2301891038@qq.com

QQ：2301891038（请写明您的单位和姓名）

资源下载： 关注公众号"书圈"下载配套资源。

资源下载、样书申请

书 圈

图书案例

清华计算机学堂

观看课程直播